What We Want

Charlotte Fox Weber

A Journey
Through Twelve of Our Deepest Desires

我们到底想要什么

直面内心深处的12种欲望

[英] 夏洛特·福克斯·韦伯 著

陶尚芸 译

机械工业出版社
CHINA MACHINE PRESS

我们都有愿望，我们都很矛盾。我们展示了自己的一些愿望，也隐藏了一些愿望，甚至连我们自己都没有觉察到。我们内心深处的欲望使我们害怕，也使我们兴奋。我们害怕失败，我们也渴望成功。认识和理解我们的愿望，可以帮助我们毫不畏惧地面对自己，并激励自己过上更充实和快乐的生活。本书鼓励你去了解和接受你的欲望，提供给你一种取代羞耻感的方法，而羞耻感会阻碍你内心的深切期望。摆脱心理困境的最佳办法就是理解我们内心的欲望，认清这些欲望的各自含义，并划分轻重缓急。本书将帮你了解自己的内心深处，接受你对他人和自己隐藏的秘密。你可以通过意识去接近并找到你真正想要的前进道路，为你珍贵的一生保驾护航。

What We Want: A Journey Through Twelve of Our Deepest Desires by Charlotte Fox Weber

Copyright © Charlotte Fox Weber, 2022

This edition is published by arrangement with Peters, Fraser and Dunlop Ltd. through Andrew Nurnberg Associates International Limited Beijing

All rights reserved.

北京市版权局著作权合同登记　图字：01-2022-3923号。

图书在版编目（CIP）数据

我们到底想要什么：直面内心深处的12种欲望／（英）夏洛特·福克斯·韦伯（Charlotte Fox Weber）著；陶尚芸译. — 北京：机械工业出版社，2022.12（2024.5重印）

书名原文：What We Want: A Journey Through Twelve of Our Deepest Desires

ISBN 978-7-111-72083-6

Ⅰ.①我…　Ⅱ.①夏…②陶…　Ⅲ.①欲望-通俗读物　Ⅳ.①B848.4-49

中国版本图书馆CIP数据核字（2022）第218557号

机械工业出版社（北京市百万庄大街22号　邮政编码100037）

策划编辑：坚喜斌　　　　　责任编辑：坚喜斌　陈　洁
责任校对：薄萌钰　张　薇　责任印制：常天培
北京科信印刷有限公司印刷

2024年5月第1版第2次印刷
160mm×235mm · 17.5印张 · 1插页 · 231千字
标准书号：ISBN 978-7-111-72083-6
定价：69.00元

电话服务	网络服务
客服电话：010-88361066	机　工　官　网：www.cmpbook.com
010-88379833	机　工　官　博：weibo.com/cmp1952
010-68326294	金　书　网：www.golden-book.com
封底无防伪标均为盗版	机工教育服务网：www.cmpedu.com

献给我的家人

玩捉迷藏游戏的时候，你藏得好，是一种快乐；别人找不到你，是一种灾难。

——D. W. 温尼科特（D. W. Winnicott）

作者说明

　　本书中的故事都基于我对真实患者的研究。为了保密起见，我已经更改了他们的身份信息。我从我的患者那里学到了很多，还将继续向他们学习。此外，与我并肩作战的同人让我对生活和人类经历有了更多的探索。

　　我的语言有时很古怪，希望不至于晦涩难懂。我尽量使用不太学术化的字眼，我自己也自创了一些"术语"。这些词汇贯穿全书，都将以**粗体**显示，书末的"术语"将更详细地解释它们的含义。

前　言

多年来，我一直在接受心理治疗，等待心理医生来询问我的大愿望[○]是什么。可从来没有人问过我。于是，我用小小的**欲望**和大大的障碍分散自己的注意力，追求一些对我至关重要的东西，同时用无数种方式拖自己的后腿。我一次次地挡了自己的路。我背负重担，却不对未来报以任何希望。

想知道我的真实愿望是什么吗？想了解是什么让我满血复活的吗？

我想寻求世人的认可。可惜，羞耻和骄傲的恶魔在我身边徘徊。尽管我渴望变得豁达开朗，但狭隘的思想让我无法全身心地投入到生活中去。

最后，我厌倦了等待，感觉自己被困住了。当我成为一名心理治疗师时，我便开始咨询这类问题。我与成千上万来自各行各业的人打交道，也被探索深切愿望的动力所震撼。无论多么黑暗，无论环境如何，提炼我们的愿望，可以推动我们前进，并带给我们一种对未来潜能感知的能力。解读我们的欲望，可以让我们回归自我，这是我们成长的跳板。

我们都有愿望，我们都很矛盾。我们展示了自己的一些愿望，也隐藏了一些愿望，甚至连我们自己都没有觉察到。我们内心深处的欲望使我们害怕，也使我们兴奋。我们害怕失败，我们也渴望成功。认识和理解我们

㊀ 为了简单起见，我交替使用欲望（desire）、愿望（want）、期望（longing）、渴望（yearning）这四个词语来表达相关含义。——译者注

的愿望，可以帮助我们毫不畏惧地面对自己，并激励自己过上更充实和快乐的生活。

我们被社会化了，喜欢展示欲望，也喜欢隐藏欲望。我们假装想要以正确的方式得到适量的东西。我们摒弃了不该有的欲望。我们把自己的秘密愿望放进了心理仓库——我们的**死气沉沉的生活**。

我们不仅对别人保密，也对自己保密。如果我们可以揭露和谈论那些被放逐的期望，那就是一大突破。直面我们内心深处的欲望，就是心理治疗的重要任务之一。我们要面对痛苦和悔恨，以及无法实现的幻想。我们要面对过去遗留的一切，也要面对现在困扰我们的一切。有时候，我们揭露的秘密，是我们知情而有意隐瞒的问题，比如婚外情、上瘾症、强迫症；但有的时候，我们的秘密是不为人知的，甚至我们自己也没有意识到。

我们内心深处的欲望和我们应该想要的东西或者应该努力得到的东西搅在了一起。我们陷入困境，因为我们害怕失败，我们对自己的愿望感到矛盾。取悦他人和完美主义会让我们不敢去尝试新的体验。我们在逃避中浪费时间。我们用酒精麻醉自己。我们上演了一出戏，隐藏了我们心灵深处的那一抹情愫。我们想要我们觉得不该要的东西，不想要我们觉得应该要的东西。我们经常对自己的真实感受感到矛盾，并且过分执着于让生活按照既定剧本进行下去。本书鼓励你去了解和接受你的欲望，提供给你一种取代羞耻感的方法，而羞耻感会阻碍我们内心的深切期望。摆脱心理困境的最佳办法就是理解我们内心的欲望，认清这些欲望的各自含义，并划分轻重缓急。

在幻想世界里，我们想象我们的生活可能是什么样的：**总有一天**，我们会做我们真正想做的事。只要我们的生活发生了不同的变化，或者我们做出了另一个选择，生活就会变成我们想要的样子。但是，它俩（"总有一天"和"只要"）耍弄了我们，故意吊我们的胃口，让我们瞥见了往事和未来的幻景，同时阻碍我们在当前生活中充分利用一切可能性的能力。本书里的故事主角是不同年龄和人生阶段的患者，他们苦苦挣扎于内心深处的期望之痛。他们已经直面内心的欲望和自己的真相，开启了一段果断的解疑之旅。

　　本书将帮你了解自己的内心深处，接受你对他人和自己隐藏的秘密。你可以通过意识去接近并找到你真正想要的前进道路，为你珍贵的一生保驾护航。

目 录

作者说明
前言

01 第一章　爱与被爱 …001

　　我们都想要爱，但即使我们拥有爱的关系，我们也会与日常生活失去联系。我们变得如此熟悉，却忘记了彼此关注。自己的眼睛看不见自己的睫毛，远处的爱却能看得清清楚楚。有时候，距离是我们说再见时的瞬间感知——只是分离的短暂提醒，是一闪而过的陌生化的一瞥——让我们用感激之情重聚。

泰莎的倾诉 …003
爱的真谛 …018

02 第二章　欲望 …020

　　欲望不仅仅是一种本能，而且还充满了两极化。欲望是激励性的，也是让人分心的；是支持性的，也是令人麻痹的；是新奇的，也是熟悉的；是社交性的，也是水到渠成的。欲望是快乐和痛苦的集合体，是增强和减弱的矛盾体，也是健康和有害的对立体。尤其令人不安的是，欲望和恐惧是密切相关的。

杰克的选择 …023
你的欲望 …033

03 第三章 理解 ...036

成长和进化既会威胁你的自我意识，也会增强你的自我意识。想想你过去是谁，现在是谁，以及你想成为谁。自我认识是一项持续不断的工作。当我们允许自己感到惊讶，改变我们的想法，或者修改我们的判断时，它是具有启发性和扩展性的。当你足够了解自己时，你可以重新塑造你扮演的角色。你可以更灵活地接受一切改变。

思吟，吟唱的吟，人如其名 ...039

理解自己，做自己 ...060

04 第四章 权力 ...062

有时候，对权力的渴望是美好的，可以改善生活。但是，当我们对权力的渴望成为对终身赤字的补偿时，我们常常在膨胀的荣耀愿景和崩溃的绝望之间摇摆不定。所以，请灵活对待权力，接受自我调节。权力可以是关于真实性和权威性的术语。它可以是我们宣告成年和确认我们对生活负责的方式。

艾略特的孽恋 ...064

权力意味着什么 ...080

目录

第五章　关注 ...083

一旦我们熟悉了某样东西，我们就会觉得它不那么有趣了。但无论是在人际关系、工作、生活中，还是在我们熟知的美丽角落里，我们都忘了去关注。还有我们自己和我们所爱之人的一部分，我们忽视了他们，认为他们是理所当然的存在。关注是爱和理解的一种形式。关注是一种精力充沛的态度。不要习惯于"只是活着"。要对你所看到的感到惊讶。

克洛伊的戏剧 ...087

你的关注 ...097

第六章　自由 ...099

无论以何种形式，我们都想要自由，这通常是一场斗争。我们感觉受到规则、家庭、宗教、文化压力和时限的约束。任何一种关系都可以解放我们，也可以践踏我们。有时我们如此彻底地反抗，以至于我们以另一种方式（只是反抗和做相反的事）被囚禁起来。

莎拉的面纱 ...102

发现自由 ...111

第七章　创造　　　... 114

　　创造性的表达能照亮我们的幻想，帮助我们面对现实。看看你是否能注意到你的大脑创造戏剧的一些方式，这样你就可以欣赏你内心世界的颜色而不受它的摆布。如果你坚持，你可以每天都有创造性的时刻，只需要观察和保持好奇心。你可以不完美地表达自己、改变你对某个问题的观点、接受新事物、发泄个人情感、体验新鲜感。

萝茜的抱怨　　　... 116

创造和玩耍　　　... 135

第八章　归属　　　... 138

　　有时候，你可能会感到疏远和矛盾——与你自己的自我意识，与你周围的人。但是，如果你能自由自在地做自己，就可以更轻松地体验没有归属感的感觉，甚至有时候会感到高兴。这是关于对你现在的一切感到舒适的体验，甚至是在那些尴尬、笨拙、古怪的时刻！想想那一切，包括你的存在感。耐心点吧！

德怀特的忧郁　　　... 140

你的归宿在哪里　　　... 151

目录

09 第九章 胜利 ... 153

我们渴望胜利是我们应对不平等和匮乏感的一种方式。我们可能是在回应父母有限的爱、金钱和机会。但是,即使我们确实拥有平等,我们仍然可以感受到对手的威胁,这种威胁扰乱了我们的平衡感、安全感和富足感。有一种感觉,就是没有足够的资源去分配。为了安稳和安全,我们浪费精力去击倒对手。

加布里埃尔夫妇的决斗 ... 156

假如你胜利了 ... 164

10 第十章 联系 ... 168

我们要接受不同来源的联系,也要有辨别能力。不要试图与你遇到的每个人建立联系。持续的过度联系会让人感到精疲力竭,情感上也会变得混乱。强迫的联系可能会让你感觉虚假,留给你的只有脆弱的宿醉。不要期望每时每刻都和你爱的每个人保持完全的联系。

阿斯特丽德的蜕变 ... 170

联系的含义有多广 ... 189

第十一章　我们该不该有欲望　...191

创伤改变了我们，我们不知道没有它，我们会变成什么样。但是，创伤的意义也可以改变。我们有时会感到无助和受害，对他人负责，被赋予了力量，等等。我们不需要让创伤界定我们的本质，即使创伤是我们的一部分。创伤可能会让我们在不同的时刻关闭心门或打开心扉。

爱丽丝的心灵密室　...195
自相矛盾的人　...216

第十二章　控制　...218

我们与年龄作斗争，与时间的流逝作斗争，不仅为了我们自己，也为了我们周围的一切人和事。无论我们认为自己多有掌控力，我们都在不断地应对围绕着我们的有关失去的威胁。我们失去亲人，我们失去青春，我们失去物品，我们失去时间。我们必须放下太多，这让人难以忍受。

乔治的时间　...221
时间不可控，生活可以选　...240

后　记　...243
术　语　...246
鸣　谢　...263
作者简介　...266

第一章　爱与被爱

我们想要爱和被爱。这可能是简单又容易的事情。但这也可能让人抓狂，而且错综复杂、没完没了。我们寻找爱，努力克服虚幻的东西，却发现这不可能。我们需要爱、害怕爱、摧毁爱、推开爱，却又渴望爱。我们伤透了别人的心，也让自己的心支离破碎。生活可能会让人撕心裂肺，但爱可以让生活变得美丽。

我们都有爱的故事。这些关于爱的故事，也是你深信的故事。你可能没有直接表达出来，但它们是关于爱的心灵脚本，往往没有收官，却塑造了你想要的爱、你想象的爱、你给予的爱。你从自己的经历和文化中学会了爱，也从那些爱过你、让你失望、拒绝过你、教育过你、珍惜过你的人那里学会了爱。你还在学习。只要你还活着，你就可以继续学习。你从陌生人、挫折往事、书籍、电影、别人的故事、人性中学会了爱。有时候，爱是地狱；有时候，爱是救赎。你可以爱和恨同一个人，也可以恨你自己。

如果我们不断地更新自己的爱情故事，可能会大有好处。这里存在着偶然性、个性和神秘性。世界在变，我们也在变，对爱的开阔心态为细节提供了灵活性。寻找真爱的最大障碍可能是执着于一个关于爱应该是什么样的刻板的故事。

我们自我阐述的关于爱的故事，触动了我们自己的心灵。这些故事催生了我们对人类、对他人、对我们自己、对生命本身的信仰。我们的故事通常既痛苦又愉快。我们所相信的爱可以提升生命，也可以削弱生命。心理治疗可以帮助患者讲述故事、修改故事、解读有意义的故事。想一想你自己的爱之历程吧！你还记得没有人爱的感觉吗？你是怎么了解爱与感受爱的？

爱与被爱的方式有很多种。爱可能是充满希望的，也可能是令人失望的。我们可以相信爱，也可以怀疑爱。我们可能对我们爱的人做出很坏的事，爱我们的人也可能会伤害我们。爱让人感到安全，也让人感到恐惧。我们可以结束这一切，或者与爱保持距离。我们可以用上千种方式去破坏爱。拒绝接受是一种方式，情感转移也是一种方式。

我们经常害怕真正爱上自己。我们认为这会让我们成为自大狂，或者，我们会发现我们错误地认同了自己，并觉得自己很愚蠢。我们认为，我们需要别人证明我们是可爱的，然后我们才能让自己充分去爱。作为一个心理治疗师，我能做的最好的事情就是给不爱自己的人留点空间。我们总是觉得自己很可爱，这是个问题。我们也意识到，我们可能会爱那些让我们失望、背叛我们、伤害我们的人。

我的患者总是跟我谈爱。他们来接受治疗，希望得到爱的帮助。他们对自己不被爱、不被理解，以及失望和害怕的困境感到沮丧。但很多时候，对爱的欲望并不是那么直接的。无论如何，爱的问题都是心理治疗的一部分。我们的焦虑、我们的恐惧、我们的失落、我们的热情这些基本的感觉，统统都与各种各样的爱有关。爱是大多数故事的情节和宗旨。我的工作是处理人际关系的复杂性，也就是我们与他人、与自己、与世界的关系。从理论上讲，"自爱"是广受欢迎的概念之一。但若近距离观察，你就会发现它很有挑战性。对一些人来说，这可能很容易，但对我们很多人来说，这可能又要激起我们内心的挣扎。

在心理治疗中，一些患者不愿意表达他们对爱的欲望，因为他们认为爱是不可能的。他们在心理治疗中学到的信息就是，他们需要尝试各种办法去忘记自己对爱的憧憬。我们常常害怕犯错误，而完美主义的暴政将我们锁定在了一种焦虑的、僵化的状态中，这阻碍了我们对任何人际关系和经验的追求。我们都想要爱，但也害怕爱。**被拒绝的阴影**（我们对被拒绝的恐惧）让我们止步不前。当我们认识到自己的基本欲望时，我们就会从事实中提炼出爱的神话，爱的模型就变得真实和可能。或许这意味着我们要面对自己无把握的局面，或者我们已经意识到自己已经拥有的东西。

用乔治·萧伯纳（George Bernard Shaw）的话来说（我发现他比许多心理治疗教科书更会鼓舞人心）："人们估量肩上的担子有时重于担子本身。"当涉及我们的宏大愿望时，我们会找到方法说服自己不去思考真正的欲望和需求。我们陷入了困境。爱也不例外。我们会描述我们不能做某事的原因和那些阻碍我们前进的问题。我们会发现，说不想要什么比说想要什么更容易。我们说自己想要爱，会暴露我们的脆弱，还有可能让我们遭到拒绝和羞辱。这些尴尬事儿，有些我们经历过，有些我们想象过。总之，表达对爱的欲望需要极大的勇气。

想要爱和被爱，是简单而原始的欲望。它也会让人感到地狱般的痛苦。下面故事中的泰莎决定在告别生命之际直面爱的欲望。她向我倾诉了她的"爱与人生"的故事。

泰莎的倾诉

我第一次接触心理治疗是在伦敦一家繁忙的医院。医院里有一个医疗小组，专门为急病患者和患者家属进行限时心理治疗，我就是这个团队的成员之一。这里没有真正的隐私，空间布置也是临时凑合的。床边、储藏室、走廊都是我们的工作场所。我感到一种坚定不移的乐观，无论条件和环境如何，心理治疗都能带来一些好处。我仍然相信，有很多方法可以改善我们的生活。

我们团队接到的第一张转诊证明来自于一名病房护士。在证明书上，一个男人用我难以辨认的老式字体写道："我的妻子60多岁，是个胰腺癌晚期病人，她想找人说说话，希望医方尽快安排。"

我感觉自己的业务能力已经非常成熟了，于是在护士的陪同下来到了开放式病区。我的脖子上挂着一枚表示新身份的徽章，标志着我是一名专业人士。我为自己的新身份感到骄傲，这是我第一次看到自己的工作牌上写着"心理治疗师"，有时我下班也戴着它。陪同的护士把我领进了一间排满病人的房间，来到一位非常优雅的女人的床边。她就是泰莎，虽然身体有恙，但依然散发着温柔的活力和淡雅的女人味。她的头发打理好了，也涂了口红。几个靠垫支撑着她坐了起来。她的床上放着《金融时报》，旁边的桌子上放着一叠书和卡片。

病房里充满了疾病和混乱，但在她周围有一小块井然有序的区域。一位尊贵的男子坐在她的床边，当他看到我时，立即站了起来，自我介绍说，他是泰莎的丈夫，名叫大卫。接着，他落落大方且毫无尴尬地开溜了："我出去一下，一个小时后回来。"

泰莎的目光锁在了我的身上，她说："靠近点。"

我坐在了她旁边的椅子上，她丈夫坐过的椅子还是热的。我内心的某种理性突然被激活了。我把窗帘拉起来，是为了营造一种隐私感，至少这是一种象征性的治疗流程。我告诉她，我们还有50分钟的治疗时间。我只是想传达一种权威和专业精神。细看之下，泰莎的手又紫又瘀，我能看到她极力想隐藏自己的脆弱。

"我没有时间可以挥霍了。我可以和你进行真正的谈话吗？"她说话的措辞和清晰度让我感觉她的姿态更优美了。我说"当然可以",这就是我来这里的原因。

"我是说真心的谈话。老实说。没人会让我说心里话。我想你已经准备好了。那些护士、医生,还有我的家人,他们都试图分散我的注意力,让我感到舒服。如果我敢提起发生了什么不幸,他们就会大惊小怪,然后转移话题。我不想转移话题。我想面对这一切。"

我说:"告诉我你想面对什么。"

"我想面对我的死亡。我想看清我的人生。这是我一生都在逃避的事情,这是我最后一次好好审视的机会。"

我注意她说的每一个字及她说话的方式。人们在初次相遇时描述事物的方式可能会在未来的几年里产生一定的启迪。我热切地把她的一些陈述用零碎的文字写了下来,但我坚持我们要尽可能多地保持眼神交流,我们要一起经历整个治疗过程。我能做的,就是去邂逅真实状态下的她,所以我不断地回到和她在一起的状态。

"我感觉自己的身体每天都在衰退。我想让我的地盘井井有条。为了做到这一点,我有两件事必须讨论。简洁一直是我的强项。我以前从没接受过心理治疗。本质上来说,这是一次谈话,可以让我畅所欲言,并找到一些真相,或许还有一些意义,再看看还有什么可能的事儿。我说的对吗?"

"对,对。"我应道,并愉快地点了点头。确实很简洁!

"但是,拜托,让我们先达成一些共识吧!我想说的是我对你的第一印象。虽然依据不多,但我觉得可以跟你交交心。那我们就正式会谈吧。我不希望这只是一次性的谈话。我不是'一夜聊'的女人。我们约定,你会再来,你会继续来看我,直到我无力再和你说话为止。"

我说:"我们可以约定,多来几场治疗。"

"再确认一下,你会不断来看我,直到我不能说话为止。如果我要说句心里话,我需要知道,无论当下发生什么,无论我还能活多长时间,我都可以指望这样的心理治疗,我都可以依赖你。好吗?"

"好啊!"治疗安排严格限制为12次,我不知道泰莎的时间表是什么样的,但我怎么能拒绝她呢?她已经掌控了谈话局面,考虑到她的处境,这也许是个不错的主意。我们基于安全、融洽、信任建立了"治疗联盟"。

"太棒了!"她抬头看着我的脸,身体微微前倾,仿佛她终于找到了属于自己的空间。

"我是个矛盾集合体。不要阻止我自相矛盾。我曾说过,简洁是我的优点,但现在,我想说什么就说什么,因为我知道,留给我们的时间不多了。"她的声音具有绝对的权威。她还有一丁点儿小淘气。

"请往下说!"如果她想从我这里得到提示,我可以问她一些问题,并以第一阶段治疗的传统方式引导讨论,但这不是泰莎想要的,也不是她需要的。

"正如接受心理治疗的人们所说,我的第一个议题(在我那个时代,'议题'通常指向出版物,而不是感情)就是后悔。我想让你知道我的遗憾是什么,但是,求你了,夏洛特,别说服我。我只想说出来。"我同意了。

"真希望我能多花点时间陪陪我的孩子们。我有两个儿子,都长大了。我被困在病床上,心里最期望的就是拥抱他们。我不太想念生活中的某些东西,比如晚餐、旅行、衣服、鞋子、珠宝。我可以放下那些事儿。我喜欢涂口红,喜欢拥有美丽的东西,但现在感觉不那么重要了。可是,当我想到他们本可以更多地依偎在我身边时,我就会心痛。我把他们都送去寄宿学校了。多小的孩子呀!他们还没做好独自生活的准备。尤其是我们的大儿子。他真的不想去寄宿学校。他求我不要逼他。当时,出于各种原因,把他们送走似乎是正确的选择。我和大卫每隔几年就搬一次家。我就不啰嗦这些理由了。重点是,如果我真的听了儿子的话,也许我们至少可以互相偎依，更加亲密无间。依偎着，拥抱着，我想不出别的场景了……我只想抱着孩子们一起待在我们的老房子里，温暖而亲密。你看起来很年轻，还没到要孩子的年龄。你有孩子吗？"

"还没有！"我马上回答了，尽管我知道，我当时的主管肯定不会同意我毫无防备地透露隐私。

"哦，你以后可能会有孩子。如果你有了孩子，请让他们依偎在你的怀里。你也可以做其他事情，但依偎是非常重要的。这就是让我感到惊讶的地方……我一辈子都没意识到互相偎依的重要性。'依偎'这个词甚至听起来很傻，但它意义重大。这才是生命中最重要的事情。遗憾的是，我到现在才明白。"

我触碰到了她那意味深长的目光，感到有必要证明我正在吸取她的人生教训。她滔滔不绝地说着，开始回忆起她生命中的一些美好时光。我一如既往地用心倾听，想要真切领会她的声音、她的信息、她的故事。

她的丈夫大卫是一名职业外交官，曾在亚洲和非洲任职，他们一家曾在六个不同的国家生活过。

"你可以想象，我们到哪里都有人邀请，住着优雅的房子，参加最具魅力的活动和派对。我们可以遇到神话般的人物。有些人魅力十足，有些人却无聊透顶。"她描述了她举办的晚宴、她穿的宽松直筒连衣裙、她为亲密聚会做的菜。她的厨艺平平无奇，但值得信赖，只是胡椒老是放多了。"'胡椒放多了，泰莎！'每个人都这么说，但我喜欢胡椒，我认为自己就像胡椒一样暴躁，所以我放胡椒的时候总是停不下来。我对此毫不后悔。天哪，我想念我的家人如此深情地嘲弄我的日子。如今我病了，没人拿我的病来逗趣。"

她告诉我，她有多喜欢点蜡烛。"大卫以前总是嘲笑我是个'蜡烛控'。他会说我不应该这么小题大做，摆弄这么多蜡烛。他说得很甜蜜。'不要太麻烦了，泰莎！'甚至没有人注意到这些蜡烛，但对我而言，布置蜡烛是个甜蜜的麻烦,你懂的,我很在乎。有些'小题大做'是值得的,仅仅是因为我们想用自己的魅力取悦自己。是的,就是这样,现在我说出来了,我用那些漂亮的小方法让我自己的魅力绽放开来。我喜欢这样做。夏洛特,一定要让自己迷人一点儿。这是爱自己的使命,也是爱生活的表现。"

她本来想当编辑。"我喜欢发现小错误,看看有什么可以改进。我会做得很好。不管表达多么混乱,我总是能够抓住意图,但对自己的口误没辙。"她对自己没有工作不太在意。她经常搬家,在其他方面也很努力,她享受了很多。她让我想象她生活中其他时刻的画面。"你现在见到的我很不在状态,但你可以想象一下我有一头浓密头发的样子。不管流行什么发型,我都一直喜欢蓬松的头发。你懂的,就是20世纪60年代杰奎琳的发型。"她想念自己健康时的身体,以及表达自己的方式。

当她回忆起那些社交活动,和朋友们一起度过的无数时光时,她很好奇,他们是如何打发时间的,他们在相聚的每一刻都在做什么。她猜想他们一边喝酒一边谈论书籍、人物、戏剧、电影、旅行、艺术、政治等所有的一切,但她真的想不起来细节了。但实际上,她对自己生活中那些模糊不清的东西并不介意,因为她知道自己度过了"一段美好的旧时光"。她担心别人对她的看法,但真的没必要。"想想看,那些喜欢我的朋友,我知道他们喜欢我,我也非常喜欢他们。而这些社会交往也赋予了生命意义。但我为那些我根本不在乎的人而烦恼。简直是一种浪费,"她说,"浪费一点时间是不可避免的,但事实就是如此。"

泰莎还想再说一遍,她多么希望自己当初能多花些时间偎依着孩子们。她被困在这张床上,煽情的思绪找到了她,她无处可逃。她最终不得不承认,这只是一份深深的遗憾。"儿子们坚持说,他们对事情的结果完全满意。他们从来没有真正抱怨过。他们现在正在来伦敦的路上——我明天就可以看到他们。"

"哦，那太好了!"在倾听的全部内容中，这是句平淡无奇的话，还夹杂着一些令人鼓舞的低语和气息，表明我在聆听她的每一个字。我全神贯注地听着，没有什么好说的。我一直陪着她。她也希望我安静地听她倾诉。

"我和孩子们不是那么亲密。我确实爱他们两个，非常爱，他们爱我可能只是因为我是他们的母亲，但我希望我能让自己感受到爱，更多地表达爱。他们都结婚了，都三十多岁了。他们还没有自己的孩子，也许有一天会有的。真有趣，我现在还叫他们'小男孩'。"她发出迷人的笑声，"我觉得我对他们不是很了解。有一种距离感。如果我没送他们去寄宿学校，也许就不会有这种感觉了。如果我能多花点时间拥抱他们，告诉他们，我爱他们，那该多好啊。"她的笑声戛然而止，脸上露出挥之不去的悲伤。这种转变非常迅速。她的眼睛突然睁得大大的，看上去像个受惊的孩子。

"你明天见到他们时，能把这些话表达出来吗?"我情不自禁地问道。我的问题把她拉回了谈话模式。我意识到，即使在那时，我也像我以为的那样诚实、愿意面对一切，但我一直在逃避，有时不能只是悲伤地坐着，而不试着支持性地介入谈话。目睹痛苦却袖手旁观，是很难的。

"也许吧，但不知怎的，我有点怀疑。也许吧。我们拭目以待。但这引出了我必须讨论的第二件事。"

"继续往下说!"

"我知道我丈夫在巴西有个私生女，孩子的妈妈是他多年前出轨的一个女人。那个私生女一定有20岁左右了。大卫以为我不知道，但其实我知道。这些年来，他一直感到内疚和羞愧。我看得出来。他曾多次从银行转账给那个女人，他用的是一个他以为我不知道的账户，但其实我知道，我就是这样发现的。作为一名职业外交官，大卫可能对丑闻感到恐惧，他相当灵活和隐秘，但我也很聪明。"

我问她对此有何感受。

"你可能难以置信,但事实就是我没什么感受。我从未问过自己对此有何感受……"

我真的相信她说的话。

"你懂的,他可能因为他所做的事对我更好了。也许我没有和他对峙是因为这样做更适合我……这些年来,他一直对我彬彬有礼……"

她说,如果大卫知道他伤害了她,会非常伤心的,还有孩子们。"那太过分了。"我感觉到,这段婚外恋情的细节、她对家庭关系的关心、她不想让任何人受到伤害的愿望,都是她的爱的方式,这样一来,她既心事万千,又忙得连对自己丈夫的私生女的感觉都没有。我问她,向我倾诉时,她又是什么感觉。

"我需要告诉别人。这很重要。诚实,至少对自己诚实,这很重要。我不能在结束生命的时候还不敢说出实情。所以,现在你知道了,我告诉你,我就可以释放一些东西。如果我们可以走进大自然,那就更好了。我不喜欢待在这里,这不是个好地方。我怀念那种泥土和湿草的感觉。让我们想象一下我们在那里,在一个长满草的、泥泞的山上,呼吸着新鲜、寒冷的空气。这是我唯一能逃避的,也是我唯一能假装的。剩下的,我会诚实面对。"

她渴望逃离,想象自己置身于大自然之中,这种渴望也是真诚的。

那天我离开病房时,在护理站遇到了她的丈夫。他想给泰莎安排一间私人房间。我听见他在礼貌地劝说护士长,在我出去的时候,他停止了谈话,拦住了我。他看起来很紧张。

"你走之前,我不会打探的,我想尊重您的工作隐私,但请告诉我,泰莎和你谈过了吗?她需要与人交心。我很感激她能这么做。"

"是的。"我应道,这种朦胧的边界感让我不知所措。我不想冒犯他,但我也不想和他打交道。我感到她信任我,让我保守的秘密有多么巨大,甚至连我说一声"是的"都让我觉得透露太多了。

接下来的一个星期，我在我们约定的时间出现了。我找她的方式就像我在餐厅里寻找某个大佬一样。她让我想要做到最好，不管那意味着什么。病房里的一个护士告诉我，泰莎已经搬到楼上的一个私人病房了。万岁！对心理治疗有帮助。我上去了，大卫也在那里，但他给我们留出了空间，就马上离开了。她的床头柜上摊着各种各样的杂志和化妆品，我发现了她的绣花天鹅绒拖鞋。她周围的一切都是个人的、优雅的、舒适的选择。

"我仍然感到很遗憾，夏洛特。"她说着，目光落在了我身上。在我们的第一个疗程的那些日子里，她的黄疸已经很严重了，她那双凹陷的眼睛里透出了一种刺眼的蓝色。

"告诉我，你遗憾的是什么？"我问道。

"我之前告诉你的事儿，比如母子相拥、更亲密的爱，还有我的愿望。"

听到她的遗憾和没有实现的期望，我感到非常难过。她说得如此真实，令人感动，我不知道该怎么办。我感到一种绝望，我想要解决问题，还想要安抚她，尤其是，我知道她已经病入膏肓。虽然她不让我劝她别懊悔，但我还是违背了她的命令。她原谅了别人的错误。她不能原谅自己吗？我又问她能否把这些话告诉她的儿子们。回首往事，我看到了自己狂妄的想法，以为我能让她得到她迫切想要的东西。

"好的，我想就是这些吧。但你必须明白一些事情。我不为这样的遗憾而感到遗憾。它给了我更充实生活的希望。这也许不是我的生活，但它显示了什么是可能的人生。我曾拥有如此多的爱。现在也是。不是我没有足够的爱，不是那样的。大家都觉得我很冷漠。我的儿子甚至我的朋友都这么认为。友好且善社交，但表情冷漠。但我不是。我假装冷淡来掩盖温暖。大卫曾经叫我'火焰冰激凌'。你瞧，他爱我，在这些方面，他对我的解读完全正确。他知道我内心的温暖。我只是无法忍受自己内心深处的情绪。"

她的话一直萦绕在我的脑海里,尽管我努力想要理解其中的全部含义。她给我的可能比我给她的还要多。在接下来的时间里,她时不时地发表一些很有意义的言论,有时会闪现出完全的存在感,但有时,她又会陷入断章取义的句子、零碎的思绪、混乱的措辞。

我们每周都在同一时间见面,我们的关系有了进展,某些问题也得到了澄清。我们之间交流的一个主要特点是,我承认她的处境很困难,而她觉得这很有帮助,用她的话来说,这是"令人宽慰的现实"。

随着我们治疗关系的发展,她的身体状况恶化了。令我震惊和失望的是,到了第五个疗程时,我发现她的器官衰竭了。几乎说不出话来的她勉强说出了"再等一会儿"这几个字。这些令人心酸的话一直萦绕在我的心头。

接下来的一个星期,我来到她的房间,闻到一股难闻的气味。泰莎很苦恼,不停地按按钮叫护士来。她的肠道失去了控制,我能看到发生了什么,她也知道我能看到。她的行为举止和克制能力是她性格的固定部分,她身体边界的崩溃感觉像是对她的隐私、控制和尊严的背叛。她只是躺在她排泄出的脏东西里,而我坐在那里什么都不做,这让我感到难以忍受和荒唐可笑。我提出去叫人来帮忙,不久就带了一个护士回来。泰莎对她的态度有点傲慢。她说:"这实在让人无法接受。"确实,在很多方面都是如此。

这些都不符合我接受职业培训时学到的知识。这不是我想象中的"谈话治疗"的效果。这种病无法治愈。

我失陪了几分钟。当我回到泰莎的房间时,她已经被人洗干净,躺在了新收拾过的床上,她又有心情说话了。我们准备好好谈谈。她今天下午很清醒。她告诉我，她拥抱了她的儿子们，但感觉很不舒服，因为今非昔比。她说："这不仅仅是因为我身体太虚弱了，所以感觉很奇怪。这感觉很奇怪，还因为这对我们来说不自然，我们都知道这一点。'自然'真是个奇怪的词。对我来说，本该是自然的事情从来都不是那么容易做到的……母乳喂养、拥抱……对我来说，自然的事情让我觉得不自然……"

我问她成长过程中的情感经历。她的父母是冷漠的，不是那种温暖的人。她还记得母亲打过她几次耳光，但对身体的温柔回忆却没有印象。她的父亲"对每个人都相当一本正经、严肃拘谨，甚至对他自己也是如此，生来就像是装在套子里的人"。偶尔，她的父亲和母亲会尴尬而敷衍地拥抱。两个人都思维敏捷，却总是纠结于感情。她怀疑他们之间是有爱的，但他们不轻易表露出来。

"我的父母，还有大卫，我们随意使用'爱'字，我们有时会在电话结束时说很多'爱'字，在贺卡中更是'爱'字当头了。我们甚至频繁使用'我全部的爱'。大卫总是在信上这样签名。真是废话。你什么时候真的付出了全部的爱？但是，如果你不说那些话，就不会有爱，是吗？当然不是……在某些方面，和狗相处会更容易。狗允许我们无拘无束地表达爱意，而且它们不需要言语。"

她说，她可以接受自己的生活，她可以接受丈夫的私生女，她可以接受这一切。"我被病痛压迫，简化和清除了很多东西。我生命的大部分已经逝去，但我并不介意。我要放手了。我还得把这些最后的片段拼凑在一起……我想了想你最近问我的问题，关于我对大卫的私生女的看法。奇怪的是，我感觉还行。就像我刚刚谈到我的父母时所说的，亲密对我们中的一些人来说太难了，即使是和我们最爱和最了解的人在一起——事实上更是如此。我知道他爱我。他也许爱过另一个女人，但他深爱着我，一直如此。我毫不怀疑。我真希望他能告诉我他惹上了什么麻烦，因为这一定让他在情感上付出了极大的代价。我也付出了爱的代价。我本可以陪在他身边的。他无法面对伤痛，但如果他能面对，也许我们会更亲近。他剥夺了我在处理问题上表现高尚的机会。我很心疼那个小私生女。夏洛特，我告诉过你，如果我有幸改写这个故事，我一定会成为一个好编辑，我会把它整理干净，收拾好大卫粗糙而纠结的烂摊子，欢迎他的小女儿。我会对大卫大发雷霆，然后原谅他，把整个麻烦梳理成一个优雅的故事。但他没有让我拥有那样的荣耀！"

"你现在讲的故事里就有荣耀呀！"我插了几句。

她不理会我的评论。也许这使她感到尴尬，也许这并不令她信服。这也是我对荣耀的渴望。她又后悔起来。"告诉你我的遗憾，这很有帮助，也改变了我对这一切的感觉。我仍然后悔没有更多地拥抱儿子们。我后悔没有更公开地向他们表达爱意。但我现在明白了。从某种程度上说，这是我的成长经历和我所处的世界，但我并没有特别想要触摸他们、拥抱他们，这似乎并不重要。直接告诉他们我爱他们，我觉得这是不言而喻的，但也许不用说的东西说出来会更好……我一生都在想，总有一天生活会如我们所愿。大卫和我为他的退休制订了宏伟的计划，我们终于可以花掉一些存起来的钱了。我确信总有一天会很棒。原来，在我活着的这些年里，每天都很棒。"

我发现她的敏锐度和理解力令人吃惊，这完全不同于她身体的紊乱和崩溃状态。

"我可以接受这就是我的生活。我现在别无选择，只能接受。但我仍然抱有遗憾。我的意思是我希望你会喜欢依偎的感觉。让你自己充分地去爱和亲近。投降吧！你仍然会想着下一件事，无论是你当天的计划还是你脑子里想的任何事情。这是不可避免的。我们的满足感不会持续太久。但我求你记住：不要相信人生的意义会在以后余生的某一天到来。未来已来，将至已至。如果你留意的话，这几乎每天都在发生。"

她轻轻地呜咽了一声，我可以看到她痛苦地扭动着身体。她很少谈论身体上的不适。我坐在那里,看着她受苦,心都快跳出来了。她遭遇了身体上的"海难"。

"投降吧,"她又说,"我有更多的爱可以付出,但我生命中的大部分时间都没有让自己感受到。我是说,真正感受一下。现在一切都那么清晰明了,就像我在追逐云彩一样。这有什么关系呢?我总是想方设法地退缩。我的爱从来都不完整。我总是有所保留。我没有退缩,不敢承认有遗憾。我终于诚实地向你坦白了。"

"你的诚实令人钦佩,"我说,"虽然我认为爱不总是完整的,因为事情总是复杂的。"

"可能很复杂,也可以很简单。我会告诉我的儿子们,我希望自己能多抱抱他们。但这不会让我们突然亲近。这可能会让他们感受到我无法展现的爱。我毫无头绪。弄清楚如何充实地活在当下,不要等待了!如果你等待着寻找生命的华美,你只会留下灰烬。"

她说的每句话,我都觉得有道理。我还是希望她能对她的儿子们说出她的真实感受。我们的心理治疗是时候告一段落了。

"夏洛特?"我起身离开时,她在我身后喊道,"我想让你知道,我能原谅大卫有私生女的事儿。我希望我的孩子们也能原谅我的缺点。我们都想爱和被爱。这是我所有的心里话,真是太难了。"

接下来的一个星期,我来到她的病房,一个护士说她被转移到了肝脏病房。我去了那一层楼,那里弥漫着一股难闻的气味。我找不到她,一个护士指着一张床。我环顾四周,没有看到她。我对护士感到不耐烦,她似乎不明白我的意思。我高傲地念着泰莎的名字,大声地拼出她的姓氏。

"是的,小姐,她就在那儿。"护士说着,指了指我刚才走过的那张床。我又回到床边。这不是泰莎。这是另一个人。泰莎在什么地方?我也没看到她的丈夫。我又去找护士。

"那不是我的病人。"我指着床说。我用了"病人"这个词,态度很专横。

"是你的病人,泰莎就在那边!"她说。

我回到床边,看着床脚那张病例上的详细信息。床上的人真是泰莎。她身体肿胀,体型完全膨胀,变得面目全非。我无法接受这还是一周前的那个女人。这是最令人困惑和震惊的转变,没有道理呀!她看着我,她的脸鼓胀得扭曲,她的嘴唇张开着,我看到了她那双蓝色的眼睛,现在已经失去了光芒,没有归属感,也没有熟悉感。我希望她没有发现我没认出她。

"泰莎,你好!"

我拉过一把椅子,拉上四周的窗帘,准备和她共度50分钟。这与我们之前的会面非常不同。她说话的声音微弱而模糊,她很难表达自己的意思。她的呼吸很吃力,断断续续地发出微弱的喘息声。"谢谢你,亲爱的,"沉默了几分钟后,她说,"我爱你。"

我不知道她是不是真心的,她是不是神志不清,也不知道她是对谁说的。我没有回应。对她说"我爱你",感觉不对;甚至只说"爱你"也不对。从那一刻起,这么多年来,我从未对我的患者说过这句话。我感受过很多爱。我谈过爱,在治疗中允许爱的表达,但我没有在治疗中说过"我爱你"。这让我感觉太赤裸、太亲密了,但也许会令人难忘。

护士们打断了我们,用一根管子做了些什么,取出并替换了什么东西。他们侵犯了我们的私人空间,我很生气。我希望能让她感到亲近、包容,而不是孤独。我辨认不出她的模样,这是怎么发生的?我渴望坚持我们的计划,进行持续的治疗。我们许下了承诺!我们还在继续编写她的故事。这是我对荣耀的幻想,我能让她的生命美丽地结束。她一会儿醒过来,一会儿昏过去,我不知道她从我的出现中得到了什么,但我待了整整50分钟,无论她在哪里,我都想和她在一起。当我起身准备离开时,我看着她的眼睛，告诉她我有多珍惜我们的谈话，我永远不会忘记她告诉我的一切。她微微撇了撇嘴，我不知道她是否听懂了我的话。我告诉她我很期待下一次治疗。"下周见"是我对她说的最后一句话。

"再见！"她说得很清楚。

当我含泪和主管谈论泰莎时，他认为我应该说"我们的治疗到此结束"，而我假装自己和泰莎还会再见面，以此来逃避现实。但是，即使她明显快死了，我怎么能对她大声说出那些话来呢？

我的主管坚持说："我们会讨论艰难的事实。"如果我向泰莎承认她显然就要死了，我就可以说"再见"了（毕竟，是她对我说了"再见"），我们就可以一起面对结局。我变得像她生活中的其他人一样，跟她演戏，让自己远离发生的一切。

也许她下周还会在这里，我想，到时候我会和她说"再见"。可惜，泰莎在我们"下一次治疗"之前就死了。得知她的噩耗时，我走到外面，抬头看着云，任由自己哭泣。我打电话给我妈妈，告诉她我爱她。我让自己感受到了这一切，尽管在某些方面有些荒谬，因为我们刚认识不久，我不太了解泰莎，可是，我为什么会有心碎的感觉呢？部门里的一个女同事看见我哭了，甩了句安慰的话："请节哀顺变。"泰莎的离世对我而言也是一种失去，但我觉得我这样要求是不合理的。让她对我如此重要，我是否越界了？

泰莎生命的结束标志着我作为心理治疗师工作的开始。当时我还很年轻，没有专业经验，我们交往的短暂性和特定情境保护了我的浪漫色彩。我没有向她挑战，也没有说一些如果她活下去我可能会说的话。在短暂的相处时间里，我们能做的只有这么多，但我们还是做了一些事情。我珍惜这种可能性。

她给我的比我能给她的多。从那以后的几年里，我一直被慷慨带来的快乐所震撼。当我们给予他人爱时，生活会变得更丰富，这一点几乎是显而易见的，但仍然容易被忽视。这不是耗尽我们自己，给予比我们拥有的更多，这是因为给予是拥有的一部分。作家娜塔莎·伦恩（Natasha Lunn）曾经和我谈论过给予爱的快乐，而不只是拥有爱才会快乐。我们从认识自己和爱自己中收获了很多。她说："付出爱也是有回报的。"

泰莎是一个亲切的女人，她得体地接收了我的"礼物"。她知道怎么说再见，即使我不知道怎么表达也无妨。她给了我面对真相的勇气，教会了我改写和重述我们的故事的意义，向我展示了保守秘密、放手、承认遗憾和实时见证的特权。这些事情对我们来说有多艰难。

这让我想起了心理治疗师、诗歌作家欧文·亚隆（Irvin Yalom）的"涟漪效应"。在这个概念中，短短的邂逅会以令人惊讶的方式产生持久的影响。我们都想爱和被爱，当我无数次听到痛苦的关系、破裂的家庭、工作的挑战、内心的冲突时，我的脑海中都浮现出这该死的困难。当然，我也想到了泰莎渴望拥抱她的孩子们。

当我们知道即将失去什么的时候，我们会感激我们所拥有的。在生存的边缘，泰莎知道她想要什么，什么是可能的，她在为时已晚之前弄清了某些事情。即使我们知道结局即将来临，结局也会显得突兀而混乱。我们会在我们爱的人身上犯错误。教训还在继续。不要等待生命的华美。

泰莎在临终前接受了第一次治疗，这一事实表明她有学习的能力，并在一生中一直获取新的体验。她欣然接受了新鲜的生活体验。当她躺在床上奄奄一息的时候，她是如此的敏捷和活跃，这给了我勇气。只要还有一口气，讲故事的壮举就会改变一些事情。

爱的真谛

我们会爱，也会失去。我们可能会因为痛苦的失去和遭遇拒绝的威胁而不让自己爱得太亲近、太强烈。我们可能在任何可能的地方攫取爱并抓住爱不放手。无论哪种方式，当涉及内心的事情时，我们都有对错之分。用剧作家阿瑟·米勒（Arthur Miller）的话说："也许每个人都可以做的就是希望不让自己留下遗憾。"

你怎么处理遗憾？我们认为木已成舟。然而，遗憾是人类处境的一部分，无论这种处境多么令人不安。遗憾的最大问题是，没有人教导我们如何处理它。它被重新导向责备、羞耻、防御、正义、愤怒、内疚，也许最重要的是——幻想。未经解决的遗憾，是我们本可以过的生活、我们将拥有的爱、我们当下的空虚自我的幻想素材。未经处理的遗憾会带来灾难性的麻烦。承认遗憾是勇敢而充满爱意的。这是一种爱自己的行为，因为你知道你想做一些不同的事情。

爱和被爱需要通过欲望、关心、责任、尊重、亲近、差异、想法和慷慨来表达。它可以是抽象的，也可以是具体的，还可以是依偎的动作。请说"我爱你"，并且知道对方的感受。请在需要的时候及时出现，提供安慰和帮助，也允许和接受对方的帮助。对我们每个人来说，爱是最普遍但又最个人的东西，它既是重要的东西（我们珍视爱，让人感觉充实），也是充满细节的举措（小而迷人的细节，比如泰莎点蜡烛）。请允许介入一些魅力和爱好。微不足道和无关紧要的东西仍然很重要。

我们都想要爱，但即使我们拥有爱的关系，我们也会与日常生活失去联系。我们变得如此熟悉，却忘记了彼此关注。自己的眼睛看不见自己的睫毛，远处的爱却能看得清清楚楚。有时候，距离是我们说再见时的瞬间感知——只是分离的短暂提醒，是一闪而过的**陌生化**的一瞥——让我们用感激之情重聚。

02 / 第二章 欲 望

有关欲望的冲突在人际关系中上演，让人们走到一起，也让人们分开。在第十一章中，我特别讨论了我们如何得到我们不应该得到的东西。我们也想得到我们想要的东西。我们一直在和欲望的规则谈判。我们遵守规则，并且通融规则。每一个感觉可以接受的欲望，往往都潜藏着另一个可以把我们拉向不同方向的欲望。在我们的一生中，我们筛选各种各样的欲望，甚至在没有意识到的情况下，我们经常在任何给定的时刻选择和敲定哪些欲望需要优先考虑。欲望不仅仅是一种本能，而且还充满了两极化。欲望是激励性的，也是让人分心的；是支持性的，也是令人麻痹的；是新奇的，也是熟悉的；是社交性的，也是水到渠成的。欲望是快乐和痛苦的集合体，是增强和减弱的矛盾体，也是健康和有害的对立体。尤其令人不安的是，欲望和恐惧是密切相关的。看一看亚当和夏娃吧。他们被逐出伊甸园，因为他们屈服于诱惑。欲望既界定了我们，也让我们陷入麻烦。这是我们生存的故事——繁衍后代的动力和留下自己印记的愿望。但故事里也隐藏着我们犯错的所有方式。四种罪（嫉妒、暴食、贪婪和淫欲）与欲望有关。当涉及挑衅和性行为时，我们可能会在诱惑和恐惧之间左右为难。羞耻感和骄傲感会经常"巡逻",让那些被认为是禁忌的东西闭嘴。

我们被社会化了,我们热衷于消费和拥有。但仅仅拥有是不够的(我们经常努力想要我们已经拥有的东西,我们想要更多我们不一定看重的东西,所以满足感是短暂的),仅仅否认也是不够的(我们被那些我们赶走的强烈欲望所困扰,我们要么行动起来,要么关闭自己)。我们陷入 **"必须强迫症"** 这种陷阱,必须喋喋不休地谈论生活应该是怎样的,期望人际关系遵循死板的剧本进行下去。但这从来不奏效。我们的要求让我们极度恼怒,经常与他人疏远。只有当我们理解了自己的欲望时,才开始明白什么是"充足感"。

当我们对自己的欲望表现出蔑视或僵化时,我们会发现自己在生活的各个方面都在梦游。曾经让我们兴奋的东西不再能让我们清醒。我们对任何东西都没有太多的欲望。过度消费会消耗我们,让我们全神贯注,但会让我们感到空虚和不满足。严重的无聊会以这种方式表现出来。它似乎是被动的和致命的。用作家列夫·托尔斯泰(Leo Tdstoy)的话说:"无聊:对欲望的欲望。"即使我们与欲望作斗争,我们仍然想要欲望。欲望唤醒了我们。关注我们想要的东西,可以激发并恢复我们对生活的好奇心和渴望。在最近的一次心理治疗中,一位男患者对我说:"我想要一些东西,我想感受到欲望,知道自己还活着。"

我们对性爱的渴望往往是多层次的、模糊不清的。我们的性欲可能与我们的价值观不一致。我们童年时期对欲望和性的印象会在一生中以令人惊讶的方式表现出来,我们最深的欲望常常让我们自己感到害怕。我们渴望得到的东西,却又让我们害怕得不到,害怕不该得到,或者害怕得到后会失去。用剧作家田纳西·威廉斯(Tennessee Williams)的话说:"我想要我害怕的东西,我害怕我想要的东西,所以我就像一场无法挣脱的风暴!"当我们的欲望连我们自己都无法接受时,我们可能会隐藏、转移并表现出复杂的情绪。即使在健康的关系中，我们也会对同一个人产生爱与恨的感觉，而虐待、创伤的关系会给我们留下无法清除的矛盾心理和冲突性的渴望。恐惧和欲望很难区分。我们可以专注、否认、重复、捍卫某件事，所有这些都是为了辅助自己去否认潜在的欲望。空虚感和失望感是深层欲望的一种暗示。

我们很难承认自己的一些欲望，部分原因是想要太多的欲望会让人忐忑不安。任何一个期望怀孕却被人告诫不要去想怀孕的事儿的女人，都能体会到欲望带来的不适。有人反复提醒我们，绝望是不光彩的，会对我们不利。确实，绝望让人难以忍受。可是，表现得太敏锐，会让人难堪。在这种情况下，性欲既令人兴奋又令人恐惧。曝光之后，你会有强烈的脆弱感、潜在的拒绝感和羞耻感。我们可能会对真正想要的东西很迷信，好像承认我们的欲望，即使埋在心底，也会阻止我们得到我们想要的东西。

当我们感到沮丧时，我们经常通过获得、消费、满足其他更容易获得的欲望来补偿，而不是承认我们最黑暗的期望。我们人类作为一个复杂的物种，仍然很难理解性欲，而性幻想是再普通不过的了。贾斯汀·莱赫米勒（Justin Lehmiller）对性幻想的广泛研究显示了性幻想的普遍性（97%的受访者经常进行性幻想），但我们很容易对自己没有说出来的欲望感到尴尬和羞耻。不是老板开除我，是我炒了老板的鱿鱼！如果我们听从自己的冲动，我们可能会陷入麻烦，但仍然得不到满足。如果我们忽视自己的欲望，我们就背离了自己内心的某些情愫。我们可能会隐藏自己的欲望或者憎恨某些东西。

作为一名治疗师，我一直在仔细聆听人们的抱怨和幻想，它们往往包含着隐藏的欲望。我发现隐藏的希望的第一个线索通常来自一个否认或抗议的故事。此外，还有障碍。障碍让我们感到安全，以防我们无法获得想要的东西。

对现有的东西吹毛求疵，是很容易的。这也是一种将我们内心冲突外化的方式，可将问题转移到另一个人身上。这在一般情况下是正确的，特别是在我们的性生活中。我们可能会对完全舒适的熟悉感到厌倦，这句令人痛苦的陈词滥调不无道理："熟悉会滋生轻蔑。"当我们在性伴侣身上渴望新鲜的东西时，我们也在外化我们内心的冲突，在我们的自我意识中渴望一些东西。我们可能已经厌倦了和我们熟悉的、疲惫的自己同枕共眠。

欲望的作用和目标可能是模糊且鬼鬼祟祟的。我们对某件事或某人有渴望，但我们渴望的对象似乎代表了我们生活中缺失的其他东西。欲望可以来自匮乏感。我们可以形成欲望来补偿情感上的空虚、匮乏、失去和痛苦。欲望可以通过服装表现出来。心理治疗的核心任务是揭开隐藏的渴望、隐秘的感觉，以及我们想象的关于我们的死气沉沉的生活的欲望故事。

这一使命一直是我与杰克合作的核心。杰克快 60 岁了，他来接受治疗是为了弄清楚自己是否应该继续维持已维持了近 40 年的婚姻。

杰克的选择

"我看到海伦在阳光下若隐若现的小胡子，这让我感到厌恶。"杰克对我说这句话时，握紧了拳头，又张开了拳头。

他的举止讨人喜欢，并且目光敏锐，说话精确而有分量。

"貌似这对你来说太难了。"我说。

"哦，这倒是有点帮助。"

我看不出他是不是在开玩笑。他却好像可以解读我那一刻的不安，他很投入。

"哦，真的，这确实有帮助。至少你接受了我。你懂我。"

"你谈到了你的厌恶，我想知道这到底是怎么回事。"我说着，此时此刻，我隐约感到自己有责任去更深地剖析他的故事。

"我只是不敢相信,这就是婚姻。我想要更多。"他说。

"更多的什么?你想要什么?"我问。

"我希望海伦性感。我希望她能像我们刚在一起时那样渴望我。我生气的是她不想要我了。这到底怎么了?"

"我听明白了。"我也看出来了。他眯着眼睛,皱着鼻子,好像闻到了一股难闻的气味。

"你现在的处境怎样?"我问道。我觉得他是在一种蔑视的气氛中迷失了方向,但我不想做任何假设。他需要确定自己的位置,这是一种接地气的澄清方式。

"她骗了我!"他说她给他编了一个关于爱情和婚姻的故事。在他们唯一的孩子(儿子)离开家去上大学后不久,他的不满情绪变得难以忍受。他没有想到会有空巢的感觉,但在某些方面,他的儿子是他最好的朋友,失去和分离让他感到痛苦。他觉得妻子疏远了他,深深地排斥了他。

他想要她。

他想让她渴望他。

他再次感到欲望。

我们笑着说,我们现在用了多少次"想"字。我们匆匆地凝视着对方。和杰克在一起的能量并不是真正的情欲。有融洽,有投射,有幻想,但我感觉不到性。对他来说,我更像是一个理想中的母亲,尽管他比我大几十岁。我们选择了远程治疗,在虚拟世界中连接在一起,而不是在同一个物理空间里。所以,任何侵犯的威胁都感觉不同。他住在加利福尼亚州,在食品零售行业工作,而我住在伦敦,所以,我们在这种远距离的深度联系中合作,这适合那些想要亲密却拒绝亲密的人。

杰克把自己的母亲理想化了,尽管她忽视了他。在他的刻画中,他既揭露了她,又保护了她。但他可怜的妻子从来没有这样的机会。与此同时,杰克对我的回应在某些方面就像他的母爱复制版。我就算举步维艰,

第二章 欲望

不停地去冒险，基本上也不会出错。我感觉到他对我的信任，他相信，我理解他、懂他。即使我做错了事情，或者不理解他的一些事情，他也会忽略我的失败。他对妻子感情上的吝啬和他对我的慷慨形成了鲜明的对比。他给妻子戴了一副昏暗的眼镜，而我却被一束光芒包围着。我们动态关系的明确界定为理想情境提供了保障。

"我们的谈话对我有帮助，但这还不够，"他摇着手指说，"我需要性爱。没得商量。这就是为什么我会找应召女郎。"

"我知道，你已经说过很多次了。"

"她到底想要什么？我不能一辈子都没有性生活。"

我对此表示怀疑，但我选择让这事儿过去。他经常看着我寻找线索，他解释说，好像他能读懂我脸上闪烁的疑惑。

"杰克，让我们回到正题，探讨到这对你有什么好处？这些身体接触对你来说意义重大，它们让你坚持下去，就像你说的。你还坚持要它们保护你的婚姻。你是否认为打破规则会带给你一种自由和权威的感觉，让你觉得你的妻子不能完全掌控你？"

他调皮地笑着说："这是个引导性的问题。也许你是这么想的，但它的意义并不在于它的不正当性。来这里对我来说很有意义，这和打破规则无关。我的妻子知道我在你这里接受心理治疗。"

我点了点头。我觉得和杰克在一起的安静时刻让我们更亲近，即使是在虚拟世界中也无妨。就像音乐家迈尔斯·戴维斯（Miles Davis）曾经说过的："重要的不是你弹的音符，而是你没有弹的音符。"在这片刻的沉默中，我突然想到，即使我对治疗师和应召女郎之间的比较感到不安，但他的感觉是有道理的：当他为一段关系付费时，无论是与性工作者还是与心理治疗师，这些交易关系中都可能包含一些颇有意义的私人性质。

他说："我觉得你大部分时间都很喜欢和我一起工作。"

我说："是的。"

他说:"我为和你在一起的时间付钱。"

我说:"是的。"

他说:"如果你想知道妖姬们的故事以及你闯进来的方式,你就会明白我的意思。"

"是的,但是,你和应召女郎在一起时会把某些幻想付诸行动,而心理治疗是考虑这些幻想的空间问题。"我说"是的,但是"的次数太多了。

他说:"有道理。"

作为杰克的治疗师,几个月后,我发现自己和他陷入了这种循环式的讨论。我们取得了进步,并获得了深刻的见解,我们建立了连接、联系和理解,但仍然没有改变行为。我称之为"洞察即防守",这是我在个人生活中做过的事情,我希望我的一些心理医生能当面问我这个问题。我们对自己有了深刻而精辟的见解,建立了各种各样的连接、联系和理解,除了心理治疗,什么都不会改变。在杰克的案例中,他声称自己的行为没有问题。只有当我质疑他想要什么(他*真正*想要的是什么)时,我才能给予他进一步探究的干预。

在接下来的治疗中,当我们再次讨论这个问题时,他终于说:"我想被人需要。"海伦真的很爱他。这与性无关,但很真诚。她能让他笑,他也能让她笑。应召女郎没有太多的笑声和欢乐。但他很痛苦,因为他在与海伦的关系中失去了性欲。也许不止如此,被海伦爱着,对他来说可能还不够,不管她有多爱他都无济于事,因为她是他的妻子。

那我呢?是的,他按小时雇用我。但正如我的主管所指出的,他为我支付了所有费用,除了我的医疗费用。我确实关心他,甚至对他有爱的感觉,只要他还是我的患者。我在我们的治疗关系中接受感情,促使他意识到关于他自己的一些事情。

弗洛伊德曾这样描述一些病人:"他们在有爱的地方,就没有欲望;他们在有欲望的地方，就无法去爱。"我不知道杰克和海伦是不是也这样。也许我是他理想中的那种不需要性亲密就能修复的"母亲"，而应召女郎是他为了性而不是真正的情感亲密所选择的人。

"但实际上，我只是想激起别人的性欲，"他说，"我想让自己有吸引力。"他从海伦那里感受到的爱，并没有让他觉得自己性感。他坚持认为，与应召女郎在一起让他觉得自己很有魅力、很受欢迎。我们抛开羞耻、骄傲、解释和洞察力，他需要的是被需要的感觉，他需要有人非常需要他。

在我们的下一次治疗中，我问他是否期望被需要。这显然是他那匮乏的童年的巨大假象，我们追踪他被拒绝的感觉。他被这种感觉感动了，流了几滴眼泪。一旦他开始哭泣，他的脸就仿佛要被洪水淹没了。他摘下眼镜，让眼泪掉下来。在我们一起治疗的过程中，这种情况已经发生了几次，每次都感觉像是一个突破。他的眼泪是真实的、全心全意的，好像他把自己完全投入到这个过程中，我感受到了他的痛苦和折磨。眼泪是为那个被母亲虐待和忽视的小男孩而流的，即使他现在把母亲放在他的心里。还是那个小男孩，他的父亲毫无理由地抛弃了他和他的母亲，建立了一个新的家庭。眼泪是为那个满脸青春痘的少年而流的，他在学校把自己弄脏了，感到被羞辱了。他想念他已经长大的儿子。感谢他错过了自己的青春，也感谢他三十年前去世的祖母。杰克高兴地哭了，因为他可以安全地探索他随身携带的痛苦故事。他感谢我这么关心他的人生故事。

"我非常关心。"我确认道。当这些话从我嘴里说出口时，我意识到我对他的热情增加得有多么频繁。我听到自己不断安慰他，用不同的方式告诉他，我想和他一起面对。

"我喜欢你关心我。我知道你关心我。你很忙，可以选择不搭理我，但你会为我腾出时间。"他觉得自己被我优先考虑了。他对他的母亲从来没有这种感觉。"我是个意外。妈妈年轻，爸爸酗酒。他们并不想生下我。当我真的来到这个世上的时候，她并没有真的关注我。她没有看我一眼，也没有凝视过我。"他想成为欲望的对象,而不仅仅是欲望的主体。

他回忆起他和妻子早期的关系。"我的意思是,她有一种吸引人的外表,一种让我欲罢不能的特质,这让我想要更多。但最棒的是她看我的眼神真温柔,我光是想想就想哭。"

杰克怀念深恋感,那是陶醉和痴情的感觉。只是它在一段关系中不能长久。我有点惊讶,他已经50多岁了,还坚持某些期望。他是故意天真,还是对自己的幻想浑然不觉呢?

"大约在结婚一年的时间里,我们不断地以某种方式发现生命的价值。在最初的日子里,我们进行了无尽的冒险。我们一起征服、一起探索。我们也接受了做真实的自己,这一切都在以某种方式展开着、铺垫着。最好的事情还在后头,我要和海伦一起慢慢变老……可她不再像以前那样对我了……"

"你还像以前那样对她吗?"我问。

"说实话,我也不像以前那样对她了。我不再觉得她性感了,我也不觉得她魅力四射了。她变得很'无女子气',这让我很困扰。但我真的爱她,"他说,"她也真的很爱我。她是个讨厌的胖子,但她能让我开怀大笑,我们一起吃烤鸡、喝红酒,玩得很开心。"他又为那个在他20多岁的时候让他感到被人渴望的海伦流下了眼泪。"我想我恨她,因为她一直支持我。她选择我有什么错?"我们想要有被人需要的感觉,可是,我们会对那些完全可以和我们在一起且真正想要我们的人畏缩不前。

我们看到,他的心里住着一个格劳乔·马克思⊖(Groucho Marx),努力享受一个愿意接纳他的俱乐部的会员资格。我们绘制了这些年来他不同程度的自我厌恶。他说他妻子的价值降低了,因为她嫁给了他,她是个失败者。但有时候,他认为他可以瞄准更高的目标,而她在他的目标之下。

⊖ 美国喜剧演员,他有一句经典台词:"我从不想加入一个像我一样的人都会加入的俱乐部。"——译者注

要是他能再年轻一次,让一切重新来过,那该多好。他希望能更喜欢自己,而不是遭受这么多痛苦,煎熬这么长时间。他想过一种不同的生活。当然,这些事情对我们任何人来说都是不可能的。从这里开始,对杰克最有用的治疗工作将是认识到重返青春的不可能带来的痛苦和遗憾,同时研究可能发生的事情,考虑到他所处环境的特殊性和作为人类普遍面临的困境。杰克的生活只能从现在开始。他能改变什么?他能接受什么?他能庆祝什么?

在接下来的环节中,杰克说了一些非常不同寻常的话。

"我喜欢和海伦结婚,但下辈子我想安定下来,和完全不同的人在一起。我还想成为一名艺术家,生更多的孩子。但这辈子不会。"他说这话时半开玩笑。他不相信有来生。他是一个坚定的无神论者,对死亡和局限有着务实的态度。然而,在他的许多行为和信仰之下,隐藏着一种被误导的、微妙的、令人困惑的幻想,即他可以过多种生活。我们提炼了这个信念,他被这个发现震惊了。

"我的意思是,我以为我知道就是这样了。千真万确!但我认为直到现在我还没有真正接受这一点。虽然这听起来很疯狂,但我很确定,我曾想过我会有很多机会过不同的生活,而这只是其中之一。我还没有真正接受这条人生路。这是我狂野而珍贵的生命。海伦是我每天都要面对的现实收费站,她痛苦地提醒着我,只有一次生命意味着什么。你明白吗?"他问我。对我来说,这完全合情合理。我重视心理治疗中的这些顿悟时刻。此时此刻,我们承认现实,看看什么是可能的、什么是不可能的。清醒是有必要的。

我意识到我一直没有问他关于应召女郎的细节。他对她们有什么渴望?当他和她们在一起时,他有什么感觉?在这些邂逅中,他的自我意识是什么?我终于问了他,发现自己在没有完全理解的情况下做了多少假设和回避。

"嗯……"他在座位上变换了姿势，对我说，"和她们在一起的时候，我会打扮成女人的样子。"

我没想到会出现这样的情节转折。他从来没有说过要扮成女人。他一想到自己是女人就会兴奋起来。他解释说，这种欲望是以这种方式为自己服务的，而且除了应召女郎之外，他似乎不可能向任何人展示自己的这一面。我问他为什么到现在才提起这件事。

他说："你从来没有问过。""那海伦呢？她知道这个幻想吗？"

"不可能。看看我告诉你这些有多难。我等着你问呢。也许我对海伦也是这样，她还没问呢。我怀疑她永远不会。我们是自由主义者，但也会在某些方面有争议。我的这一部分情怀……让人很尴尬。"

我问他在幻想中他会变成什么样子。他说："当我打扮成女人的时候，我感觉不到自己是真正的自己。并不是说我想成为一个女人。我对变性没兴趣。我想要的是偶尔欣赏一下自己做女人的美丽。"他小时候曾经穿过他妈妈的衣服，从此，他便有了这种秘密的一面。他一直很喜欢戏服。

他说："万圣节是最快乐的日子。每年我都想办法打扮成女人。也许不是字面上的意思，但在某种程度上，我在我的青少年时期看到的很多服装都是这样的。这是我们吃很多糖果、穿物化服装的'假装恐怖的日子'。我们不都渴望以某种方式满足自己吗？这是我的方式。"

我们观察欲望对他意味着什么。他说："它让我觉得自己还活着。我想我是在为我和海伦曾经在一起的那种活力而悲伤，那种活力已经不复存在了。"我们简单地考虑了一下为什么海伦不再渴望性爱，但他不知道，我尽量不去猜测。他们讨论过她的更年期，也小心翼翼地讨论过她的激素，但他们并没有真正承认他们的关系处于无性状态。

"有没有专门的术语来描述这种状态？"他问道，"性欲的丧失？"

"**性机能丧失恐怖**，"我说，"我不知道这个词对你有多大帮助，但这是精神分析的术语,从天文学上讲,它实际上源自一颗恒星的消失。"

"我喜欢。这是个好词,我记下来了。因为对我来说就是这样,感觉就像一颗消失的恒星。灯刚刚关了,我也开始假装了。我假装的地方太多了。当我告诉你时,我能看到你的表情。她们可能也在假装,而我在假装自己是个女人。你也假装,你在假装你并不怀疑我告诉你的细节。真管用,即使我的描述不是完全真实的。"

他说的有道理。我有我的顾虑。我知道有关应召女郎的统计数据,我同情他的妻子,我希望他能有真正的亲密关系。但这似乎是我的愿望,而不是他的欲望。

杰克说:"我发现,经过深思熟虑后,我决定和海伦结婚,并选择与她保持婚姻关系,这是一个坚定的抉择。"事实证明,这正是他所需要的——接受自己的选择。我也要接受他的选择。

我偶尔会想到杰克打扮成一个女人的场景,以及这种幻想对他来说意味着什么。"你曾经想象过作为一个女孩的生活吗?你的父亲会怎么对待你?"我问。

"父亲的再婚家庭让他有了几个女儿,"杰克说着,眼睛盯着远处一个我看不见的遥远角落,"当我想到这件事的时候,我想到的是我的父母。我妈妈曾经说过,有个儿子对我爸爸来说尤其艰难,她想,如果她有个女儿,他可能会留下来。他想要一个女孩。她一遍又一遍地告诉我。"

这种幻想不无道理。这是一种部分认同他父亲的方式。他的父亲有多个家庭和人物关系。他可以扮演想象中的、被人渴望和喜爱的女儿。他并不想重复他父亲抛弃和拒绝的模式。他为自己对家庭,尤其是对儿子的承诺感到自豪。他永远不会像父亲当初那样离开他的儿子。但把自己打扮成女人,给了他一种幻想其他类型生活的空间,即使只有一两个小时也可以。"我总会回家的。"他说。

他的幻想也是关于他希望被母亲关怀的愿望。如果他是个女孩,也许她会更爱他，对他更好；如果他是个女孩，也许他的父亲会留下来。生活本可以更美好。他意识到，他的母亲对他的态度和对他的父亲莫名抛弃的解释是关于她受伤的故事，而不是他的真正价值。但是，他仍然努力去相信，在这一生中，他已经拥有了"充足感"。他感受到父亲离开的痛苦，他意识到自己在心里保护着母亲。承认她的拒绝和对他的责备，这种感觉太痛苦了。但痛苦已经找到了他。也许他的儿子离开了家重新激发了杰克被抛弃和被遗弃的创伤，即使他也很高兴他的儿子长大了，变得独立了。

"我们都有很多不同的方面，有很多不同的角色可以扮演。我不会像我爸那样不告而别，但我确实喜欢打扮。我需要幻想来接受现实。"

杰克和我继续努力想弄清楚欲望对他意味着什么。有一天他说："用马克·吐温的话说，我止不住地渴望自己被对方抑制不住地渴望。"他喜欢自作聪明。他叹了口气。从他的父母开始，从来没有人对他抑制不住地渴望。

我能做的就是让他意识到他的选择、影响、背景、意义。他对海伦的敌意似乎在很大程度上是他渴望被父母需要的错位欲望的产物。这不是字面意思，也不是性的问题。但在某种程度上，他想要的是被他的父母所渴望，而他从未有过这样的经历。他必须为这种剥夺感到悲伤。这不是海伦的错，也不是他的错。对杰克来说，欲望的问题总是围绕着"肯定"展开。他没有从父母那里得到肯定，他给了儿子肯定，但对妻子却保留了肯定。双方都是！他的婚姻中有被拒绝和被剥夺的回声，但他和海伦仍然在一起，仍然有爱。

在我们的一次治疗中，杰克的笔记本电脑电池快用完了，而他的充电器在另一个房间里。他的视频带着我穿过他的房子，遇到了海伦。他向她打招呼，并把她介绍给我。她抬起头，微笑着。我也对她笑了笑，她的乐观和开朗让我惊讶。没有小胡子的痕迹，反正从这个角度看，她的脸很迷人，也很有人情味。我意识到，先前投影到我脑海中的是她被丑化了的形象。他把海伦描绘成这样一个不受欢迎的形象,因为他对她没有按他想要的方式追求他感到愤怒。

他不打算在她面前打扮成女人的样子,也不打算告诉她这个幻想,但是他可以原谅她不想和他做爱。他仍然希望她能像以前那样,对他渴望,但他降低了自己的期望,原谅了她没能弥补他整个一生所遭受的所有拒绝。

杰克不再恨她了,也许他也不再恨自己了,此时,他已经意识到了所有他想要的被人需要的感觉。

你的欲望

我们有时都会为尊重、拥有和接受自己的选择而挣扎。欲望通常倾向于幻想,而选择则倾向于现实。

俗话说,情感加理智等于智慧。我们可以将此应用于我们如何做决定:完全由欲望推动的选择,或没有欲望的选择,通常会让我们失望。在可能的情况下,当你做出选择时,想想潜在的欲望,哪些是幻想,哪些是现实。欲望会夸大或缩小。注意你是如何美化你想要的东西的,或者当你觉得自己不受欢迎时,你是如何扭曲你的感觉的。看看你所做的选择,考虑一下这些因素。

如果你没有选择和你的人生伴侣结婚,对于这个已经出现的对象,你现在就可以按照自己的欲望行事了。如果你没有把自己投入到法学院,你可能会过着自由奔放的小说家的生活。如果你选择去旅行,事情会变得多么不同。如果你没有选择在郊区定居生子,你可能会过一种狂野而冒险的生活。无论幻想是什么,我们经常会被欲望所困扰,因为我们觉得自己的选择阻碍了我们。我们真正想要的东西可能是我们无法选择的。杰克没有选择他的父母。

事实证明，我们的选择通常没有那么可怕，但不可原谅和不可能接受的是，这是我们唯一的生活。有很多事情不符合我们的意愿。欲望驱使我们伸展自己，庆祝当下。但是，当我们不理解欲望的含义时，欲望也会奴役我们。当你觉得无法得到你想要的东西时，想一想，你觉得自己真正缺少的是什么。

忽视欲望是要付出代价的。我们倾向于抗议、怨恨、驱逐或惩罚他人或自己。用苏格拉底的话说："最深切的欲望往往产生最致命的仇恨。"与其否认，不如明确自己的欲望，让自己有机会看清它到底是什么，即使你没有付诸行动也无妨。你也可以考虑你的欲望是不是埋藏在你讨厌的东西下面。

爱和欲望并不总是步调一致的。你是否曾经对某人产生过强烈的吸引力，却误以为是爱？你是否曾经深爱过一个人，却没有感受到激情的魅力？在恋爱的过程中，浴火会随着时间的推移而减弱。有时它与我们感受到的爱是同步的，但也可能是不同步的。我们可以对我们不一定爱的人感到强烈的欲望，我们也可以深爱我们不一定对其产生欲望的人。

我们的自我意识来源于欲望。当我们觉得自己有魅力或成功时，我们可能会有更多的欲望，这并不一定是为了我们所爱的人。最近，一个男人对我说："我现在处于一生中的最佳状态。我突然间看到，人间到处都是美女。她们可能一直都存在，只是当我觉得自己没有吸引力时，我甚至不允许自己去看女人。现在我看到了她们。"当我们感到情绪低落和沮丧时，有些人会感到欲望的涌动是一种生命力，而有些人则会失去欲望，发现曾经令人愉悦的活动不再令人愉悦。"并不是我觉得我的男朋友没有吸引力，"一个20岁出头的女人告诉我，"但我现在不喜欢我的身体，它扼杀了我的性欲。"你的自我意识会在不同时刻影响你的欲望。

我曾经问过耶鲁大学大脑研究科学家艾米·阿恩斯滕（Amy Arnsten）："为什么人类一开始就想要感受到欲望？"

她说:"我认为这是一个非常原始的回路。它允许万物生长,并享受饮食、性爱,以及保持适当的温度。这些都让我们处于正确的生理状态,并延续我们的物种。"

如果没有欲望,那人们做事的动力是什么?做人意味着什么?

欲望是可能性,是能量,是动机。欲望是行动的背景。有时我们什么都不想要,那是偶尔的满足和幸福时刻。但通常,如果没有欲望,我们会感到无精打采、没有方向。欲望为我们照亮道路,塑造我们的经历,推动我们前进。

03 / 第三章 理 解

我们看到一张 15 年前的照片，会对这种陌生感感到震惊。但当我们看到自己小时候的照片时，我们会想："那是我的身影，那就是我。"辨认模式和确认角色有助于我们理解过去的经历，找到前进的道路。我们不断陷入不健康的友谊。当我们一开始谈论这种新的关系时，我们会千方百计地解释，我们的关系是环境造成的，与其他的不同。但是，当我们描述持续的付账（我们为什么要坚持自己掏钱结账？她为什么不试着坚持至少分摊一次账单？是的，我们确实建立了这样的愿望）、尖刻的评论，以及我们不断发酵的怨恨时，我们就明白了。当我们从情感上理解某件事时，就会有一条连续的线索，以一种有组织的方式把经验汇集在一起。当我们有这种秩序和清晰的感觉时，我们呼吸的是一种不同的空气。

  心理治疗寻求理解。这是一个合作的过程，可能包括消除误解。当我们处理和理解我们的过往经历时，我们可以对我们的生活进行连贯的叙述。我们可以理解我们是如何拖后腿的，我们是如何为他人承担责任的，但却避免看到我们是如何为自己的生活负责的。我们发现了各种可能性。

  我们一直试图弄清楚世界是如何看待我们的，以及我们看到了什么。

我们存在于人际关系的环境中，我们的内心世界充斥着来自过去人际关系的记忆、社会信息和嵌入的信念。要想培养健康的自我意识，我们需要不断地调整和更新自我意识。我们中的一些人内心住着一个感情泛滥的"取悦他人者"，他们也许只会取悦他人，而非有意识地寻求他人的认可。当取悦他人者付出太多（经常是这样）时，我们怨恨的"债务"就会增加。我们内心的取悦他人者可能会非常迁就他人而牺牲自己，所以我们发现自己被压得喘不过气来。

取悦他人者给我们的生活带来了一些问题。取悦他人者只对服务他人和被人喜欢感兴趣，他们甚至不知道自己有欲望。取悦他人者通过声称无私来欺骗我们。至少在一定程度上，他们可以驱使我们去"做好事"。所以我们认为，取悦他人者的无私奉献会让我们成为更好的人、更好的朋友、更好的员工。与取悦他人者作对的是"自私的探索者"，他们愤愤不平，决心调查清楚背后的阴谋。无私和自私这两个极端之间的冲突在心理治疗中一直存在。

当人们对我们的看法与我们想要被人理解的方式发生冲突时，我们会感到疏离、孤立，受到不公正的摆布。我们从赞成转变为拒绝。我们发现自己在猜测和苦恼别人的想法。

用卡尔·荣格（Carl Jung）的话说："思考是困难的，这就是大多数人做出判断的原因。"我们重温一段往事，发现我们其实并不了解我们自以为了解的事情，这可能是一个突破。于是，我们进行判断，我们做出假设。

让我们继续努力去理解。澄清、修正和更新我们的理解是我们学习的方式。理解是一项持续不断的工作。

我们对被理解的追求可能是强迫性的和令人沮丧的。我们不一定能有效地沟通，尤其是与我们亲近的人。我们可能希望自己不用直接说出来，就能被神奇地理解。有时候，即使我们没有表达自己，我们也希望别人能读懂我们的想法、了解我们的内心世界。承认并克服自我欺骗也是一种解脱方式。

我们需要他人的帮助来了解自己。除了字面上的理解，至少有人可以帮助你，比如老师、朋友、治疗师、伴侣、兄弟姐妹，有时甚至是陌生人，因为向日常生活之外的人吐露秘密会让人感觉更容易，也不那么有负担。在情感上感到被理解，是很有价值的，还可以给我们一种释然甚至快乐的感觉。"终于有人懂我了！"我们不再感到孤独、陌生和不可接受。

真正了解我们是谁，即使我们不喜欢所有的东西（我们怎么能这样呢），也会让我们在自己内心的体验更舒适。当我们理解了自己真正的动机，并能够整理我们复杂的感受时，我们就能够接受和承认自己和他人之间的矛盾和不一致。我们可以做出适合自己的选择。

我们需要灵活和变化的空间。变化给各种关系带来了巨大的压力。这对大多数的夫妻、友谊、职场局面、我们与自己的关系都是如此。变化会威胁到我们的理解力，我们会感到矛盾。我们寻求成长，渴望新奇和惊喜，然后回到熟悉的事物。我们对自己所知道的事物感到舒服。学习新事物需要努力，这会挑战我们的掌控感。

你如何与自己交谈？你可能会以各种方式低估自己，有时甚至长达多年。这可能不是一个准确的故事，但这是一个熟悉的故事，而熟悉的感觉是真实的。

了解我们自己是一项很有挑战性的工作。它可以是一个装满镜子的大厅，想象别人如何看我们，并通过别人的眼睛看我们自己，也许可以追溯到童年。我们可能有时会召唤出讨人喜欢的人物形象，但我们也可能被那些极其不讨人喜欢的人物形象所困扰。

对于每个人来说，在生活中都不可避免地会有压力时刻，我们可能会因为别人如何看待我们和我们如何看待自己而感到疏离、失落、疏远。矛盾和悖论无时无刻不在发生，对我们大多数人来说是一种非常普通的方式，但对身份问题来说就像一场心理内战，不同的派别开始相互争斗。我们可以开始崩溃（字面意思是分崩离析）、破裂、分裂。我们理解自己，包括自己的矛盾，可以拯救我们自己。心理治疗可以探索外在和内在，挖掘深埋在内心深处的自我。

有时我们接受治疗时以为自己想要被理解，但实际上，我们想要的是同情和强化。我们可以称之为支持，但我们真正想要的是一致。我们想被告知我们是正确的。我们是无辜的！这种体验来自我和一个名叫思吟的女子，她来找我是因为**身份认同危机**。

思吟，吟唱的吟，人如其名

思吟痴迷于她的工作，还是她的老板？她一开始并不认为他们的关系不健康。当事人一开始很少这样想，这是悄悄潜入的病态。以她为例，在维克多·希尔建筑有限公司工作了近15年后，她告诉我，她和老板的关系对她来说有着巨大的价值和意义。她之所以来找我，是因为她作为一个母亲感到荒谬的压力，母性的内疚仍然强加于工作的女性。她感觉自己被其他母亲和公婆们评头论足。她和丈夫开始在对待工作和家庭的态度上发生冲突。

在我还不知道她的名字怎么发音的时候，我就认出了她的名字。当我不确定的时候，我总是会问。

她说："哦，我的名字的发音是'思吟'，吟唱的吟。但你想怎么发音都行，真的，我不介意。"

但我介意，她怎么会没有偏好呢？

她说："我已经习惯了每个人都把它念错。这是中文，但在英国长大的人从来都不知道正确的发音。也许这就是为什么我和我丈夫给我们的女儿取名为凯蒂。它很容易理解和发音。不管怎样，我想告诉你更多关于我自己的事。我喜欢我的工作，但我现在是母亲了，不应该那么在意。这不是很荒谬吗？我觉得，在我的生命中，没有人懂我。"

她似乎下定决心要让我站在她这边。但是，站在她这一边就意味着挑战她，而不仅仅是同意和点头。

当我问起友谊时，她显得尴尬而沮丧。她和几个老朋友保持着联系，但当他们见面时，她常常感到不安和失望。她说："也许我喜欢指手画脚、吹毛求疵，但实际上他们也会对我指手画脚。"她想交更多的朋友，但不知道该怎么做。她想知道自己是不是有自闭症。

"但工作进展顺利。"她说，并再次提到了维克多·希尔（Victor Hill）。

工作让她充满活力。"这不是钱的问题，我的工资不是很高，尽管我喜欢这样的收入。但不止如此，这就是我的本质。"

她非常钦佩她的老板，并感激他给她机会。她骄傲地称自己是驯狮师。"我的祖父很狡猾，要求很高，非常特别，我知道如何和这种类型的人打交道。我一直在说维克多·希尔，假设你知道他是谁，对吧？"

心理治疗充满了文化素材，比如词汇、地点、新闻标题、世界问题、电视节目、书籍，这些都是焦点出现和消失的切入点。如果这是相关和有益的讨论，我将承认我熟悉的和我不知道的一切。这可能是一条弯路，但绕道是了解一个人内心世界的方式之一。

我对维克多·希尔的几栋建筑很熟悉。我读过关于他的简介和文章。我对他"明星设计师"的公众身份、衣冠楚楚的风格和众所周知的古怪社会评论有一个模糊的印象。我告诉思吟，我知道他，但显然我不知道他到底是什么样的人。思吟告诉我，她很看重他们之间的私人关系。我注意到，她每次提到他的时候都会说他的全名——维克多·希尔——尽管她在生活中也不认识其他叫"维克多"的人。事实上，她描述的其他人都没有全名。她提到别人通常都是和她自己有关，比如"我的丈夫""我的女儿"。

思吟经常做手势,很少坐着不动,而她的"动画故事"则有很多方向。她的外表引人注目。她的头发是"温暖阳光下的白兰地"的颜色,我记得在李·拉齐维尔(Lee Radziwill)的一篇讣告中读到过这样的描述。我不知道为什么会想到这个细节,但可能与思吟的热情洋溢、浪漫优雅的特质有关。有很长一段时间,当我整理关于她的思绪时,我感觉她更像是一个迷人的角色,而不是一个真实的人。她是天马行空和脚踏实地的有趣结合。她在空中旋转着,还没有落地。

她痴迷地回到维克多身边。她尊重他的作品、他的审美、他纯粹的效率和他在建筑上做任何可能的事情的坚定决心。"而且还不止于此,他也会做不可能的事。"她对他完成了不可能完成的事情的赞赏吸引了我。她相信维克多是她通向理想自我的道路吗?

"很明显,我一点也不像他,"她继续说,"我就随和多了。他要求很高,喜怒无常,但从不针对我。我知道怎么引导他。我想我激发了他最好的一面。"

我问维克多给她带来了什么,包括她最好的一面。我问她为什么这么关注维克多。她说他是她生命中很重要的一部分。我需要知道这些来理解她。他在她25岁的时候雇佣了她,那时她还是个新手,没有经验。他对她的期望表明他对她的尊重和信任,从而给了她这么多的机会,而她喜欢努力工作,这是她性格的一部分。"不过别担心,我太了解他了,我不会阿谀奉承。我不像他那些谄媚的超级粉丝。"

她让我不要担心,但这并不能让我不担心。她的特殊感取决于她与他的融洽关系,她以一种保护的方式描述了他们之间的纠缠。她似乎想说服我,也许还有她自己,她已经把人生的这一部分理清楚了。

"我是一个坚强的女人,"她说,"但是托儿所的妈妈们,还有我的丈夫,都不让我好过。"我能想象出来!她想让我帮她省点儿事吗?

她告诉我,她很幸运地找到了有意义的工作,尤其是当她想到那些没有成就感的熟人时，她倍感欣慰。例如，她的丈夫，工作只是为了活着，而她活着就是为了工作。她喜欢自己这一点。

她说："我不想成为那种无聊的女性，一旦有了孩子，就不再有母性之外的任何身份认同，"她说，"做母亲的要求太高了。"

她也曾用"要求"一词形容维克多和她祖父。但做母亲的"要求"并没有给她带来回报。

"现在被诊断出患有产后抑郁症已经太晚了，"她说，"我是说，凯蒂刚刚做了一年的体检。医生却从来没问过我好不好。没有人问我在这个阶段做母亲是什么感觉。"

"你做母亲感觉怎么样？"她一直在提出这个问题，但又不理会——实际上，现在考虑产后抑郁或焦虑还不晚。

"这是势不可当的压力。我还是感觉不舒服。除了在工作中可以收获些许慰藉。但是除了维克多·希尔，每个人都批评我，说我太在乎自己的工作。"

我想知道她到底在乎什么。

当我问她关于做母亲的问题时，她描述了凯蒂的美丽和可爱，并给我看了一张照片。这个时刻感觉有点做作，我想知道她是否觉得自己是被迫表演的。向母性阶段的转变（进入母性孕乳期）是一种身份挑战，很容易被忽略。成为母亲的连锁反应会在生完孩子后的数年里以各种方式表现出来。也许这是一辈子的母性表现。

她说："但我并不是真的抑郁。"

到目前为止，她似乎对那些不适合她的定义更清楚了。

她说："我觉得工作充满活力。"她充满抱负的"自我"穿过了维克多的"棱镜"。思吟对她和维克多关系的描述清晰地展现了理想化的一面，她认为自己是一个"黄金女孩"。她一提到维克多，眼睛就亮了。她对我说着他对她的爱，那是一种极度的兴奋感。她不知疲倦地工作、勤奋地工作、愉快地工作，好像生存需要她把自己的每一部分都统统献给他。不仅对她的工作，对他也一样。表现和取悦的压力听起来是强迫性的、紧迫的，不容辩论。

你为什么这么卖力呢？我想问，但我忍住了。我需要让事情顺其自然。心理学家爱丽丝·米勒（Alice Miller）写道："患者在治疗师那里唤起的所有感觉，都是她无意识地向治疗师讲述自己的故事，同时也是把故事隐藏起来的那一部分。"

她不断提出各种理论，解释为什么其他人误解了她，反对她为维克多奉献，尽管维克多对她也很好。我觉得自己反对的不是她本身，而是她通过他来认同自己的强迫性需求。他也许很迷人，但她也一样。她意识到了吗？她寻求我的同情，但不一定是真正的理解。

※　※　※

几周后，思吟筋疲力尽地来接受心理治疗。

她说："我是跑过来的。"她瘫倒在了我对面的扶手椅上，把外套和包扔到一边。"哦，这是给我的水吗？谢谢你！"说着便一饮而尽。她一放下杯子，就看了看手机，一边看一边道歉。

她很不安。她的外表迷人而凌乱。她的穿着异想天开，各种各样的纹理、布置和图案散落在一起，但不知怎的，通常，这样的穿搭和她很搭。我不太明白她今天穿的是什么衣服，她穿的是连衣裙，还是裙子配披肩？是围巾，还是毯子？在治疗过程中，她忽冷忽热，脱掉几层衣服，又重新穿上。

思吟的英语带着淡淡的中国口音，音调柔和，有时也很有表现力和细节感，不过她经常在模糊的思考中压低声音，我只好寻找话语的连接点，想替她把话说完。她在空气中留下一缕缕的思绪和情绪。我发现自己在努力收集、填充、组织、整合各种各样的片段。我有时会让她回到某一个问题，详细阐述或澄清其中的线索。我不知道这是不是她叙述的一部分，就像管弦乐队热身一样。

她说："我不知道从哪里开始。太多了。我快撑不住了。"

我说："你就待在这儿吧。一切都会好起来的。"

"太多了。真是一团糟。我渴望有条不紊的秩序。看看我包里面。到处都是垃圾。融化的口香糖和硬币粘在底部，可能还有五种我很喜欢但找不到的唇彩。我很难过，不知道东西在哪里。不知道我拥有什么。我想要平静，还想要利落的线条！"她在我肩上做了个手势，"我真希望我的头脑能像你身后那个图案里的方块那样。我的思维更像美国抽象表现主义绘画大师杰克逊·波洛克（Jackson Pollock）。这是我的问题。混乱不堪！到处都是！真要把我气炸了。"

"多么生动的画面啊！"我说。

"我在胡言乱语……"她咯咯地笑着。尽管她有深刻的见解和敏锐的洞察力，但她缺乏一种权威感。她会说一些非常聪明的话，然后用少女的语气说一些谦逊的话。在某种程度上，她需要认可和赞同。她不相信自己的声音，但她迫切地想表达自己，这体现在此时此刻。

"从头条新闻开始，然后我们再继续。"

她告诉我，她的名字将第一次出现在英国权威建筑专业杂志《建筑评论》（*Architectural Review*）上。

"不要恭喜我，"她说，"维克多·希尔对这个消息不太高兴。"

她需要他的祝福。

她说："我没想到自己会得到这个机会。事情就这么发生了。"一位客户发现她设计了维克多最近三个获奖住宅中最吸引人的部分。所以，她将成为"怀亚特之家"（Wyatt House）的主角。这个项目听起来很刺激，至少是这样。现在她很谨慎。她以为维克多会为她感到骄傲和高兴，但他没有。显而易见，她渴望得到他的认可，她对他的不悦感到恐慌。

"你似乎非常渴望得到他的支持。你想从他那里得到什么？"我问。

"我不确定……但你认为他现在会怎么看我？你觉得我毁了我们之间的关系吗？"

比起弄清自己的动机和渴望，她更感兴趣的是成为一个了解他性格的侦探（这是治疗中常见的模式）。我看不到他，也听不到他的辩解，但我能想象他生闷气的样子，他的自尊心受到了伤害。当涉及观点时，治疗师难免会有偏见。是的，我们试着把观点的多样性记在心里，我们知道我们得到了事件的歪曲版本，我的患者会修饰、省略和选择话题，让我们不知道全部的真相，即使他们表面上努力试图诚实地传达事情，也会出现一些误差。就我们对自己和他人的看法而言，这种偏见只是人类不可避免的一个方面。作为一名治疗师，我能做的就是保持这种警惕意识。

她感到惊讶的是，她竟然真的不了解他，虽然她以为自己了解他。她为自己的一贯作风辩护，并认为他才是那个越界的人。"我为他付出了那么多，对他比以往任何时候都更投入……我对他的忠诚坚定不移，他怎能不感激呢？他怎么可以不支持呢？"

她不相信。她天真吗？这个项目肯定对维克多的公司有好处，对他的名声也有好处，因为他一直在指导她，而她这些年一直在为他服务。

她说："我快四十了。他一定是出于对我的尊重，希望我在事业上取得成功。"她认为他会关心她，因为她牺牲了那么多，关心他和他们的工作。

我们解开了她的幻想，解构了她作为一个小女孩的感觉，比如，她深切而持久的对认可的渴望，他对她的消息敷衍而吝啬的回应，客户对她的才华和关注对他构成的威胁。

"你把他捧在神坛上太久了。"我说出了显而易见的事实。她的狮子王应该是崇拜和保护她的全能父亲。他应该关心她！她看到了、想象了、设想了关于他的各种故事。

"我觉得自己很精明。我看穿了他，能够应付他那狡猾的自负。"她看起来很困惑。

在她的完美主义幻想和自我建构中，她总是相信她能够掌控这个不可能掌控的男人，迷住他，发掘出他最好的、最理性的、最可爱的一面。她为自己与他之间的娴熟关系而感到自豪。驯狮师！但是现在，她知道自己什么都做不了了。她在理想的自我意识上严重落后了。我们探索这种"幻想和自我建构"所持有的一些信念和世界观。她说，她想扮演一个有权势的女人，努力工作并取得成就，但她的定义狭隘而过时，是基于一个有权势的老男人和一个旨在取悦他的年轻女人的经典故事。虽然她的丈夫时不时会怀疑，但这不是性关系，这肯定存在复杂的暗示。

思吟和她著名的老板之间的动态关系源自她童年时代的问题。重新审视和揭开过去的原因并不是为了让我们停留在那里，而是为了让我们一起弄清楚她是如何走到现在这一步的，以及她是如何改变一些东西，使自己摆脱掉旧的、有问题的模式而继续前进的。

她的父亲是消极被动的、普通平凡的人，在她和她母亲的眼中是极其脆弱的人。"他有点像个小丑，从来都无法取代他父亲的位置。我祖父跳过了他，把所有的希望和梦想都寄托在了我的身上。"

"做你喜欢做的事！"这是她的祖父在临终前对她说的话。她是他唯一的孙女，她知道自己是他的最爱、他的黄金女孩。他给了她一种感觉，即她注定要获得荣耀，不像她的父亲，也不像她周围的人。

思吟找到了她喜欢的东西——建筑，她成为了一名建筑师。维克多·希尔给了她表达的空间，让她激活了内心的某些渴望。她认为她就是这个样子。维克多为思吟提供了一个引人入胜的奖励系统——他的认可，他选择她作为自己的最爱。她因此找到了一个她可以无限理想化并献身于他的人。

遇见维克多,让她感到了一种潜在的荣耀。她认为这很有力量,但她得到的——她所得到的——是他对她给予他的东西的认可。被他凝视的感觉,就是她的全部目的吗?

"当你也这样对我说的时候,我能听到什么不对劲。为一个男人服务真的不是我想要的生活。"

这种匮乏感的震撼让她发现了一个潜在的问题。突然有一种清晰的感觉穿透了这些年来她一直所处的理想化的朦胧迷雾。

但接下来会发生什么?思吟的 "又卑又亢" 情绪是激烈的。她努力表达自己的深切渴望,希望成为一位可以署名的、令人敬畏的建筑师。在她看来,这太自大、太浮夸、太不现实了。即使是在和我一起的心理治疗中,她也有这样的感受。为传奇人物服务符合她内心的紧张,既雄心勃勃又自我边缘化。她在接近伟大的事业,但她自己做了一些事情,让自己的名字出现在公众面前,这暴露了她的身份,让她感到渺茫,她为自己想出名而感到尴尬。

拥有**自我力量**是完全健康的现象,但对思吟来说,她取悦他人的部分掩盖了自我。"我只想为维克多·希尔服务"是取悦他人者传达的信息。但不管多么隐秘,她的自我意识仍暗中发挥作用:让"怀亚特之家"给自己冠名。结果就是自我厌恶和羞愧。让维克多失望,暴露自我感觉像是双重失败。

"怀亚特之家"的消息公布后,在一次员工会议上,维克多对思吟发表了激烈的评论,说他在《建筑评论》上的朋友们一旦意识到这不是一栋完全由维克多·希尔设计的房子,他们可能会决定不刊登这篇报道。她不应该在小鸡孵出来之前就数小鸡。他会让这篇报道被封杀吗?他会让她在建筑行业消失吗?她越界了吗?她是否打破了等级制度,还是以一种笨拙的方式破坏了隐性制度?

在大多数工作环境中,权力优势会发挥作用。这就是为什么思吟愿意看到自己的设计作品被一次次地归功于维克多。尽管他雇用了一群才华横溢的年轻建筑师,但办公室里没有其他人得到赞誉。每个人都知道维克多并不是一手包办所有的设计工作,包括《建筑评论》的编辑们。这些年,思吟一直在努力工作,现在对她来说,拥有自己的声音、自己的身份是合理的下一步。在我们的治疗中,我鼓励她思考自己想要什么,无论是职业上还是个人生活上。这样说吧,思吟即将获得的成功和认可让维克多深感不安,她自己也是如此。

她描述维克多眯起警惕的小眼神儿斜看她的样子,曾经深情的凝视消失了。她变成了他的敌人、一个令人不快的威胁,不仅仅是因为他的本性,还因为他对她的反应。这也是他所没有的一切,也是她所希望的一切。这在情感上是灾难性的。

※ ※ ※

在接下来的几周里,办公室里的情况变得更加糟糕。维克多提出了奇怪的要求和指示。他似乎非常嫉妒,控制欲很强,显然受到了他的爱徒被曝光的威胁。他平常对她工作的一连串恭维已经没有了。

思吟很安静,她不想提及这篇文章计划在《建筑评论》上发表的事宜,但消息还是传出去了。他试图阻止任何关于她的项目的办公室讨论,让她很难完成最后的收尾细节。他在员工会议上大发脾气,告诉她,她造成的所有压力都给他带来了健康问题。他在电话里对她尖叫,说办公室里的烂摊子导致他错过了截稿期限,然后他生闷气,还不理她。

这么多年来,在这个她最能感觉到自我的地方,她觉得自己被贬低了,心情也不好了。她的一些同事很同情她,他们私下里联系她,想知道她是否没事。她有事,但她告诉他们她很好,虽然他们中的一些人对她和老板感情的明显破裂感兴趣和好奇,但她觉得,他们太害怕了,不敢冒险来"捣乱"。每个人都继续小心翼翼地围着那位著名的老板转。

我们反复讨论已经发生的事情和正在发生的事情。对思吟来说,这是一个艰难的人生时刻,因为这是一种变革,最尖锐的成长之痛。

我重申并澄清:"我认为这么多年来,出于我们刚才谈到的原因,你一直在夸大和奉承维克多早已膨胀的自我意识。你可能是他的一种延伸,所以他不需要把你看作一个独立的个体,这对他的自负很有帮助。你是他事业的一部分,是他成就的一部分,也是他的支柱。这也符合你的愿望、服务和取悦心态。但现在你以自己的独立身份崭露头角,这对像他这样脆弱的人来说是巨大的威胁。"

我不知道她是否注意到了。她看起来像是在**心不在焉地聊天**。虽然她装作在场,但她的心在别的地方。

"我喜欢你说的话!天啊,你真厉害!"她的强调有点儿过了,我想她也是想让我放松。她就是这样。善解人意且渴望取悦于人,她拯救她周围的人,包括她的治疗师。怪不得维克多喜欢她对他言听计从。

"我就是那个黄金女孩!"她叹了口气说。

"是的,"我说,"注意你说的是'女孩'。现在你长大了。你不再是一个 25 岁的新手,几乎不具备建筑师资格的菜鸟。"

我们考虑成长的意义,这对我们所有人来说都是一件复杂的事情。在安全的治疗空间中,人们可以探索回归和幼稚的感受,开始真正成长。让我承认自己的孩子气是我成长过程中的最佳疗法。

她说:"成长是痛苦的。值得吗?"

她在童年时期没有尽情享受作为孩子的快乐,这也是她现在想扮演孩子的部分原因。那时候,她的父母表现得更像是善妒的孩子,而她以认真负责为荣,尊重祖父,赢得祖父的赞扬,而不觉得自己会形象邋遢或常常招惹是非。母亲的**角色引力**有时让人感到难以忍受。她的孩子让她想起了自己未被满足的需求。她感觉自己像个受伤的孩子，但她也是个有能力的成年人。

在治疗间隙，我一直在想思吟。在一次亲子活动中，我扮演了"孩子的妈妈"的角色，这让我想起了她。虽然这是我生命中最珍惜的一部分，但这并不是我的全部。全职妈妈的职业自我和母性自我之间的分歧仍然很大。有些人在追求荣耀，尽管已误入歧途。

对思吟来说，荣誉来自工作，这次感情分裂促使她更深地挖掘自己的职业身份。她觉得在工作模式中比在母亲身份中更安全、更坚强、更美好。她的婆婆进一步施压，她强烈认为母亲应该待在家里，不要花钱请人帮忙做家务。她的丈夫顺势挣脱开来，为他母亲的观点辩护。思吟感觉被人说闲话了，她的丈夫也是如此。作为一名建筑师，思吟的工作是她的事情，她爱的人得到了她最好的东西，这是她觉得最成功的地方。被维克多·希尔凝视的感觉棒极了。现在，她正在努力保住自己在工作中的地位。放弃这种熟悉的局面，可能会让人感觉失去了很多。

"我查了一下'思吟'的中文拼音，对应的汉字是'星'，"我在接下来的治疗时说，"有趣的是，它的意思是'明星'。不管你做什么，我想让你知道，我认为，你的思想丰富，你的声音独特。"这句话似乎传到了她的耳朵里。尽管这些话在我看来很明显，但她表示以前从未听过。

在相当长的一段时间里，我们的工作都集中在这个主题上。不只是在这个治疗过程中，而是在几个星期内。她拥有自己的声音、自己的成长，知道自己是谁，明白自己身份的哪些部分可以经受时间的考验，清楚自己的核心部分将经受住的一切变化，这些都是有意义的话题。而我们谈论改变和成长，这意味着放手。

如果她想要改变，就得失去一些东西。如果她想让自己的名字出现在

第三章 理 解

"怀亚特之家"的名单上,她最后可能不再是维克多的门徒。这是一种成长的灾难,也是一种突破。

"我想了解自己,真正的我是谁,"思吟在治疗开始时说,"但这太不舒服了。我会永远为此感到失落吗?"

我可以保留安慰的话。在我接受培训期间,一位精神分析讲师曾坚持说,安慰永远不会让人安心。但也有可能,现在可能就是这样的时刻。"你不会永远有这种感觉的,"我说,"跟我说说吧。"

"我感到……紧张……和压力。我现在就能感觉到。我……不知所措……我的心怦怦直跳,好像我要惹上大麻烦了。"

"遇到什么麻烦了?"

"因为我太超前了、太自负了、太大胆了。我以为我是谁呢?"她说,"如果我像伊卡洛斯㊀一样飞得太高,快要被烤焦了,怎么办?"她的眼睛扫视了一下房间。

我们来看看她自我贬低的根源,以及她认真对待工作是如何让她感到恐惧的。当她为自己的野心感到羞耻时,我们追溯她渴望自己的生活和身份的尴尬。她感到不安。现在她终于走进了建筑界,她发现自己陷入了前所未有和意想不到的职业危机。

"想要更多,承认自己想要什么,这就暴露了。现在我已经说过了,如果我失败了,我的损失会更大。"

"是的。考虑你想要的是什么。你可以选择追求你可能得不到的东西。你可能得不到你想要的东西,这是现实。"我突然意识到,是我推动了思吟的成长。如果她不离开这家建筑公司,会不会觉得我会批评她?我对她

㊀ 伊卡洛斯(Icarus)是希腊神话中代达罗斯的儿子,与代达罗斯使用蜡和羽毛造的翼逃离克里特岛时,他因飞得太高双翼上的蜡遭太阳融化跌落水中丧生,被埋葬在一个海岛上。为了纪念伊卡洛斯,埋葬伊卡洛斯的海岛命名为伊卡利亚。——译者注

说了这些话，然后我们讨论我不为她做决定的问题。我不用告诉她该做什么，我感到一种奇怪的喜悦。

我们来看看离开这家建筑公司，离开它的宏大而华丽的名字和她著名的老板，会是什么样子。

"我非常讨厌这样的结局。"思吟说着便皱起了脸，好像准备要面对不愉快的一幕，"我只是想象不出自己在其他地方的样子。我的一周会怎么过？我会干什么工作？"

我们一起在这场挣扎中探索。

她说："我太幼稚了，总是问做我自己意味着什么。"

我说："并不是只有青少年才会问这个问题。"与**身份认同危机**一样痛苦的是，**身份认同障碍**也可能是悄无声息的、可怕的。

她说："我为这个地方付出了血、汗和眼泪。我不是那种不努力工作而只会'签字打钩'的人。我超越自我。为了维克多·希尔，也为了我参与的每一个项目。"

"我知道，"我说，"你就是这样形容自己'强迫性尽职'的。"

"是的！这是我的一种**谦虚型炫耀**！"她说。

我们讨论她为什么这么做，真正的用途是什么。起初，她不明白。她知道她不能从空瓶子里倒酒，但她一直在努力撑下去，坚信自己有无穷无尽的容量，这也呼应了她对维克多"做不可能的事"的钦佩？她越来越沮丧、越来越怨恨，并且过度紧张。

"我想到那些烦躁不安的夜晚，我总是……总是心事重重。我会把凯蒂塞到床上，把手机藏在被窝里，趁她还在动弹的时候偷偷看她一眼，就为了再查收一封邮件，再浏览一个项目，在我无尽的待办事项清单上添点什么。凯蒂抓住了我，抢了我的手机！我无数次地对自己说，做好现在的自己。但无论我做什么，我都和维克多·希尔在一起。我甚至不知道这是怎么回事，也不知道要去哪里。我还没想过我的未来。所以我没有考虑我的未来，但我也没有活在当下！我的生命在流逝。我错过了陪伴孩子和丈夫的时间，这都是为了什么？不是为了钱。我知道我的工资很少，理应得到更多。我到底为什么要这么做？不只是工作，我还要为这个人拼命工作？"

"你告诉我，"我说，"这是正面激励吗？你到底有多需要他那样做？"

"这比正面激励更重要。我想，我一直暗暗希望，通过对他的钦佩，有一天能像他一样伟大，"她说，"大声说出来，毫无意义。"

所以，我们更有理由大声说出来，让故事变得有意义。执念总是有秘密计划的。这个计划不是战略性的，但我们可以理解它并找出前进的方向。思吟暗地里想成为一名伟大的建筑师。无休止的赞美不是解决办法，但我们可以利用赞美素材。

"当他表扬我的时候，即使只是一封一行字的电子邮件，我也感觉像是在伊甸园。"思吟说着，她的声音夹杂了呼吸声。就是这种赞扬让她上瘾了这么多年。

"我只是渴望知道自己足够好。"她继续说道。

"我明白。怎样才能让你真正、持久地了解事情呢？"

"所有的事情。我在开玩笑，不是真的。"

"好吧，让我们来探索你不开玩笑的那部分。你的自相矛盾的要求和期望让你做令人抓狂的、没完没了的、涉及自尊的差事。再多的赞扬和认可也不足以证明你的价值。你就是这样。一个冰雪聪明且多才多艺的四十岁的女人。你的缺点和挣扎也是你的一部分。你能明白你已经足够优秀了吗？"

"也许吧，"她说，"我喜欢这个想法，尽管承认起来有点尴尬。"

"让我们假设你足够优秀。然后呢？"我追问。

"我不知道……我想象不出除了想要得到认可以外的任何事情。"思吟说，"也许我想要什么，但我没有让自己想那么远……也许是竹子天花板[⊖]……我不确定。"

"我们讨论过你想要变得伟大,然后你抑制住自己去想象那会是什么样子。理解你真正想要什么是值得的——从维克多·希尔那里,从你的专业上,从你的个人生活中。"

"尽管我工作很努力,但我从来没有真正想过这是为了什么……"在这些时刻,她的情感已经破败不堪。她根深蒂固的信仰和维克多的控制让她在这场危机前一直自我伪装。

"最重要的是要面对那些难以想象的事情。我认为你回避这个问题是因为你觉得自己应该再次变得渺小卑微。"

"维克多似乎并不肯定我所做的一切,也不认可我是谁。我自己也是这样。"

我说:"你终于叫他维克多,而不叫他全名了。"我们一起思考这个问题,看看那些神话、他的名声、那些预测、她过去和现在的不满足感。

思吟说:"这么长时间以来,我一直很恭顺。我认为,在某种程度上,在没有得到真正认可的情况下做出卓越的工作和无尽的奉献,会以某种方式使我得到提升,有一天,我会到达某种安全的天堂之地。"

此时此刻,我们都看到了她梦寐以求的幻想。

"你知道维克多还是把我的名字念错了吗?"在我们又一次的治疗中,思吟告诉我,"他读起来像叹气'思唉'。他怎么能这样做呢?"

我说:"在这一点上,我必须向你提出质疑。我们第一次见面的时候,我问你怎么念你的名字,你说你不介意怎么念。你告诉过他如何正确地说

⊖ 是指一种无形的升职障碍。美国企管中的不同种族占据各自位置的结构如同金字塔,界限分明很难打破,大部分亚裔处于底端,少数处于中间管理层,进入更高领导层的屈指可数。——译者注

出你的名字吗？"

"我不记得了，可能没告诉过他，我以为他会问的，但他没有。"

我们花时间来研究这种窘境。当思吟的名字被念错时，她不想大惊小怪，这是她希望融入社会而不是突出她的差异性的一部分。她认为自己是顺从和通融的，但她却给自己和他人设下了陷阱，而那些人无法通过这个小测试，让她在失望的咸汤中煎熬。

我们在她成为母亲的过程中探索她的职业发展前景。我们研究了她的姓名。为什么思吟从来没有告诉人们如何正确地念她的名字？她真的不在乎吗？为什么她结婚后改了姓，尽管她喜欢且偏爱自己的本名？为什么这么多年来，她对自己的名字不出现在作品中的任何地方如此宽容？她的名字被删掉了，但没人强迫她抹去自己。她经常把生孩子的影响降到最低，执着于一种职业自豪感，这意味着剥夺了她完全接受生活中巨大变化的权利。她一直坚持不被母亲的身份束缚，她否认这个事实，切换到了她的职业模式。她放弃了对工作角色的幻想，开始让人生中被她推开的其他部分进入她的生活。

在几个月的时间里，她一直处于是留在公司还是离开公司的矛盾情绪中。紧张的气氛平息了，但那深情的凝视不再重现。她对维克多全心全意的爱，连同她为他服务的动力，都消失了。

我们着眼于这些意味着什么——做她自己，对自己的价值有一种不完全依赖于他人反馈的感觉。当然，她希望得到人们的爱、尊重和支持，但这是个比例问题。无论是别人让她失望，还是自己让别人失望，她都会感到崩溃，这是一种情感上的负担。

没有维克多，她算什么？一个母亲？一个建筑师？一个妻子？一个姐妹？一个朋友？一个女儿？是的，当然，她有这些特质，还有更多。随着时间的推移，她开始积蓄力量。这并不总是那么容易，她错过了一个看似简单的系统和团队的支持，这个系统和团队可以支撑和帮助她，但她正在寻找自己的道路，她对前进的方向更清楚了。这是一个过程问题。

我说："你对认可的强烈需求让你很难看清自己要面对的是什么。你一直不顾一切地前进，和维克多一起设计壮观的建筑，或者更确切地说，为了维克多，你浪费了好几年的时间不去关注自己的设计理念。你只关注你塑造的建筑结构，幸好你现在开始塑造你自己了。"我们谈到她愿意忽略维克多的一些明显的缺点，因为把他理想化会让她觉得更安全。我们谈论在他身上看到真相和在她自己身上看到真相的痛苦。

"这让我想起了我第一次戴眼镜时的感觉。我记得当我戴上眼镜，突然清晰地看到灰尘和污垢时，我感到很沮丧。以前，我眼前一片模糊。我不喜欢这种清晰感。我想我喜欢当黄金女孩。这让我无法对他说出自己的想法，"她坦白道，"大多数事情我都答应了，他想听什么我就说什么，他想让我做什么我就做什么。直到有一天，我做不到了。是我改变了局面。"她会为自己的选择负责，不会责怪自己，也不会为维克多的性格负责。

关于"怀亚特之家"的特稿最终没有问世。维克多利用他的权力、影响力和关系毁掉了那篇文章。思吟从一位编辑那里得知了这一点，这位编辑说他无能为力。这件事虽然让她愤怒，但对她来说却是**决定性的时刻**。她知道她得马上离开。

"他想抹去我的存在，"她义愤填膺又泪流满面，"我知道这不是暴力。我知道我不会为自己感到难过，因为世界上每天都有残忍的事情发生在人们身上。但我很愤怒。"

"抹去别人的存在，是残忍的行为。"

"我的工作情况基本就是这样。然而长久以来，即使我不知疲倦地工作，我也不觉得我可以拥有自己作为建筑师的署名权。我以为，想要曝光率会显得很自恋。我怎么会贬低自己的价值这么久？"她所经历的一切的痛苦和突如其来的恐惧让她意识到自己的身份已经岌岌可危。

在我们一起疗伤的过程中，思吟的动力从取悦维克多变成了靠自己的

第三章 理 解

力量完成她的项目。"我从小就不信教,"她说,"所以我把信仰寄托在别人身上。我曾经对维克多有信心。"但现在不是了。她现在想要对自己有信心,这很有挑战性。

当人们问起她的工作时,她必须找到一个新的答案。"我再也不能躲在他那令人印象深刻的名字后面了。他利用了我,但我也利用了他。我并不是百分之百纯洁。"她的揭露是她个性化的一部分。这是她职业生涯的青春期,蕴藏着围绕权威的矛盾心理和谈判欲望。

这种强烈的匮乏感刺激了她内心的某种东西,那是一种正在浮现的自我意识。被直接抹去名字让她意识到自己想要被关注。思吟想要当着维克多的面大喊大叫,想办法伤害他、惩罚他,但她意识到克制和外交的必要性,她给维克多发了一封深思熟虑的、有所保留的辞职信,也是在向他发出警告。

思吟不确定她接下来会去哪里。她有理由相信她有选择的权利和潜力,即使她不知道什么时候做什么。用田纳西·威廉斯的话说:"总有离开的时候,即使没有确定要去的地方。"她知道是时候离开维克多·希尔建筑有限公司了。她因自己的清晰思路而感到宽慰。这是一场身份认同危机的高潮。

毫无疑问,人们会有怀疑和"事后诸葛亮"的时候。"在某些方面,我感觉没有人相信我。"她在接下来的一个疗程中说。

"没有人相信你什么?"

"与维克多·希尔有关的故事,他的自负,还有他和我的竞争。"

"我认为这与权威有关,你正在培养自己的权威感,以及对自己的价值和经历的感知。大多数人听到这个故事都会相信你,"我说,"这取决于你,你选择讲多少故事,讲给谁听。可能会有一些超级粉丝很难接受,像维克多·希尔这样的建筑元老其实是一个小心眼的利己主义者,但这仍然是事实。很多人都知道这个故事的不同版本。拼命相信这个故事的人就是你，思吟。"

"确实，"她说，"也许还有维克多。"

"维克多对你来说是一个非常有权威的人物，所以在没有得到他的认可的情况下，用新的眼光看待他，用新的方式看待自己，会让你感到特别困惑。这就是我们要搞定的事情。"我说。

我们全力以赴，一遍又一遍地讲述发生过的事情和正在发生的事情。最后，经过多次的叙述、讨论和复述，就像一个睡前故事，我们对它的熟悉程度让我们完全接受和不可否认。随着时间的推移，她甚至不那么痴迷了。理解必需的重复细节，让我想起了法语课，我们一遍遍地写句子，一直写满了整张纸。学习新材料需要练习和重复，然后翻到下一页。

"我理解真实的故事，感觉更安全了，"思吟说，"不仅是维克多，他以他贪婪的方式给了我一些东西，还有我自己的故事。我开始了解我自己，还有自己的价值。我不只是为别人做嫁衣的人。"毫无疑问，她一路上都需要提醒自己这一点。我们还有一段路要走。她现在也在打造属于自己的东西。她也不是一个人在战斗，因为她招募了一些支持者和拥护者，我很高兴自己也是她的捍卫者之一，但这是她自己的项目。

在她离开维克多公司倒计时的日子里，她得到了一家著名建筑公司的职位，她接受了，并承诺自己不会以同样的方式痴迷和取悦他人。我想她不会重蹈覆辙。在她逐渐形成的身份中，有一种潜在的空间感和发现感她正在寻找并建立一个自己的房间，那是她可以适应、同化和组织自己的地盘。我们是在给她的情感打包，我们要收拾她在维克多公司工作15年的情感包袱。

思吟还在生维克多的气，即使不是完全的对抗，也不是完全的正义，她还是想跟他说点什么。她希望能够提醒自己，她确实说出来了。

最后一天，她当着别人的面对他说："维克多，感谢你在过去的15年里让我为你服务,为这些激动人心的项目工作。你关于识别建筑本质的想法也适用于识人用人。"

他看起来很困惑,还有一点儿狡诈。没关系。她终于敢说了,而且以一种合情合理的方式说的。

思吟对我讲了有关弗兰克·劳埃德·赖特(Frank Lloyd Wright)"红砖签名"的故事。无论他的建筑风格多么多元化,他总是在某个地方放一块红色的方砖以表示这是他的作品。"他完全抹掉了为他设计建筑的一些女性,所以他不是我们的好榜样,"她说,"但是,那个签名,我想要属于我自己的。不管环境有多么多变,我生活中的每个项目有多么不同,总有一些核心的东西。我可以改变,部分原因是我可以坚持那种感觉。当我接凯蒂放学、设计阳光房、对待我的姻亲、和朋友聊天时,我可能会表现出不同的一面,但走到哪里我都是思吟。我想要这个签名,不仅是为了向世界展示,也是为了提醒我自己,提炼'做自己'的意义。"

这就是"创伤后成长"。此时,我们可以在失去和危机之后做有意义的事。维克多·希尔带给她的痛苦会随着时间的推移逐渐消失。这是思吟知道并理解的故事。这是关于权力和权威、自我价值和竞争的故事。这是关于取悦他人和自我之间的内在冲突,以及渴望被了解的故事。她正在发现自己是谁,以及她真正想要的是什么。

思吟了解这些主题和问题。这是一个她可以拿起又放下的故事,就像书架上的一本旧书。只要她愿意,她可以找到故事的位置,但故事不会抓住她,也不会吞噬她的整个世界。思吟为自己腾出了空间,为一个更宏大、更详尽的存在腾出了空间,用各种事实、片段、特征和角色来构成她现在存在的和可能成为的一切。她有时会声音颤抖、不确定、充满疑问,像个小女孩,有时她又成熟、自信、负责。

为人母对她来说仍然是一种挣扎,但她也有温柔和快乐的时刻。也许最重要的是,她喜欢当建筑师。她承认了自己的一些矛盾之处,以及她真正的动机和恐惧。她惊讶地发现，自己竟然不认识那个自己以为很了解的、可以驯服的维克多·希尔。当时她也不理解自己，但她现在已经心知肚明了。

理解自己，做自己

我们人格的一部分是成型的和固定的，而其他部分是可变的，更具有可塑性。当我们认识、辨别、理解我们不同层次的本质时，我们就能建立稳定的情感认同，并更加深刻地理解"做自己"的意义。有了它，我们可以更加自信地面对现实。当我们需要戴上面具的时候，我们可以更自在地看待我们思想的私密角落、我们不同的人格、我们保持真实的意义。真实并不意味着你要逢人说事。这可能意味着你知道自己有所保留，认识到公共领域和私人领域之间的区别。

即使当我们试图展示真实的自我时，很多时候我们也会被误解，甚至被强加了误差性的界定。别人不一定那么了解我们。我们的行为方式可能与我们的感受大相径庭。自信与自尊是这种分裂的一个重要例子。你可能看起来很自信，但却感觉不安全。你可能会很沮丧，但看起来很高兴。有时，这些情绪面具是有作用的，但你的内心世界需要关怀的空间。一旦你探索并发现了你的一些内在信念和内心冲突，你就会获得一种清晰感和洞察力，这将帮助你更轻松和更强大地驾驭生活。

中世纪有一个哲学术语叫"**存在的个体性**"，意思是"**本我性**"，这是让一个人独一无二、与众不同的本质。我们不一定能解释我们的"本我性"，或者用语言来完全捕捉到它，但它对我们每个人都有好处，让我们能够抓住并坚持自己的特质。我们都是独特且无法模仿的。我们不是一成不变的，我们都有改变的能力（或多或少），但我们的内心可能有一根"支柱"，当我们的其他部分扩展、改变和进化的时候，它会让我们脚踏实地并保持真实,调整自己并适应现实。

哲学家和心理学家长期以来一直在争论身份是否会随着时间的推移而改变。你还是 10 岁时的你吗?当你 90 岁的时候,你还是原来的那个人吗?是什么把不同的人生阶段联系在一起? "忒修斯之船"⊖(The Ship of Theseus)是一个著名的关于身份的、形而上学的哲学问题。一个物体(船),随着时间的推移,它的组件被替换了,从根本上来说,它仍然是同一物体、同一艘船吗?这是一个很好的例子,说明即使随着时间的推移,会有成长、失去、变化和排列,也会有一个持久的身份。理想情况下,我们可以接受这种持续的动态变迁,而我们身份的某些方面是一个永恒的过程。

成长和进化既会威胁你的自我意识,也会增强你的自我意识。想想你过去是谁,现在是谁,以及你想成为谁。自我认识是一项持续不断的工作。当我们允许自己感到惊讶,改变我们的想法,或者修改我们的判断时,它是具有启发性和扩展性的。当你足够了解自己时,你可以重新塑造你扮演的角色。你可以更灵活地接受一切改变。

在允许变化、多样性和发展的同时,想想你的签名,那个让你成为你自己的标记,无论是内在隐私,还是你向世界展示的,也无论环境如何变化,无论你去哪里,无论你做什么,都有一条连续性的线索。它是你一生中深刻的核心意识,是一种持久的东西,将不同的年龄和不同的故事碎片连接起来,让你感觉自己是独一无二的。

永远不要停止思考"做自己"的意义。这是人类毕生追求的东西。

⊖ 希腊故事:一条木船,有的木板破旧了,就置换了新木板,如此不断置换下去,终于这条木船的每块木板都更换过了,可是这条木船看上去还是原来的那条木船。——译者注

第四章　权　力

追求权力的愿望让人感觉直截了当和胆大妄为。就像大多数欲望一样，我们收到了关于其可接受性的复杂信息。在许多文化中，权力都是核心焦点。鉴于权力意味着对他人的影响和权威，明目张胆地追求权力常常让我们感到不舒服。当我们评判自己对权力的渴望时，我们说服自己放弃了解自己，害怕别人评判我们愚蠢、贪婪，甚至腐败。权力可以是所有这些东西。当我们考虑到它的真正意义时，我们可以做出自己的选择。

我们中的一些人习惯于"廉价出售"自己。或者，至少我们可以假装这就是我们正在做的事情。个人赋权听起来更亲切、更谦逊，它是权力的更柔和、更端庄的"姐妹"。赋权是指寻求个人责任，重拾自信，过自己的生活。因此，这种雄心壮志似乎没有那么令人生畏。当有人说自己想要获得权力时，我们往往会觉得这句话令人印象深刻、鼓舞人心。特别是如果此人经历了一些艰难的事情，我们希望给他更多的力量！但当涉及对权力的渴望时，如果追求过于直接，我们往往会退缩。

我们虚假的自我在关于权力欲望的公关方面做得差强人意，甚至在内心也是如此。我们在生活的某一方面掩盖自己对权力的渴望，然后在其他方面表现得像独裁者；或者我们否认自己可能拥有的权力，转而依附于他人的力量。当我们折服于自己虚伪的谦虚时，我们就是在与自己作对。我们逃避或放弃机会，牺牲自己和服务他人，不再追求我们从未承认自己想要的东西。我们对权力的渴望可以停留在幻想的层面，并为我们死气沉沉的生活而埋藏欲望。当我们感到无能为力，不知道一切发生的根源时，我们自己也会愤怒和沮丧。

从童年开始，当我们感到渺小和脆弱的时候，我们幻想着无所不能。我们与依赖作斗争。我们希望拥有神奇的力量，能让我们瞬间变得更强大。我们常常继续隐藏着对权力的渴望。尽管情况会随着时间的推移而变化，但在生命的每个阶段都有权力争夺——婴儿阶段、幼儿阶段、儿童阶段、青少年阶段、成年阶段直至老年阶段。我们在工作场所看到了这种情况：在最微小的问题上，小心眼的"暴君"试图攫取权力以支配他人。在脆弱的时刻，真正庄重的人仍然努力相信自己的力量。

我们可以按照自己的方式把自己变成"香酥耐嚼的椒盐卷饼"，不奢望凌驾于他人之上的权力。尤其是在恋爱关系中。一开始被权力所吸引且想要拥有强大伴侣的人，仍然会以阴险的方式减少和破坏另一个人的权力。平等可能是公认的理想，但权力斗争仍然会威胁到人际关系。

伴侣失去权力也是一个严重的问题。人们通常希望伴侣表现出真正的脆弱，但当这种情况发生时，可能会遭遇拒绝。即使在恋爱关系中，承认对权力的真实感受也会让人感到不舒服。我们经常投射和否定对方的力量，以此来化解我们自己的矛盾心理。

权力是指负责、有影响力和权威。这也是为了证明自己在世界上的重要性。权力和控制似乎是同一事物的变体，但它们之间有相当大的区别。有太多有权有势的人失去了控制。被人控制的人和控制人的人通常没有很大的权力。自我控制和克制，在很多方面都是驾驭个人权力的能力。请暂停本能和条件反射，以便反思和反省。但是，强迫性控制，不管是对自己还是对他人的控制，实际上都与权力相悖。它暗示着一种不信任和不愿意放手的心态。我们可以想象出能够激励和授权的强大领导者，我们可以想象出采取压制和恐吓方式的控制型管理者。这同样适用于我们如何管理自己的情绪。当我们相信自己的权力时，我们就能放弃对一切事物的绝对控制。

对他人权力的敬畏可以是我们对自己敬畏的一种补偿方式，我们不敢承认自己渴望这种敬畏感。它可能来自一个朋友、暗恋对象或爱人。失去这些关系可能会悄悄地带来毁灭性的打击。秘密悲伤的羞耻感正在被边缘化和削弱。我们哀悼一段婚外情、一段被切断的友谊、一段无人知晓的关系，我们带着痛苦和困惑，我们感到孤独。我们突然意识到一种深深的匮乏感。我们渴望权力和潜力，这是我们渴望品尝的荣耀感。

对艾略特来说，隐藏的损失照亮了曾经被埋葬的权力欲望。但渴望权力让人无法接受。他一生都在努力避免面对自己真正的欲望。我们开始拼凑他生活中的动机，他对别人隐瞒的秘密和他相信的虚构故事。当他开始接受治疗时，他觉得自己被削弱了，也被忽视了。心理治疗能让他变得更强大吗？

艾略特的孽恋

艾略特说："我不能让别人知道此时的我心烦意乱。我甚至没有告诉任何人，我来这儿见你。"一场秘密行动开始了，我已经参与了一些秘密的事情。

这是我们的第一次治疗，我们才刚刚开始。我问他是什么让他现在来接受治疗，他为什么选择他的人生的这个时刻！

他说："我很悲伤，因为有些事，或者说，因为某个人，我没有可以倾诉的对象。我是一个非常注重隐私的人。我总是把事情藏在心里。但自从这个人死后,不谈论这件事突然让我很难受。"他问能否说出这个人的名字,好像他需要我的同意。我说"可以"。他小心翼翼地、紧张地说着这个人的名字,我感觉到他炽热的眼睛在看我的反应。

"你知道他是谁吗?"他问道。

"我不认识这个名字,"我说,"他是谁?"

"哦,他是个著名的演员。在某些圈子里很有名。他的死讯已经上了新闻。我以为你可能已经浏览了头条新闻或读了一些讣告。"艾略特看起来很失望。

"我没有读过任何关于他的报道。他是你的什么人?"我问。

"汤姆?哦,汤姆是我的什么人?谁是汤姆?汤姆是我的什么人?这是个问题!他不是我一直在报纸上读到的那个汤姆,那个伟大的传奇演员。但事实上,我不知道他是谁,我也不确定他是我的什么人。对他来说,我更清楚自己是谁,但你问的不是这个问题。对了,谢谢你的关心。我一直渴望有人问我这样的问题,虽然没有人有理由这么做。但最终还是问了。"

他对特定词语的强调使他的句子充满激情,但具压抑感。他听起来像爱尔兰人。我想问,但抛出聪明的猜测可能是一个错误。我感觉他好像是带着装满易碎的秘密的手提箱来的。他沉思地看着手里拿着的东西。我还不需要精确地描述他的人生故事。事实和历史都会浮出水面。他需要空间。

艾略特在言谈中的表现非常整洁和紧凑。他穿戴整洁,外表极佳,有一种男性魅力。他40岁出头,却像20多岁的样子。他的套头衫看起来很柔软,紫红色的袜子看起来是精心挑选的。这是感觉自己很重要的一种自我表现形式。这些表明我们本质的日常小举动很重要。

艾略特有一张沉思的、雕刻般的脸,很有趣,也很吸引人。关于他的一些事情让我想要了解更多他和他的故事。事实上,我注意到自己坐在了座位边缘。但我也觉得，如果我过于被动，就会让他不知所措。

他开始讲故事，我也放下了笔。

他说："我爱上汤姆快15年了。15年是很长的一段时间。太长了。"他说这话的时候有点犹豫，声音很低。他扬起右眉。他说的每一个字都吸引着我。我成了他的不为人知的秘密故事的唯一观众，感觉自己很重要。我决心聚精会神地倾听。

"一直以来，他都在维持着他和一个女人的婚姻状态，他们有两个成年的孩子，和我年龄相仿。没人知道我们的关系。永远！他害怕被人发现，我也是。除非我把这件事说出来，否则没人会知道。就像从没发生过一样。我觉得这是我编的故事。这一切都是我想象出来的吗？我知道我没有编故事。这确实发生过，但就这么消失了。空气中有尘埃。"他用手向上画了一个弧线。

"在这一切中，你的自我意识是什么？"我问。

"嗯，事情是这样的。我不知道。长久以来，我一直隐藏着自己的这一部分，否认它的存在。就好像这整件事，这段秘密的感情，我一直把它隔离开来，不让别人看到。这实际上就是我，真实的我，最鲜活的我。如果汤姆死了，所有与之相关的一切也都消失了。我知道我依然在这里，但我现在感觉不到我还活着。我不想让你觉得我说这些话有严重的精神问题。我听起来像疯子吗？"

我说："听起来你对正在发生的事情非常了解。隐藏失去，尤其困难。"

"隐藏失去？是的，失去是隐秘的，我也是隐秘的，我一直在隐身。"

"你怎么会觉得自己在隐身呢？"

"人们看不到我的痛苦、我的失去。我不在汤姆的故事里。他的故事里只有他的家人。如果汤姆不关注我，我就不知道我是谁了。也许没有他，我什么都不是。"

我说："在这一切中有一种自我意识是多么痛苦啊！你需要汤姆对你

的感知来知道你的存在。"

"是啊,就好像我最好的一部分和他一起死去了,谁也不会为此感到难过,因为除了汤姆,谁都不知道这件事。汤姆走了。我想我还在为他的去世而震惊。他真的走了。我再也见不到他了。一切都改变了。一切都消失了。鲜为人知的故事。天哪,没有名分的人儿!全世界都觉得我还是那个我,什么都没变。并不是说,我想全世界的人都在乎我,或者从汤姆、迪克或哈利之类的明星那里知道我。"

"你告诉我之前,我不知道汤姆是谁。"我说。

艾略特笑了,眼睛里流露出深深的悲伤。

我们承认这一失去的巨大悲痛,为那些从未被提及的事情留出了空间。这里可以看到隐形的哀悼者。

"你是我和汤姆的故事的第一个倾听者,"艾略特说,"就在整段感情终结的时候,我对你坦言了。"

"背着这个秘密走了 15 年——你承受了多么沉重的负担啊!我很高兴你能告诉我。"我说。他本应对此守口如瓶。

"实际上,我很喜欢在很多方面都背着这个秘密。首先,我女朋友可能会觉得我很恶心,然后离开我。其次,我在爱尔兰的家人和朋友,让他们知道我和一个男人在一起,绝对不行,我不想让他们知道。但同时,我也感到自豪。当我在新闻上看到他的名字,或者在电视上看到他的时候,我就知道我有一个特别的秘密。我知道一些关于他的事,地球上其他人都不知道。我喜欢保守秘密。但现在他死了,一切都不一样了,完全不一样了。这一点让我非常惊讶。他的死很突然,所以也许这是我震惊的一部分……是我生命中神秘的部分突然消失了,我的羞愧和骄傲交织在一起,现在什么都没了……都没了……没有任何象征,没有一丝丑闻,没有任何坦白心结。我猜这就是逍遥法外的感觉吧。"他看起来像是在寻找什么东西,寻找一种洞察力,寻找一个立足点,寻找属于他自己的方向。

"我会让男人对我产生欲望吗？"他问道。

这是一个他在治疗中反复问我的问题。他补充说，这是他接受治疗的一个原因：看看自己是不是同性恋。

他和他的女朋友一起生活了十年，他很喜欢她，但他觉得性方面很无聊，如果他是同性恋，注定要过一种完全不同的生活，会怎样呢？

他对和汤姆发生性关系的态度很矛盾。他喜欢为汤姆服务并满足汤姆的渴望。这比他个人所希望的任何事情都重要。事实上，取悦汤姆让他觉得自己很重要。"我知道，在性方面我给了他想要的，这也让我兴奋。这对我来说是最重要的。天啊，一想到这些我就热泪盈眶。"

我觉得，他想要的是权力感的错位互换。对他来说，汤姆显然很强大。而艾略特的力量来自于控制这个有权势的人。

"汤姆喜欢我，"他说，"他一看我就迷得双膝发软。他曾在帮我脱衣服时对我说'就想看着你'那五个字。"

艾略特的敬畏、他想被人关注的欲望，是为了他自己，却被汤姆的欲望所束缚。他的自我意识似乎已经扎根于欲望的对象，在那一刻，这是多么强大的感觉。这样的时刻比比皆是。但和一个强大的、令人印象深刻的、善变的、令人生畏的人在一起，成为他的秘密欲望的对象，是一场冒险的游戏。

他说："这是我和他在一起时的高度意识。我觉得自己充满活力。如此渴望，甚至以一种疯狂的方式进行。我喜欢这种感觉。"他突然显得心慌意乱，"哦，天哪，如果汤姆是我一生的挚爱，可现在他死了，怎么办？我完蛋了吗？"

艾略特觉得他成年的时机不对。他在爱尔兰的一个天主教家庭长大，在他青少年时代，同性恋和性实验仍被深深抗拒。他对同性恋的恐惧是很明显的，我一次又一次向他指出这一点。他说这是真的，他不喜欢同性恋的想法，但他也对恐同者感到愤怒和烦恼，特别是与他一起长大的人。

想象一下,如果他晚出生10年,他的生活是怎样的。他可能有机会尝试和其他男人在一起,发现他真正的性取向、他的真实身份。他可以自由尝试不同的东西。如果他想成为同性恋,那也可以。据他所知,他可能已经发现,事实上,他根本不喜欢男人。如果不是因为被汤姆的欲望所吸引而威胁到自己的存在,他可能会更自在一些。

如果艾略特早出生30年,他和汤姆就可以生活在一起,但他们会成为一对夫妻吗?他想象着他们住在普罗旺斯,喝着玫瑰酒,讨论着电影。这纯粹是幻想吗?即使是这样,他仍然相信幻想的诱惑。放弃和汤姆的生活吧,他打断了自己的沉思。想象一下如果他只喜欢女人。他现在已经有了妻子,也许还有几个孩子,他就不会因为这场冲突而感到痛苦了。他极度嫉妒这些幻想的另类生活,另类的自我版本!他努力接受他的生活本来的样子。他也努力接受真实的自己。

"你认为我是同性恋吗?"他又开始反复问我。

我还是不能回答这个问题,不管是对他还是对任何人。我告诉他性和性取向有什么不同。他说他对一些男人有性幻想,但肯定不是全部。他问道,和女朋友发生性关系非常无聊,感觉像是一件苦差事,但这种情况不是随着时间的推移而发生的吗?

"我都麻木了。"一天下午,他在一个疗程结束时说。他看起来一脸茫然。"麻木"这个词用得很好。总结得很到位。"不仅在感情生活中,在工作中也一样。我的角色不会有结果的。当我不再迷恋汤姆的时候,我会花多少时间抱怨乔安妮对我的态度?"

"相当多。"我说。乔安妮是他的部门经理。在治疗开始时,他经常列出乔安妮对他的轻视,猜测她对他的真实想法,以及她为什么这么讨厌的理论。他似乎长期对这种情况感到烦恼,但我们甚至还没有获得任何解决或进步的感觉。他似乎不满意,有些听天由命。

"你听她的事一定很无聊吧?她在很多方面都阻碍我。"他说着,看起来很沮丧。

"超越挫折，让我们更上一层楼。"我对他重复道，"如果你没有被挫败感所吞噬，那会怎样呢？"

"完全不知道。"艾略特说。

我们停下来，静静地坐了一会儿。

艾略特承认，他花了太多时间在这个完全属于他自己的空间里谈论因别人而产生的不满。我想知道我是否能激励他拥有自己的空间并掌控自己的人生。我在与其他患者的合作中有一种似曾相识的感觉。主题和问题重叠，但我也为这项任务的完成做出了贡献。我突然觉得有责任以这种方式拥有权力。

"艾略特，我觉得你把自己心中的黄金地段给了别人，却把自己逼到了一个小角落里。你在这一切中处于什么位置？"我问。

"一点头绪也没有，"他说，"我是边缘上的一个小点。你能找到我吗？"

"这得由你来说。你不能在谷歌上搜索你自己是谁。是的，这个世界的样子、你的新鲜体验、有人闯入你的生活的故事，这些都有助于你培养一种内在的意识，让你成为你自己，你可以说一说。我想更多地了解你。"

"就是这样，"他说，"我希望由我来决定。我不在乎具体是什么，我只想当老大。但我不知道怎么做。工作的时候，算了吧。我永远得不到我想要的权力。坐在这里，此时此刻，我感觉到一股东西在涌动。但是，继续下去还有意义吗？"

"再告诉我一些。"我说。

"我不得不承认，我有点儿想要权力，"他说，"在某种程度上，我只能含糊其词地描述这样的需求。"

"有意思。我很高兴你能意识到并大声说出来。你能再说一遍吗？"

"我想要权力，这听起来很荒谬，"他强调道，"权力。"

第四章 权 力

这一次，他准确地、明确地说出了"权力"这个词，眼睛睁得大大的。他畏缩了一下，好像被丑闻的惊现吓了一跳。

"我可以这样想吗？"他的声音又恢复了平时那种安静的语调。

"你当然可以这样想！"我说，"这完全是人之常情，可以理解。你觉得你需要我的许可，真有意思。你说你没能在工作中掌权，我也感到很惊讶。我从来没听你说过，你想要成为专业的掌权者，并且拥有更多的权力。我想知道，这是不是你和乔安妮之间潜在的紧张关系的一部分。"

"乔安妮和我吗？天啊，我从没想过这种可能性。你觉得我想要她的职位吗？天啊，我想我不介意。我会做得更好，这是肯定的。天啊，难怪她把我当眼中钉。我就是这样，我相信自己是无辜的，可是她居然嗅出了我的欲望。"

艾略特的脸涨红了，他似乎被这些发现震惊了。他认为他的愤怒是因为乔安妮对待他的方式，但也是因为他渴望得到她的职位。他的欲望一直处于地下状态或保密状态。难怪他感到麻木。

"现在我还能有权力吗？"他问道。他怀念最初和汤姆在一起时感受到的那种力量。被人强烈需要的力量，被人看中的力量，精彩活着的力量！以及，与这个令人敬畏的名人联系在一起的力量，即使是秘密联系也无妨。"我的身体里住着一个汤姆，犹如他给我注入了人生的意义。"

他的女朋友，以及和她在一起时的自我意识，只不过代表了普通的沉闷。

"以前还挺刺激的。我们对彼此都很好奇，"他说，"我知道我们曾经兴奋不已，但现在这种感觉已经消失了。"

他们之间的关系已经从"鼻子对鼻子"的崇拜变成了"肩并肩"的自满。他们花了很多时间在一起，但他们并没有真正地与彼此交流。他们在玩手机、看电视，活在各自的世界里，在狭窄的公寓里共存。他们是习惯了彼此的室友，而不是恋人。

"我们有一块沉闷的米色地毯,上面全是污渍。我们懒得去清洗。我们不脱鞋,我们带来更多的垃圾。我们呼吸着尘埃。我们把酒洒在上面,然后清理干净。有些污渍会被洗掉,但即便如此,那也只是一块旧的米色地毯。我们几乎没有注意到它,它也不会带来任何快乐。"

艾略特的**俯拾之物**——米色地毯——成为他人生故事的关键缩影。他对自己有足够的信心,能够筛选和选择塑造他的细节。我们需要整合那些构成我们生活的细节来弄清楚我们是谁,我们想要什么。

他和他的女朋友从来都不是特别热情,但他们相处得很好。他说:"就像洗个舒服的热水澡一样。"他们是怎么走到一起的?这一切都是间接的。牵线人是朋友,可敬可爱的朋友!他的生活很大程度上是由环境决定的,不管怎么说,是由可接受的东西决定的。他解释说,这就是为什么他是广告业的中层管理人员,而不是一名艺术家。以他的技术,这是一条明智的道路。

"我觉得我患上了从众症,"他说着,看上去几乎有些沮丧,"我不敢破坏现状。我只是在场边欣赏。"他和汤姆在一个迷人的派对上相遇,这对艾略特来说是罕见的,而对汤姆来说是家常便饭。当汤姆要艾略特的电话号码时,艾略特很震惊。他们打了好几周的秘密电话,策划和想象他们如何再次见面。艾略特既害怕又兴奋,他屈服了,打破了所有的规则,在他的生命中第一次选择了不计后果和不寻常的事情。他们对彼此的激情似乎都是真实的,但那些充满激情的故事貌似都是编造出来的。就像大多数风流韵事一样,一半是现实,一半是幻想。

和著名演员的恋情是艾略特做过的最刺激、最冒险的事吗?我问这个问题的时候,他正在倾诉他无法忍受的痛苦。我很后悔,我选的时机不对。在心理治疗时,治疗师要"趁冷打铁",而不是趁热打铁。

"是的。如果就是这样呢?"他带着痛苦的表情问道,"如果他是我的伟大冒险,是我生命中的重头戏,而前方什么也没有,会怎样呢?"

第四章 权　力

我认为这只是他故事的一部分，是他的华美生命的一部分，不是他的整个生命。艾略特说："汤姆和米色地毯，是我的故事的整个弧线。"当然，艾略特和汤姆的生活结束了，这很痛苦，曾经激动人心的秘密现在变成了无形的、无声的、消失的过去，一切都被抹去了。就像米色地毯上的灰尘一样。他又恢复了自己微不足道的感觉。

"我无所谓，"他说，"我人微言轻，不管我是谁，我啥也不是。"

"你在这里，告诉了我这个故事。"我说话时想起了丽贝卡·索尔尼（Rebecca Solnit）在她那篇关于强势男人和性别不平等的文章结尾的智慧箴言："没有人是无名小卒。"我一直在想这句话。像汤姆这样有权势的人可能会利用艾略特，因为他觉得艾略特永远没有机会为自己发声，或者拥有权力，或者讲述这个故事。

艾略特的困惑之一是，他一直在整件事情使他的感觉减弱和增强之间摇摆不定。"除了和汤姆的关系之外，我没有觉得自己很重要，也许从来没有。"然后，他用更柔和的声音说："但我愿意。"

承认自己想通过自己的能力来感受到自己的重要性，这是一种启示。我们继续研究他的尴尬，他害怕把自己看得太高大。他的父亲嘲笑他像孩子一样软弱，他的母亲教导他要比自己感觉到的更坚强。

"我不想高估自己，成为那样的傻瓜。你懂的，那是一时的念头。如果我的家人听到这些，他们会嘲笑我的。"他说。

我们探讨了他的原生家庭的文化规范，要求他不惜一切代价避免自吹自擂，要求他经常自我贬低，这些规范把任何类似于炫耀的东西描述为粗俗和不文雅。

汤姆自己就是一个爱炫耀和表演的人，他想让艾略特享受做自己的乐趣、炫耀自己、讲滑稽的俏皮话，给人留下深刻印象。艾略特被这种力量迷住了，即使这种力量是秘密产生的。他们都被对方迷住了，至少有一段时间是这样。

艾略特说："汤姆是个很会讲故事的人。"他开始给我讲故事。我敦促他告诉我更多他自己的故事，而不是试图用汤姆的"伟大人生"来打动我。在这些狂想曲般的怀旧回忆中，他把自己"压扁"了。当艾略特放大汤姆的形象时，却把自己变成了一个敬畏的观察者。

艾略特在寻找"沾光"的荣耀，他乘风破浪，通过这个传奇的、有权势的人（汤姆）来宣称自己的重要性。这个世界崇拜汤姆（尽管可能没有艾略特想象的那么崇拜），这增加了艾略特"无名小卒"的感觉。但他与这位伟大演员的关系也让他有一种特别的感觉。

"不管怎么说，我觉得汤姆就是我的救命稻草。现在发生了什么，我该怎么处理这个故事？"他问道。这是他的故事。他需要我听他的故事，这样他就会知道他已经把整个故事告诉了一个人；或者，他尽可能完整地讲给一个人，感觉总是讲不完。但我知道那些细节、事件和不同的感受。我的见证安慰了他，填补了他渴望被承认和被认可的那部分心理。我有空间容纳那些东西。他的故事也打动了我，不仅因为故事的美丽，还因为故事的恐怖。他们漫长而断断续续的婚外情中必需的纠缠、残酷、欺骗、虚伪，其毒副作用有时显得残暴不仁。我们的欲望可能是痛苦的和具有毁灭性的，这是一个强大的事实。

我表达了我对艾略特经历这一切悲痛的关切，以及我对他如何让自己如此沉迷、不知所措和遭遇诱惑的同情。

"我在哪儿？"艾略特问道，又回到了失去亲人和崩溃的感觉，"在这个故事之外，我是谁呢？"

我们从皮格马利翁的角度来考虑他们之间的关系，如果没有"雕刻家"汤姆的帮助，艾略特会觉得自己像一块没有形状的黏土。而汤姆很自私，没有任何帮助艾略特过上更好生活的明显意图。艾略特仍然痛苦地感到被人排挤了，不仅是被这个人抛弃，还被整个世界排斥，在很多方面都是这样。

第四章 权 力

"汤姆刚刚去世,"艾略特说,"但我一直为他感到悲伤。他会那么热烈地爱我,这是世界上最好的事情,但他会消失,他会去别的地方,或者他会撤退,回到他的生活中,远离我。多年来,我一直在追寻和他在一起时的那种权力感,一次一次又一次!我会不惜一切代价把它找回来。我一直在为失去那种快感而感到渴望和悲伤,然后,他又会在我身边待一段时间。保密是高度的义务,也许还是空虚的职责,这让我饱受折磨。我一直知道这种关系不会一直持续下去。"

艾略特在为自己从未满足过的东西而悲伤。他的生活中有一种匮乏感,不仅仅是这段经历。当我们在这些混乱的时刻痛苦挣扎时,我们感到多么孤立,这是显而易见的,但对我来说仍然具有启示性。令人着迷的纠缠会让人感到苛刻但新鲜,我们的经历让我们觉得很特别,与其他所有人都脱节了。

"我明白了,"我说,"当然,这对你来说很难。你所描述的东西在某些方面就像香烟一样容易上瘾。就像你说的,和这位名人在一起让你感到羞愧,也让你感到骄傲。此外,你还有一种深深的、持续的依恋,甚至是对某人或某物的依恋,而这些都是痛苦之源。"

"发生在我身上的事情有什么专门的名词吗?我为什么要坚持这种关系呢?"他问道,急切地想要一个解释。

"**创伤性联结**,"我马上说,"我们会对痛苦的根源产生难以置信的依恋,即使我们非常想要继续前行,也很难放手。伤害你的人,是能让你恢复自我意识的人。这就是让你着迷的幻想。"

"就是这样。我太想念幻想中的自己了。他会那样渴望地看着我,"艾略特说,"他想要吞噬我,然后他就会无视我。现在他却死在我面前,把我排除在他的故事之外,这是最终的拒绝。"

"你也在伤害和拒绝你自己,"我说,"把你自己排除在你自己的故事之外,让他成为主要的话题。"这是一种挣扎,但如果艾略特找到自己的声音、讲述自己的故事，就会给他带来权威感。

在接下来的疗程中，他了解了创伤性联结，并产生了共鸣。

"我仍然想要他的认可，因为是他伤害了我，所以他是那个能让我感觉更好的人。我不想把这件事和我的父母联系得太紧密，因为他们没有虐待我，但也有这样的成分。剥夺者有这样的权力。现在，当我意识到这一切的时候，回想起来，我真的很难过，"他说，"我为年轻的我而难过。过去那个貌似很自大却美丽的我。而现在的我感觉很好。"

"哇。我明白，你描述的是满意度和权力分配的棘手问题。我不得不说，当他需要你的时候，你一直在说你感受到的力量，但你刚才所描述的是你服从他的冲动，目的是让你自己成为他长期的欲望对象——那不是真正的权力。"

"我猜不是。我想这让我成了他的欲望对象，让我既享受又倍感折磨。"

短暂的停顿之后，他继续说："我从来没有和他正面交锋。我从没告诉他我爱他，他却伤害了我。我为什么不跟他对质？我很生自己的气，因为我从来没有勇敢地面对过他。"

"虽然有时候你会觉得自己很强大，就像我们刚才讨论的那样，但那些时刻转瞬即逝。他称雄称霸，而你对他印象深刻。这使得对抗变得势不可当。面对一个有权有势的名人，他在某些方面给你造成了精神创伤，这是难以置信的困难。"我说，"不要因为这原本很容易且你原本能做到而自责。"

"我很生自己的气，因为我不够勇敢。"

我们看到艾略特是如何继续打击自己的，他还以这种方式接住了汤姆带给他的痛苦。此时此刻，艾略特发现了他避免正面冲突的一些原因。他认为和汤姆对质不会有什么帮助。他不想让汤姆知道自己造成了多大的痛苦。他被吓到了。他害怕汤姆的反应会进一步伤害他。不管原因是什么，在某种程度上，不去面对汤姆就像是自我保护。他开始放弃一些自我鞭挞的机会。

"我觉得自己在原谅自己，这很有力量。面对这种情况，我有话可说。"

"你在面对自己，这需要勇气。面对自己，而不是攻击自己或回避自己的某些方面，可能会让你感觉有点新鲜吗？"

"是的。在某种程度上，我这辈子都在逃避面对自己。也许我该为此感谢他。还有那么多素材，那么多我还没来得及对他说的东西。"

"还有话要说呀？你会对他说什么呢？"

"让我离开还是……想我跟你在一起。让我对你很重要，就像你对我很重要一样。"艾略特低下了头，"他得到了我。这就是故事的结局吗？"

"这是你的故事，你告诉了我。"我说。

"汤姆去世后，一切都变得平淡无奇。机场、咖啡馆、街上的人们、在线购买食物，一切都是那么平凡。而和汤姆在一起的感觉很特别。"

"没有他，你就觉得平凡吗？"

"是的。他们说永远不要邂逅你的英雄。我认识他的时候，他并不是我心目中的英雄，但他成了我的英雄，还成为了我们故事中的男主角，可惜是个反派。"

"他不需要成为你余生的男主角。你还活着，这是你的人生，不是他的人生。请继续说下去。"

他说："但我的生活没什么令人兴奋的。"

"现在还不行。我喜欢弗洛伊德的一句名言：'我们靠飞行无法达到的东西，可以一瘸一拐地去追寻。'现在允许自己一瘸一拐地走下去。你不能立即用什么东西来代替汤姆带给你的兴奋，但你可以一瘸一拐地走下去，为各种可能性敞开心扉。还有很多东西等着你呢。"

"各种可能性……我在努力考虑他以外的事情。现在，我们的故事给人的感觉是悲剧和终结。"他突然强忍着泪水说。

"艾略特,我认为,你坚持认为这是一场悲剧,你还把它提升到了某种程度,让它变得比你更强大。如果不是悲剧,也许这个故事也没有那么特别。就好像为了让自己感到与众不同,你至少要成为一场悲剧的一部分,而不仅仅是一个故事。"

"是的,与其无聊而无足轻重,不如悲惨地活着。"

"我明白。但在你的悲剧版本中,你仍然没有公平地塑造自己。"我说。

"我觉得自己很渺小。汤姆的形象如此高大,他是我的星星。"艾略特说了这些话,看起来很悲伤,"现在我只是在阴沟里仰望星空。这是奥斯卡·王尔德的台词。"

"神秘是魔法的一部分,这是有原因的。现在有空间让你渴望、让你幻想、让你无限地想象。你和汤姆从来没有过正常的'米色地毯式'生活,这也是这个故事保持光鲜亮丽的原因之一。你们从来没有在不同的时间,在真正的承诺和长久的爱情中,一起进入平凡的生活。所以,它成了匮乏、空虚和幻想的灵丹妙药。而现在,随着他的死亡,空虚的空间更大,渴望更强烈。**未被赋予力量**的感觉扩大了。当然,相比之下,其他一切都显得乏味。"

"是的。其他的东西都是米色的。这种神秘感如此具有约束力,如此令人着迷,不仅仅是因为我如何看待他,还因为他如何看待我。身体的魅力简直不可思议。有时候我还是想给他留个好印象。即使他已经死了。有一天,我试穿了一件 Sunspel 牌套头衫,不知道他会不会喜欢我穿上它。"

"我们很多人都试图在某个时刻给死去或不在身边的人留下深刻印象。你还沉浸在悲伤中,试图抓住他对你的美好印象。请对自己好一点。"

"我知道我又问了一遍,但这就是我的故事的结局吗?回到沉闷的商店?回到海岸咖啡馆?回到无聊的性爱、与朋友的体面交谈、每年夏天与爱尔兰表兄弟的浅层对话？回到平淡无奇的工作会议、奇怪的外出用餐？回到客户服务－生活管理、与乔安妮的令人沮丧的电子邮件往来？"

"你一直问我你故事的结局。首先，我不是为你写的，也不是为汤姆写的，更不是为了什么注定的悲剧命运。我必须承认，我对你的期望更高。你应关注普通的日子，因为那是任何稳定生活的一部分。但即使在日常生活中，也仍有不平凡的空间。从某种意义上说，这就是你的故事开始的地方。"我说。

"我想相信你，"他说，"但我还是担心汤姆是我身上最迷人的东西。"

"此刻我无法劝阻你，"我说，"但让我们考虑一下这个想法：这是你与生俱来的能力，这是发生在你身上的事情，这是你创造的东西。这部分由你决定。那是你拥有权力的地方。他是你的故事中的一个注脚，你会永远记得他，并拥有强烈的体验。但一个注脚并不是全部。这是一个细节，也许是一个格式化的细节。但这仍然是你的故事。你对我和你自己讲述这个故事，让你重新获得了自己的权力，甚至发现了你自己的权力。你的声音才是你的权威，不是汤姆！你现在可以拥有一种不同的力量。汤姆提升你、贬低你、无视你。记住，只是偶尔的提升。这是**间歇性强化**的成瘾性循环。这就像和庄家玩游戏，希望你每次都能赢。这是一个强大的循环，但不是真正的权力。"

"他给我的权力充其量只是昙花一现。没错。真正的权力……对我来说意味着什么？我必须承认，有时候我会怀疑自己是不是真的害怕变得太强大。害怕让自己光芒四射。"

"再给我讲一些吧！"

"在某些方面，我是相当自暴自弃的。也许这是我悄然发光的时刻。不是在舞台上，不是在媒体上，不是通过汤姆，而是面对自己，与自己合谋。就是这样：我想和自己合谋。"

"多么有趣的一种权力，"我说，"和你自己合谋——我喜欢这样。"

艾略特的人生故事接下来发生了什么？他并没有突然戏剧性地辞职。事实证明，他不需要也不想这么做。但在与乔安妮的交流中，他变得更加自信，不再那么刻薄。他申请了一个他并不特别感兴趣的晋升，但他还是提交了申请。他明白自己需要更专业的权力，即使这会让他感到恶心也无妨，他自己也能明白这一点。

他做出的一个重大选择是告诉他的女朋友关于汤姆的事情，以及他偶尔被男人吸引的事情。她心烦意乱，但他很高兴自己是诚实的。他怀疑他们会分手，但至少她现在了解他了，他可以做自己了。

长久以来，他对自己的性取向感到无力，他开始接受这是他的生活。曾经让他感到羞耻的事情，现在已经不再削弱他自己的价值了。他觉得自己足够强大，能够承认并接受自己的各种性偏好，这是他一生中大部分时间都渴望并害怕的一种权力。他对新的性体验很好奇。他愿意最终表达自己不同的欲望，这在很大程度上说明了他与权力的关系。他开始让自己的渴望和喜好发挥作用。他的目的不仅仅是取悦和服从别人。他不再觉得自己像那条米色的破地毯了。

他人生经历的一部分就是与这位年长的著名演员的漫长而复杂的恋情。他不需要向全世界讲述这个故事。但他自己知道这个故事，他告诉了我，还有他的女朋友。如果他愿意，也许他会告诉其他人。这是他的故事。讲或不讲，取决于他自己。

权力意味着什么

哲学家伯特兰·罗素（Bertrand Russell）认为，对权力的渴望是普遍的、永不满足的："在权力与荣誉都很微小的人看来，似乎只要再多给一点，就会使他们满足。但在这一点上他们是错了，因为这些欲望是无厌的、无限的。"对艾略特来说，这是多么不真实啊。有时候，我们认为自己想要的权力，在近距离观察时，其实并不是我们想要的。这需要一个成熟而自信的人看到这一点，并改变前进的方向。

权力可以腐蚀和摧毁我们的自我意识，以及我们对待他人的方式。我们知道它的危险和残酷。我们知道马基雅维利式的领导人和邪恶无情的权力行动。我们知道在虐待场景中权力的恐怖，我们也知道在**友敌关系**、对抗中、财务纠纷、家庭事件中发生的更悄无声息但仍具破坏性的权力操纵。

心理学家达契尔·克特纳（Dacher Keltner）研究了同理心和权力之间的关系。他发现，那些帮助人们获得权力的品质（同理心、公平、分享）在这些人变得强大后开始消失。有权势的人会对他人的经历变得漠不关心和麻木不仁。对于任何获得权力的人，或者被有魅力、有权力的人吸引的人来说，这总是值得思考的。

丽贝卡·索尔尼（Rebecca Solnit）曾经警告我们："要的太多是危险的，适可而止吧，贪多嚼不烂。"对权力的贪婪让我们看到了自己畸形的倒影，平等给了我们诚实的镜像。对艾略特来说，他对权力的渴望来自饥饿感。他觉得自己非常不足、非常虚弱，不仅回到了他和汤姆的关系上，还追溯到了他的童年。绝望会使我们产生贪婪的欲望。一旦艾略特有了**充足感**，他就不再需要那么多了。

有时候，对权力的渴望是美好的，可以改善生活。但是，当我们对权力的渴望成为对终身赤字的补偿时，我们常常在膨胀的荣耀愿景和崩溃的绝望之间摇摆不定。所以，请灵活对待权力，接受自我调节。

权力可以是关于真实性和权威性的术语。它可以是我们宣告成年和确认我们对生活负责的方式。

当你想到自己的声音力量时，考虑一下你吸收的一些信息和态度。也许有那么一段时间，你会因为相信自己声音的力量而感到鼓舞或气馁。考虑一下，你作为个人，如何才能拥有健康的权力，你可以自己做出选择，拥有内在的权威。你可能正在移交权力，或者抓住权力不放，但请你研究一下，如何在自己的脑海中衡量自己和他人。

我们需要考虑一些减少和放大自我意识和他人意识的方法。很多时候，我们想要感觉自己很强大，想要获得空间，却又担心会因此被拒绝。我们担心自己成为别人眼中的贪婪者。

代理、权威和责任都属于个人授权和权力。我们可以有足够的意识来做出符合我们价值观的选择。这取决于我们优先考虑和筛选的事情，这样我们就有了能动性和**一致性**。

第五章 关 注

在心理治疗中，我观察、注意、见证并理解正在发生的事情。好奇心是关键。毫无好奇心的治疗师就是对职业的侮辱。好奇心是我们的入口，它指引和引导我们集中注意力。在一场伟大的治疗中，共同的好奇心可以成为打开新见解之门的钥匙。

想要得到关注，完全是人的本性，但这种心理依然被污名化了。当人们表现出这种行为时，沮丧的成年人通常会说："这太引人注目了。"他们将此描述为厌食症患者、自残者、暴露狂等。我们经常评判别人寻求关注的心愿，以此来证明我们的沮丧是合理的。在寻求关注的行为背后，隐藏着一种希望被目睹的愿望，而该愿望是高度伪装和痛苦的。

让我们考虑一下寻求关注的冲动。我们在操场上看到，小孩子想让父母看到他们爬得很高（"看我！看我！"）。我们都知道，那些上了年纪的健谈者需要一个永恒的听众，需要年轻的追随者和马屁精的掌声。我们对渴望关注的成年人就不那么宽容了，因为寻求关注是婴儿和儿童与生俱来的权利。但这种欲望并不一定会消失。我们只是试图驱逐它。一位已故的熟人曾经对我说："趁我还没化为尘土之前，给我拍张照片。"这样持续了好几年，他现在真的变成一堆尘土了。但他要求别人的关注和欣赏，这是诚实而可爱的。我们对关注的渴望往往被极度夸大或最小化，并经常遭遇否认。我们努力直接而不夸张地表达这种欲望。我们被关注和被关怀的纪念性要求是易受攻击的。

我们的社交习惯是假装不需要太多关注。我们应该成熟起来，不再急于炫耀，所以我们试着小心翼翼地炫耀。为了让自己更容易忍受，我们表现得亲切和谦虚。我们**私藏的欲望**建立了求关注的隐蔽欲望，对他人大惊小怪，把我们的真实意图隐藏在别人的需求背后——关心他人，表达我们对他们的担忧，以便让别人看到我们自己。骄傲和羞耻感恶毒地扭曲了我们对关注的渴望。我们希望人们见证我们的存在。如果没人知道我们生活中发生了什么，我们还算什么？即使是我们当中性格最私密的人，以及不想在社交媒体上大声发言的人，仍然希望得到某人的关注或认可。看这里！你忽视我了！不要记在心上！

但消失在黑夜中的恐惧，被遗忘、无人目击或被取代的恐惧，激发了人们令人发指的行为。在惊人的戏剧效果和荒谬的行为之下，李尔王和《白雪公主》中邪恶的继母都不顾一切地想要保住自己的位置。由于受到了很多关注，他们想要确保自己的知名度和地位。他们表现得像恶毒的恐怖分子。但是，他们的需求是可以理解的，只是徒劳地隐藏起来了。

渴望被人注意到，一直是人类的一个重要组成部分。但是，当这种被见证的需求是强迫性的、依赖性的、基于夸张的自我理想时，它就永远不会得到满足。足够意味着什么？得不到足够关注的人往往很难集中注意力。集中注意力可以减少关注的需求。当我们找到一种全神贯注的方式时，无论是一段对话、一本书还是一个项目，我们对别人关注我们的需求就会消退，也不会那么绝望。

求关注和给予关注是至关重要的，也是具有挑战性的。想想我们使用的语言。我们付出和给予这些东西的代价是什么？孩子们被迫去关注的，通常是那些他们不感兴趣的事情。感兴趣和专注的能力是学习和发展的必要条件。我们就是这样学会辨别和观察的。

我们通过关注来表达爱和关心。关注彼此是我们联系、参与、成长的方式。精神病学家格米特·坎瓦尔（Gurmeet Kanwal）在谈话中对我说："我们有一种与生俱来的生存本能，一种对周围环境保持清醒和警觉的驱动力。这是人类的一个核心部分，请注意到正在发生的事情。注意力会整理我们的体验。"

我们如何获得关注？有时我们向空中挥舞拳头；我们尖叫，我们呼喊。甚至各种形式的恐慌和严重的焦虑都可以被认为是吸引关注的迂回方式。我们的身体可能会表达我们想说的话。有时我们会生闷气、会退缩，希望在某种程度上让自己变得稀缺，并转移注意力，这样就能得到我们应得的关注。

生活是动态的，我们到新的环境，新的事情发生在我们身边。我们在某些时候比其他时候更渴望得到关注。就像吃东西一样，我们的胃口各不相同，我们需要续杯、加料和反复的帮助。

这在很多方面都会影响到心理治疗，关键是对治疗师来说也是如此。有一位脸色苍白且胆小如鼠的同事曾经对我说，"感觉被患者忽视是最糟糕的感觉"。他做了一个手术，错过了一个星期的心理治疗。后来，他告诉他的患者们，他需要休假的原因，但没有一个人问他手术归来后的情况如何。

他说："我不想让他们问我手术进展如何。我一直害怕回答他们的问题。但没有一个人询问或意识到我发生了什么事情。"我们坐在地铁上，火车如火箭般地穿过隧道，他说话的声音很轻，我几乎听不清他在说什么，但他说的话一直萦绕在我心头。这个沉默寡言的男人，会笨拙地向他碰到的家具道歉，还希望他的患者能想到他。

《看我！看我！》这首歌将伴随我们许多人的一生。我们是否有过被充分见证的感觉？我们能得到足够的掌声吗？当我们独自一人，没有人见证，也没有人鼓掌时，会发生什么？这取决于我们如何陪伴自己。我们能对自己感到好奇吗？我们能注意自己吗？我记得，当时我认为注意障碍（ADD）是指没有得到足够的关注。

有时候，努力集中注意力和努力获得关注之间是有联系的。有时候，我们遇到了渴望被关注的人，他们往往是这样的人：只是贪婪，不能倾听，不能给予别人关注，就好像注意力短缺或不足一样。当我们感觉不到被关注时，我们就不太可能想要关注别人。

反过来，集中注意力也是心理治疗的一部分。

"我已经很长、很长时间没有直视我孩子们的眼睛了。"我的一位患者在一个恍然大悟的时刻向我吐露的心声，"我一直对我的丈夫和我的生活很生气，我忘记了注意我们创造的这些美丽的小生灵。"她开始越来越多地注意身边的事物。她注意自己的孩子，也让她感觉不那么受伤了。她以一种深刻的、和谐的方式关注他们，也治愈了自己的一些东西。她认真地面对现实，她的匮乏感也没那么强烈了。

当然，这不是"非此即彼"的问题。想想初恋时的感觉吧，那时情侣们惊奇地注视着彼此，在一种狂想曲般的双人舞中，他们看见了对方，也感觉被对方看见了。这种"看对眼"的场面非常壮观。但是，当我们感到被深深忽视时，我们通常会把自己的注意力移开，拒绝去看对方，并以微妙或不那么微妙的方式脱离出来。睁大眼睛观察对方需要勇气，这种意愿也可以修复。当我们看到自己的外在时，我们就会觉得不那么需要别人了。

让我们坦诚地说，我们希望得到关注。对于成年人来说，这是一种奇怪的禁忌。我七岁的儿子最近说，他希望自己是一个婴儿，这样他就能得到很多关注。但如果我给他太多关注，他很容易感到窒息。世界上有谁不曾有过这种感觉呢？当我们说"走开！别管我！"时，我们可能认为自己不想被关注。但是，我们仍然希望有人看到我们，即使我们藏起来，也渴望被关注。

克洛伊的戏剧

"我的前途一片光明，"克洛伊说，她的皮肤干燥，眼睛突出，头发蓬乱。她仍然美丽动人，但她在变老，现在的她一团糟。克洛伊已经快55岁了，上苍在某些方面对她很慷慨，而在另一些方面对她很苛刻。她是一个非常聪明的人权律师，有着漂亮的脸庞和美好的身材，所以，有人说，她很幸运。但是，如果她不那么贪杯、暴饮暴食、强制催吐，衰老的过程可能会更友善一些——如果生活对她更仁慈的话，她可能会少做一些。但是，痛苦、怨恨、饮食失调和严重的酗酒并没有改变她的脸。我为注意到这一点并评判她的外表而感到内疚，但这也是她故事的一个重要部分。

克洛伊的美貌既帮助了她，也阻碍了她。它打开了无数扇门，让她可以即时进入整个世界。当我说她漂亮的时候，我很难解释。当我和我的主管面谈时，我试着描述她。当我坐在她对面时，我试着对自己描述她，因为她的长相让人分心、让人着迷，这就是和她共处一室的意义所在。她的五官闪闪发光，引人入胜，看起来很迷人。当她因悲伤歪着头时，我有时会被她优美的侧影打动。

克洛伊是法国人，但她在世界各地的多个城市长大，她说的英语带有文雅的、受过国际教育的口音，她的大多数句子都会以"不是吗"结尾。她的脸上有一种虚假的、挑衅的天真，再加上一些极度女性化的东西。即使在她疲惫不堪的状态下，她的外表也会让我分心。我敢肯定其他心理治疗师也被她的外表迷惑了。她很诱人、很迷人，并且魅力四射。当一个人急需帮助和大力支持时，这些都是让人分心的元素。

她最大的挣扎是她的抵抗和防御心理。她坚持认为她的前夫格雷厄姆是她人生故事中的渣男。很难让她把自我创作当作一个概念。对例外论（特殊待遇）的需要在我们的心理治疗中体现出来。她的与众不同之处在于我对她的看法，尽管她的许多性格特征倾向于边缘型人格障碍等类别，但我不能简单地用一套规范标准来定义她并将她局限在某个诊断类别中。她不是典型的人格障碍患者，也不是典型的上瘾者，但她也没有凌驾于普通人的正常规则、冲动和陷阱之上。这就是瘾君子的问题，特殊并不能减轻悲剧。

"我的前途一片光明，"她又说，"但格雷厄姆出现了，他毁了我。他说服我和他一起生活，但他误导了我。他欺骗了我。他抢劫了我！"

"他是怎么抢劫你的？"我问。

"我所有的美貌，我的技能，我巨大的潜力，全被他拿走了。每个人都想娶我。你知道有多少人对我着迷吗？有多少人爱上我了吗？"

"很多。"我说，因为她已经告诉我好几次了。我也可以想象。

"我有很多选择。如果他没有带走我，无数的男人本可以给我更好的生活。他夺走了我本该拥有的生活。"克洛伊说着，看上去痛苦而憔悴。她似乎坚信自己的人生轨迹在某种程度上是悲剧的。我经常注意到她使用的语言——"我拥有的生活"而不是"我过的生活"。还有一次，我问她本可以做些什么，她回答了一长串她本可以做的事情。

经过几个月的耐心聆听（我感觉），我很难对这些言论做了出回应。我对她僵化的叙述感到不安和担忧。我想告诉她，她表现得像个受害者，但我知道，如果我这么定义她的话，我就会被塑造成一个坏女人。在给她进行心理治疗期间，我怀孕了，这可能增加了我自己对给她这么多东西的矛盾心理。

"克洛伊，"我说道，有时候，我会叫出她的名字，这能帮助她意识到我的愿望对她的影响，"你说的我都听到了。但我也想说，你还有大好的人生等着你。你作为人权律师的工作很有意义。你的孩子和朋友关心你。

你的兄弟姐妹不断地努力帮助你。你一周又一周来这里，假装是想寻求帮助，让我帮你！"

"夏洛特，没人听我的。格雷厄姆对我太可怕了。孩子们站在他那边。我的朋友们站在他那边。甚至我的父母和兄弟都站在他那边。你为什么也站在他那边？"

"我没有站在他那边，"我说，"但我希望你能意识到，你可以掌控自己的生活。他不能掌控你的整个人生故事。"

"但他是我的孩子们的父亲。我很难无视他的存在。"

"我不是建议你无视他的存在。我想知道我们是否能在这一切中思考你是谁、你的自我意识、你的声音、你自己。"我在重复同样的观点，我已经用不同的形式说过无数次了。用约翰·厄普代克（John Updike）的话说，我试图"化伤为蜜"，这是我反复扮演的失败角色。重复是我们工作的主题，对我俩来说都是。克洛伊在很多方面都被各种各样的强迫行为所困住，比如，她的酗酒习惯，她的"暴食－催吐"循环，她与前夫、父母和兄弟姐妹之间的循环争斗。我们的心理治疗过程也充满了重复和循环。有些事情是控制不住的。强迫性的重复在本质上是一种抵抗。克洛伊重复着她拒绝回忆的事情。这是对心理治疗过程的抗拒，也是对我们并肩作战的抗拒。

我觉得自己被她缠住了，对我们的疗程约定也深感不满。当我不得不追讨欠款时，我感到愤怒。当她没有按照我们约定的时间出现时，我感觉被她耍了，所以我坐在那里等她。没有电话，也没有留言解释，让我觉得自己被低估了。

甚至当克洛伊坐在我对面的时候，我们就像索尔·斯坦伯格（Saul Steinberg）的动画片一样，隔着彼此说话。我们会面了，但我们并没有以一种有意义的、变化的方式参与进来。尽管我们之间有很多重复的谈话，但我们很少真正说出来或听得进去。我给她解释，但她没有认真领会，这感觉就像她的"暴食－催吐"后果，大部分馅料都被吐了出来。营养、养分都去哪了？我觉得都被浪费掉了。

我的主管对我继续给克洛伊治疗提出了质疑。她还在喝酒，这足以让一些治疗师终止工作了。但对我来说不是。当她不可必免地拒绝我的帮助时，我会犹豫不决，我时而感到英勇和善良，时而觉得自己是唯一能帮助和拯救她的人，时而万分沮丧且感觉深受其害。我也觉得自己是受害者。与一个利用、重复和遗忘很多东西的成瘾者一起工作，感觉是徒劳的。但我也被束缚在这种动态局面中，有点儿纠结，有点儿危险，我希望自己能挽救她。

白天，作为一名人权律师，克洛伊在帮助真正的受害者时，在某些方面感到最强大。作为弱势群体的积极倡导者，她所做的一切都赢得了尊重和赞赏。她在专业上令人敬畏和胜任。但她作为一名受伤治疗师的角色（这个术语指的是那些因为自己的创伤而受到鼓舞去治疗他人的人），激发了她的工作能量。

在监督和白日梦中，我考虑到了差异化的重要性。克洛伊让我很沮丧，好像我要对她负责似的。我知道一句格言："我们要对人民负责，而不是承担人民的责任。"我经常对别人说这句话，但我自己却很难运用。为什么我觉得自己对她负有如此大的责任，而且很多时候都在生她的气？克洛伊就是我待处理的个案。我和主管谈论她的次数比其他患者都多。我恨她占了这么多时间。尤其是当她不断暗示她没有足够的空间的时候。

当她和格雷厄姆达成新的经济协议时，她的一个孩子去了一所新的昂贵的私立学校，她问我是否可以降低治疗费，我同意了。她问我能否增加治疗的频率，我同意了。部分原因可能是我即将迎来产假，不过还因为我在变换模式去帮她增强饱腹感，但她的胃口从来没有得到满足，她的需求从来没有得到满足。我们的关系似乎对她没有帮助，对我也不公平。尽管我给了她这么多，但我觉得我们毫无进展。我不断地付出，还是不能让她完全满足。我们的交流中有一种持续的失落感。这就像把一个有洞的桶装满水一样艰难。不管我付出多少，不管她接受了多少，都无法维持下去，我觉得付出让我筋疲力尽。倒水，灌水，倒水。她的暴食症就是这样的症状。

"我能帮你什么忙吗？"在克洛伊再次指责我站在她前夫一边后，我这样问她。我听起来像个女服务生或客服人员。我问她，是因为我想让她至少有足够的能力来构建她想获得什么样的帮助。

"你为什么站在格雷厄姆一边？"她又纠结这个问题了。

"我不站在格雷厄姆一边，"我说，"我想知道我能做些什么来帮助你。"我又说了一遍，我的愤怒表露了出来。我觉得我们又回到了起点。事实上，我感觉，许多疗程我们都是从头开始的。

然后，在一个清晰而诚实的时刻，克洛伊说："你可以让我重拾青春。这对我们来说是个好时机。这是一个顿悟和领悟的时刻。这也是一种解脱。"她的荒谬要求说明了她的幻想、她的自我理想、她对回到过去的渴望。我们现在可以停下来，看看什么是真实的和可能的。

"我当然不能那样做，"我说，"但我想告诉你，在我们的合作中，我经常感觉我们才刚刚开始。这让我很沮丧，因为我想帮助你，我想让你进步。但也许你想回去的愿望，想让时光倒流，重获你的青春年华，在这里至关重要。我们的讨论循环往复，回到起点，这在我们的心理治疗和你的幻想中都有体现——你可以回到过去。"

"我想回到过去。"

"我明白，你的青春里有什么让你如此渴望？"

"这个问题真的很难回答。"克洛伊说着，她突然脸红了。

"试着花点儿时间沉浸其中吧！"我说。

她停顿了一下说:"那时,我走进任何一个房间,都能让人眼前一亮。在某些方面,做我自己是极好的。我的长相、我的身材都非常好。我真是人间尤物。"

"那真是太有力量了,"我说,想象着她感觉自己如此美丽,感觉自己被完全看到和被关注了,"就像你说的,在某些方面,一切都很美好。其他方面呢?"

"其他方面,一切都很难搞。我爸酗酒,我妈纵容。他们相互依赖,局势不稳,不断搬家。每隔几年,一所新学校,一个新地方。很刺激,但是很不稳定。我从男人那里得到了关注,他们不是我爸爸,他们让我不安全。有时候真的很可怕,但令人兴奋。太多的舞蹈,太多的酒局,太多的娱乐,太多的派对。我感到人潮如涌,泛滥成灾,内心却很孤独。不管怎样,当我受到危险人物过多的关注时,我会甩掉他们,然后逃之夭夭,继续前进。"

"人潮如涌,泛滥成灾"和"内心的孤独"伴她左右。她童年时缺乏关注,而所有的运动都是恒定的。当她说话的时候,我开始想象一个摇摇欲坠的框架,或是一个脆弱的容器。我想起了泽尔达·菲茨杰拉德(Zelda Fizgerald),她是F. 斯科特·菲茨杰拉德(F. Scott Fizgerald)的悲剧妻子。她患有精神疾病,严重酗酒,据说经常坐在出租车顶上,而不是在车里。泽尔达有一个特别的细节一直萦绕在我心头:她本人非常美丽,但没有一张照片能展现她的美丽,没有一张照片能捕捉到她的美丽,因为她总是在运动。克洛伊身上有一种转瞬即逝、令人眩晕的特质,使人无法平静、专注。

我问:"此时此刻,就是现在,你能感到平静吗?"

她说:"这太难了,以至于格雷厄姆在给孩子们灌输反对我的思想。"

我说:"我和你在一起。"但我觉得她不在我身边。我们的讨论变得如此精辟,如此真诚和有意义,但现在我觉得她的心思在别处,而我们又坐在这里,就像两个人对话的喜剧小品,想念着彼此,谈论着彼此,围绕着彼此,回忆着往昔。

她说:"你觉得我疯了,就像格雷厄姆说的那样。"

"你听见我说的话了吗?"我问,后悔自己的声音带着怨气。

"听见了。但是格雷厄姆太糟糕了。你不相信我吗?"

"我真的相信你。你能听到我说我相信你吗?"

"是的。但他太差劲了,我觉得没人能理解这事儿。我的兄弟们总是站在他那边,你站在他那边,我的孩子们也支持他。"

"克洛伊,我得打断你一下。你刚才又说我站在他那边了。"

"你就是站在他那边的,难道不是吗?"

"不是。拜托,你能听到我在说什么吗?我和你在一起。请把你的心思拉回到这里。你好像无处不在,唯独不在这里。"

"我现在心烦意乱。"

"我明白了。让我们看看,我们是否可以让你集中注意力。"当我说这些话的时候,我自己也在心里反复琢磨。注意力!不就是关注吗?怎么这么叫呢?真奇怪。作为患者,她付钱让我关注她。这意味着,她是支付者,她要花钱看病,还要付出一定代价。所以,注意力是人生中的另一种交易。"夏洛特,我们今天可以进行两个疗程吗?"克洛伊问道。

她渴望我多"投喂"她一些,即使我喂她的精神美食并没有那么营养或饱腹。我被迫剥夺了她的权利,重复她对生活中很多人的感觉。

"我们这个疗程不得不到此结束了,"我说,"我们下次治疗时再见。"

"你是唯一懂我的人!"她这么说我很难过。我觉得我不了解她,至少现在还不了解。当我和她在一起时,她觉得我没站在她这边;当我觉得和她脱节时,她声称和我很亲密。我也觉得她说的并不完全是这个意思,因为她总是被我误解。

在给克洛伊治疗的间隙，我自己的生活中发生了一件令人痛苦的事情。我有所谓的先兆流产，我住院了。我取消了接下来一周的所有疗程，发了一封电子邮件，告知患者发生了意想不到的事情。克洛伊愤怒地回答："我想告诉你格雷厄姆对我说的一件事，但我不敢相信你竟然缺席了我们的治疗。"她错过了接下来一个月的治疗，无视我的信息。"你还好吗？"我曾经给她写过一封信，但她没有回复。我也给她发过短信。除了自己的健康问题，我还这么担心她，我对自己很生气。我也意识到，我内心深处希望她能够感同身受，问我是否也没事。

她让我心神不宁，尽管我没见过她。在长达数月的时间里，我总是惦记着她，这是一种精神上的放纵和催吐。我意识到，我的一些沮丧与关心她的意义有关。关心似乎是有代价的。克洛伊总是渴望得到朋友和家人的关注，这引起了她的怨恨、警惕、疲惫和兴趣缺失。她的巨大胃口，加上她对别人给予的东西不屑一顾，导致人们不想"投喂"她。然后，她感觉自己的内心饥肠辘辘，怀疑自己遭到了嫌弃。

"夏洛特，我们见个面吧。"沉默了几个月后，她发邮件说。我追着她，她不理我，当她联系我的时候，我当然同意见面了。我很好奇她要说什么，我也有话要对她说。我是有备而来的。

"别冲我嚷嚷。"她脸上带着妖艳的微笑说。

"我什么时候吼过你？"

"也许你根本不在乎，"她说，"当我没有回复你的信息时，你就没有想过我是否还活着吗？"

"我确实想知道，"我说，"我确实很在乎。我也很担心。很高兴收到你的来信。但我也很沮丧。这是你所希望的吗？"

"是的。"

"克洛伊，我觉得我对你不够诚实和坦诚。"

"你是什么意思？关于什么？"她问道。

"关于我对我们关系的真实感受,"我说,"我对你有所保留,然后,我就有点儿用力过猛了。"

她说:"套用你常说的话:'再给我讲一些吧!'"

当她提到我的这句口头禅时,我感到自己被人惦记了。

"有一个伊索寓言,《螃蟹宝宝和螃蟹妈妈》。我能读给你听吗?我这儿有。"

"请读吧!"

于是我读了起来。

"你到底为什么要这样横着走?"螃蟹妈妈对她的宝宝说,"你应该一直向前直走,脚趾朝外。"

"亲爱的妈妈,教我怎么走路吧,"螃蟹宝宝乖乖地说,"我要学。"

于是,螃蟹妈妈试着一直往前走。但是她只能像她的儿子一样横着走。当她想把脚趾伸出来时,她绊了一下,鼻子着地了。

"告诉我这个寓言的意思。"她说,声音听起来更柔和了。

"我可不想当你身边那只自己横着走却叫你往前走的螃蟹妈妈。"我说,"我一直在请求你取得进展,让事情向前发展,但感觉被困住的人是我。我想我没有用清楚的语言告诉你。我觉得我们在兜圈子。事实上,我马上就要休产假了,这意味着会有一次暂停,这是计划性的暂停治疗。也许你为此惩罚了我,让我追着你跑。也可能是因为我在你需要我的时候缺席了一次治疗,不过我不得不说,我取消治疗是有充分理由的。"

"我不想知道你为什么取消,"克洛伊说,"我想一切都好。你来了,看起来还像怀着孕的样子。"

"是的,我还怀着孕。"我说着,不知道她是不是对我的确认感到失望。我留住了身体里的那个小家伙,这是一个成长中的小生命,他会从我这里得到很多关注，很多很多。

"我真的很想适当地在这个空间给你足够的关注和焦点。我需要在你所在的地方见你，而不是我所在的地方或者我希望你在的地方。但这也是对你的要求。你得让我走进你的心里。你需要让关注产生意义，比如满足感。让我们考虑一下这对你意味着什么。"

"首先，"克洛伊说，"我喜欢你明显地关心我，即使我是个坏人，甚至当我问你是否不在乎我，当我惩罚你的时候。当然，这是一个测试。你通过了。你知道，我也知道。谢谢你没有放弃我。看到了吗？我对自己诚实了。我集中注意力了。我觉得，当我被无比的匮乏感折磨的时候，我就很难集中注意力。"

我说："感谢你，真是太周到了。"她正在了解自己。

我想起了儿科医生兼精神分析学家唐纳德·温尼科特（Donald Winnicott）的那句话："玩捉迷藏游戏的时候，你藏得好，是一种快乐；别人找不到你，是一种灾难。"克洛伊希望我一直努力联系她，我对此很高兴，最终我也没有放弃。

"谢谢你，在我重复了我从青春期就开始做的反反复复的'暴食－催吐'模式之后，你还是安排了这次治疗。我和你一起做的。我把你生吞活剥，把你吐出来，而你还在这里，还在出勤，还愿意听我说话。你是不是感觉和我共处一室很糟糕？"

"你觉得怎么样？"我问。

"我想我已经给你看了好的、坏的和丑的东西。你忍受了这一切，却没有坚持去修饰任何东西。你本可以逼我去别的地方，但当我拒绝让步时，你就陪着我，而我却在原地打转。谢谢你接受我。你为我庆祝别人从未认真对待过的事情。你还在我对别人隐瞒的问题上挑战我。"

"谢谢你让我这么做。"我说。

"夏洛特，你知道是什么帮助了我们并肩作战吗？因为你总是问什么能帮到我。"

"给我讲讲!"

"你没有无视我。你从未放弃过我。对我来说,这是最重要的事情。"

你的关注

想要得到关注是人之常情,但这对大多数人来说是尴尬且复杂的。如果我们直接寻求关注,我们会感到尴尬和脆弱,甚至面对那些应该爱我们的人,我们也会冒被拒绝的风险。我们努力诚实地说出来,承认我们的渴望。我们可能携带着脚本,提示自己不要炫耀、不要苛求、不要太戏剧化,也不要太自私。我们有时会相信自己虚伪的谦虚,甚至会说服自己不需要关注。骄傲和尴尬会把我们推入羞愧和否认的深渊,隐藏我们内心深处真正的渴望。

当人们为了求关注而操纵我们的时候,是很让人抓狂的。没有必要在半夜偷东西,我们会在白天免费给你。寻求关注的行为似乎没必要如此复杂。直接问就是了!但对于一个空虚而绝望的人来说,夸张的戏法似乎是吸引观众的唯一方式。怒骂是为了避免被忽视的威胁。虽然人们讨厌夸张手法,但怒骂仍然是一种求关注的表现形式。

尽管承认渴望被关注会让人不舒服,但我们也不想承认自己持续地关注那些高要求者。我们可能会不再关注我们的某个孩子、我们的配偶、我们的老朋友。有时我们只是心不在焉,变得不专心;有时我们会筋疲力尽。在任何一段关系中,我们可能一开始都很热情,但一段时间后,把注意力放在重复的咆哮上可能会让我们感到徒劳和没有回报。这会让人感到疲惫、乏味和不公平。虚假的情感表达让我们筋疲力尽,吸走了我们的同情心。我们可能要惩罚一个引人注目的人,因为他欺骗我们,让我们与虚假共谋,否则我们就会失去兴趣。我们想要保护自己。我们收回并撤回最受欢迎的东西：我们的关注。

我们开始对要求我们关注的声音和愤怒置之不理。我们不再强调要去苛求别人，也不再密切关注自己的内在需求。我们可能痴迷和执着于困难的事情，而忽略了真正的关注。我们认为，我们知道故事的走向。

当我们认为自己对所爱之人无所不知时，我们也会停止关注他们。真正关注熟悉和亲近的事物是困难的，但也是美妙的。当我们关心的人关注对我们重要的事情时，我们感觉更亲近了，我们感到被人惦记了。它暗示了一种奉献精神、一种有个人意义的"参与姿态"。所以，一定要专注于对你爱的人重要的活动或话题。

一旦我们熟悉了某样东西，我们就会觉得它不那么有趣了。但无论是在人际关系、工作、生活中，还是在我们熟知的美丽角落里，我们都忘了去关注。还有我们自己和我们所爱之人的一部分，我们忽视了他们，认为他们是理所当然的存在。带着感情去观察细节、注意特质、发现挣扎、欣赏努力，都是很有价值的。关注是爱和理解的一种形式。

在庆祝生命的质感时，关注力与创造力密切相关。美国作家苏珊·桑塔格（Susan Sontag）说得很好："露一手，握紧拳头，保持好奇心。而不是等待激励者来猛推你或等待社会来亲吻你的额头。关注！关注就是一切！关注力就是活力。它把你和他人联系起来，让你充满渴望，让你保持热情。"

关注是一种精力充沛的态度。不要习惯于"只是活着"。要对你所看到的感到惊讶。

第六章 自 由

对自由的渴望常常通过抗议和反抗表现出来。我们感到被限制、被囚禁、被压抑。这就像一个蹒跚学步的孩子被绑在汽车安全座椅上时的盲目暴怒。使我们安全并保护我们的东西也会使我们陷入困境。但试着向沮丧的幼儿解释安全问题是没用的。分散注意力也许有用。从儿童早期,缺乏自由对我们生存的威胁比危险的可能性要大得多。

埃丝特·佩瑞尔㊀(Esther Perel)在书中谈到了这种冲突关系:"从我们出生的那一刻起,我们就跨越了两种相互矛盾的需求:对安全的需求和对自由的需求。它们来自不同的来源,把我们引向不同的方向。"

我们一边渴望自由,一边想方设法得到保护。指出冲突可以帮助我们在关系中为双方腾出空间,但是我们经常为了一方而牺牲另一方,并认为这是一种选择,而不是两者兼而有之。

随着年龄的增长,我们可能会抗拒或坚持认为我们被束缚在了人际关

㊀《纽约时报》畅销书作家,拥有35年婚恋心理咨询的从业经验,被誉为现代亲密关系领域很有影响力和独创性的人之一。——译者注

系和承诺中。当我们选择承诺时，无论是全心全意还是自相矛盾，我们有时都会为失去自由而悲伤。如果我们逃避承诺，如果我们剥夺了亲密关系的乐趣、持续的奉献和有意义的体验，那就和内心真正的自由是不完全一样的。但如果我们过度承诺和过度劳累，我们会感到陷入困境，被义务和责任所摆布。我们憎恨自己曾经的选择，并质疑我们是否曾经真正自由地选择现在感觉受到惩罚和限制的东西。

无论我们做什么或不做什么，未来的经历都是不确定的。承诺常常感觉像是一种限制某种可能性的选择。无论如何，我们的可能性总是有限的，但做出承诺可以激发我们对无限潜力的幻想。

最近有人问我关于承诺和自由的问题，我经常听到各种各样的说法。比如，"我现在不想承诺结婚，但如果这是我最好的机会，而我错过了呢？""如果我离开我的丈夫，几年后我的生活会更好吗？"承诺是一场赌博。违背承诺也是一种赌博。我们不能肯定地知道事情会怎样发展。承诺产生了不确定性，虽然它表面上提供了可预测性的情感安全。我们总是不确定未来的经历会怎样、什么会改变、我们会有什么感觉，尽管我们可以幻想一下这一切。

我们渴望从某些压力中解脱出来，梦想着自由地做我们想做的事。当我们怨恨我们过去的承诺时，我们发现自己在为我们几乎没有意识到拥有但现在却牺牲了的自由而悲伤，也就是潜在的自由。我们可能会反复思考我们本可以做出的选择，或者设想有一天我们会拥有乌托邦式的自由。有时候，我们认为别人应该为我们的自由缺失而负责。

与邻居、店主甚至陌生人自发的偶遇，可能会带来一种解脱的快乐感。有时候，在友谊中缺乏结构化的承诺，会让人感到非常放纵且毫无故事情节。你们见面是因为你们都想见面，而不是因为你们欠了人情。你们没有任何义务，也可以随心所欲、随波逐流，但你们很容易失去联系。承诺可以提醒我们有值得珍视的东西。

最著名的存在主义者西蒙娜·德·波伏瓦（Simone de Beauvoir）和让-保罗·萨特（Jean-Paul Sartre），以一种相当极端、绝对的方式主张爱情中的自由。这个论点非常有说服力。西蒙娜·德·波伏瓦写道："女性被教导，寻找爱情是我们唯一也是最终的命运，而这是不满足的，也是不够的。女性必须努力工作来寻求自由，因为我们低估了自由对我们来说是多么困难和重要的。"她还提到了"谄媚致残"，这个短语恰如其分地描述了在一段关系中任何人都会遭遇的事情。无论我们的性别、民族、性取向、种族、文化、年龄如何，我们都可能被我们的关系所包容，以至于忘记如何获得自由。

爱情的早期会有一种狂热的冒险感——以一种新的方式探索的自由，就像发现别人一样发现自己的自由，让我们疯狂地漫游。但在追求这种自由的过程中，我们往往以某种形式的承诺作为目标。我们做出承诺。随着时间的推移，抵押贷款、合同、婚姻誓言，无论是法律上的还是宗教上的，都未必是清晰彻底地思考自由的意义的完美指南。我们喜欢用具体的方式来锁定爱情。传统上是用戒指，但也会用其他的具体方式，比如巴黎艺术桥上的"爱情挂锁"（数百把挂锁的重量可能会对大桥造成损害，因此市政府会定期派工人拆除）；又如，西班牙语中的 esposas，是个多义词，兼有"妻子"和"手铐"之意。

随着一段关系的成熟，我们可能会开始注意到，我们对亲近和亲密之人的态度不同。关于做出什么样的选择、什么时候做选择、有没有必要做出选择等问题，我们可能会产生分歧意见。关于婚外情、婚姻、开放的关系、民事伙伴关系、避免的关系、迷恋等问题，任何选择（包括不做选择）都可能威胁我们的情感自由。于是，围绕责任和依赖的冲突出现了。我们感觉有人剥夺了我们的时间、选择和潜力，我们感到沮丧，我们居然被意料不到的情况挟持了！

对某些人来说，任何形式的依恋都会让他们觉得是对自由的威胁。关心可能会带来不便,这是对自主性的干扰。如果我们有意识地学习如何在任何关系中考虑到我们对自由的需求,无论多么依赖和承诺,都会有所帮助。如果我们对承诺和自由采取广泛而灵活的态度,无论环境怎样、年龄几何,我们都可以定期更新和调整我们的条件声明。

我的患者莎拉是一名治疗师培训生和自由记者,她从不让自己对感情做出承诺,以此来维护自己的自由。但这样的自由却成了自由本身的牢笼。我们以一种方式解放自己,结果却重构了其他的限制和关卡。

莎拉的面纱

自由发言是患者在心理治疗中的特权之一。我和莎拉见面的时候,她就是这么说的。莎拉是摩洛哥人,在马拉喀什和伦敦长大,今年28岁,独自生活,是一名自由记者。她刚开始接受治疗师资格培训。治疗师对于她属于兼职。

"作为课程的一部分,我必须接受自己的个人治疗,所以,这就是我来这里的原因。"她在第一次治疗中说。

如果莎拉决定接受我的治疗,我孕育第二个孩子的产假将会中断我们的工作,至少暂时是这样。当时,六个月的身孕非常明显。

"预产期是什么时候?"莎拉问道。

我告诉她我的产假的日期。

"如果我们真的一起工作,你还会回来吗?"

"是的,我肯定会回来的。"我说这话的语气有点过于坚定。在生完第二个孩子之后,不管有多困难,我对自己的职业规划都更加有信心了。当我说出口的时候,我意识到我已经无意中说出了一个强烈的观点。我想提供平衡,所以我笨拙地补充说:"我的回岗日期还没有定下来,但我会回来的。我还要在这里待十个星期。所以,跟我说说你的生活吧。"

莎拉看着我，脸上带着平静的微笑。我过度解释的愿望是没有安全感的，我感觉与我不舒服的肿胀状况有关。我几乎不能交叉双腿，我有妊娠糖尿病，必须在两个疗程之间检查血糖，我试图坚持一切。我想要这个孩子，我差点失去这个孩子。我也想继续工作。我在努力确保我不会失去我的岗位。这和莎拉无关，我已经转移话题了。

我们回到焦点话题。她告诉我她的疗程情况，以及那些对她个人产生共鸣的想法。比如，情感解放、冒险、无拘无束。

当她告诉我她正在读的书时，我坐立不安、心神不宁。我挣扎着坐着不动，但莎拉和我目光相遇。她似乎没有被这种尴尬所吓倒。治疗师培训生可能是具有挑战性且报酬不菲的患者，他们有时会抗拒，感觉都在被迫接受治疗，并担心暴露。我想知道，莎拉是在评判我还是在展示她要好好学习的决心。

我们谈到了莎拉想成为一名治疗师的愿望，以及该愿望与新闻和言论自由之间的联系。她说话深思熟虑，用沉思与从容的方式表达自己。她热情开朗，举止有点儿认真。

"我的疗程要求您填一张表。这样可以吗？这是要求之一。"她问。

"当然可以。我注意到你一直说心理治疗是必须的。你觉得待在这里怎么样？"我也问。

"嗯，好问题。"她说，吸了一口气，思考着自己要说的话。"事实是，我以前从来没有接受过心理治疗，所以这给了我一个借口，在某种程度上证明这笔费用是合理的，因为这是我职业发展的一部分。感觉不那么放纵了。但我不喜欢被强迫的感觉。我要自己做选择。"

她会稍微抬高声调，轻轻地抛出陈述的结尾，听起来像在问问题。她对自由和承诺的矛盾心理开始显现。一方面，她觉得有规则和指导更安全，把责任推给权威；另一方面，她反抗，拒绝别人告诉她该做什么。她告诉我她的职业选择，她希望继续前进，过自己的生活，不被男人或母亲束缚。她说，"安定下来"是一个沉闷的表达方式，她一定会避免这么做。她不想和任何人绑在一起。她相信开放的关系，但她不是多角恋（她说："多角恋有太多的规则和一整套的信仰。"）。她双手交叉放在膝盖上。她的轮廓清晰：一半是优雅，一半是力量。

我说，希望她能从治疗中解脱出来，甚至这是必须的。在这层意义上，她可以自由发言，不受审查，不受限制。然后我指出，她也可以自由选择她的治疗师。为什么是我呢？

她说："有几件事吸引了我。比如，方便。我住的地方离这里不到十分钟的路程。就是这样。还有，听说你在塞内加尔工作过。我想你会对伊斯兰文化持开放态度。"她的声音里透着自信，脸上带着犹豫。"我不再信教了。但我曾经是一名信徒。"她感到在各种文化和信仰之间进退两难，"还有，我给你发电子邮件预约的时候，你说你要去休产假。虽然你没有说是什么时候，但我知道，如果我们一起工作，疗程会有一次中断。我喜欢那样。连续的长期疗程让我抓狂。"

我们谈论了在治疗中感受自由和不被评判的重要性。

"我希望你不要像伊斯兰治疗师那样评判我。在我的家乡，如果你能了解一点民俗的话，会很有用的。"

我不让自己表现出对她的背景有任何特殊的了解。我克制住自己不要太努力。

"我的背景对我来说并不重要。我想随心所欲地讨论我想讨论的任何话题，即使涉及文化和宗教，我也不希望如此界定，而希望做出我自己的选择。"

"这可以理解，"我说。

"我想我是交叉性的。交叉性，你经常听到这个词吗？"莎拉问道。

"听说过，"我说，"你觉得怎么样？"

"这个词对我很适合，但它是我治疗过程中被滥用最多的词。我如此……作茧自缚。这让我患上了幽闭恐惧症。我身边的每个人都很小心。在小组讨论中，组员们也会小心翼翼。他们规避一切与种族、民族和边缘群体有关的话题。他们和我说话的时候非常关心和体贴，这让我很尴尬。"

我问她那种尴尬的感觉是怎样的。

"我就像一个小女孩。我就是那个装样子的穆斯林女孩。尽管我并不虔诚。我想成为一名心理治疗师，这样我就可以帮助人们谈论困难的话题。那是你不能在其他地方谈论的事情。我以为心理治疗会很大胆，让一群坏蛋毫无顾忌地说话。我不想让心理治疗既要安全又要小心。我选择这门课是因为它看起来有趣和大胆。我想象着具有挑衅性的、公开的讨论，想象着有点儿令人兴奋。那里挤满了过分谨慎且超级体贴的人。小组里没有人对我说过任何有争议的话。太没有特色了。"

她曾幻想过心理治疗培训带给她的自由。她觉得，这门课程为她除掉了讨论的心理关卡问题。

"在我对这种培训有更好的了解之前，我不会承诺明年的培训，"她说，"但在你休产假之前，我会一直致力于我们的工作。我觉得这样做很自由。"

我问她，在这种情况下，自由对她意味着什么？她会如何定义自由？

"我想，我只是做自己。我感觉我可以完全做自己，你懂的。"她告诉我，她倡导的政治权利、新闻自由和摩洛哥的妇女问题。她描述了自己的写作任务，以及因为没有被束缚而可能发生的冒险。表面上，她主张自由。实际上，她的内心在飞翔。

她描述说，母亲去世时她还是个懵懂少女，却要离开摩洛哥了。"这就像你从牛油果中取出牛油果核一样。没有果核，剩下的果肉就要腐烂。妈妈一走，我的爸爸，我的哥哥弟弟们，都与我失去了联系。没有妈妈，我需要离开摩洛哥。我不能待在那儿。"

莎拉搬到了伦敦，和她的阿姨及表姐住在伦敦西部。她陷入了一群粗鲁的人之中，但操行良好。从青春期开始，她开始戴头巾，但从来没有戴过完整的头巾。"奇怪的是，我比我的家人更虔诚。我家其他人都不戴头巾，但我想戴。"从她十四岁起，只要戴着头巾，她就会表现得很好，但偶尔也会屈服于诱惑和压力。"我会把头巾摘下来。"她说着，眼睛瞪得更大了。

"然后呢？"

"然后……实际上，我啥事儿都干。我会在陌生人的床上醒来，在夜车上醒来，在很多疯狂的地方醒来。有一次我在伦敦郊外的一片田野里醒来。我还曾在荒无人烟的地方醒来。我不记得我是怎么到那里的，也不记得那晚的事。我很幸运，我没有死在沟里……"

她描述了出门时戴头巾的情景。

"我当时是安全的。好像什么坏事都不会发生在我身上。操行良好。没有瞎混的时间。没有酗酒。什么事儿都没有！永远没有！绝对没有！当我戴着头巾的时候，我永远不会做坏事。这……甚至感觉都不可能。"

头巾在某种程度上保护了她自己，也保护了她免受外界力量的伤害。我问她戴头巾的时间安排和她母亲去世的时间。它是一种过渡性的物品吗？这是她拥有却又拒绝母性外衣的一种方式吗？

"巧合，"莎拉说，"可我知道你会这么说。也许它给人一种权威的感觉。有点母性的感觉。但我也不喜欢一直戴着它，所以我会把它摘下来。只是断断续续的，有时戴有时不戴，但不分昼夜。"

头巾决定了一次分裂，导致了一个分裂的身份。

"你现在没有戴头巾。"我评论道。"我们来做个交易，"我补充说，"我不想像你的疗程中的人那样，在说话的时候对自己进行美化或过度修饰。但我可能会出错。如果我说错了什么，或者说了不符合文化的东西，你会告诉我吗？我被你说的想要'不受审查'的话打动了。"

"当然,"她说,"我希望我们俩都能畅所欲言。如果你想帮我做我自己,你就得做你自己。我需要做我自己。我想这就是我来这里的真正原因。当我得到第一份记者工作时,我就完全不戴头巾了。杂志社的其他女孩都是直发,大家的头上都不戴东西。短裙,性感的美腿,化妆。这些就够了。有一天早上我把头巾取下来,放在抽屉里,再也没有戴上。就是这样。"

我们探索了她不再戴任何形式的头巾是什么感觉。让我有些惊讶的是,她描述了在追求她认为会让她自由的东西时失去的解脱感。"我拒绝了很多关于我成长过程的东西。我不像我的母亲那样对待女性,我的父亲和阿姨们现在仍有这样的态度。但戴头巾保护了我的自由。这让我不被物化。有很多关于头巾的限制性和压迫性的东西,还有你读到的学校里的所有争议。但我……很纠结。我曾经写过,一般来说,面纱是如何让人感到受庇护和受保护的,在某种程度上,也是一种解放。它们使我们免受伤害。我个人喜欢把我的脏头发藏在头巾下面。同时,面纱也阻止了我做傻事。"

她停顿了一下,看上去若有所思。"但是,当我十几岁就摘下头巾的时候,我觉得这是一种自由,但以一种可怕的方式进行。那些情况,我一半都不记得了。这一切就像一团模糊的阴影。真的不太好。"

她从受限的遏制中解放出来,获得无限的自由,这使她不知所措,感觉自己处于危险之中。"那么,你觉得,你彻底不戴头巾,是自愿脱下,还是出于某种压力?"我问。

"我们总是压力重重。告诉我,这个星球上还有谁没有压力呢?即使这种压力是为了找乐子,那也是压力呀。"

"你觉得有什么压力?"

"我感到自由的压力。对我来说,坚持独立是非常重要的。我不能放弃。这是来之不易的。但这意味着我不能关心任何人或任何事。我不能。

如果我在乎，我就会失去自由。"

我仔细考虑她的评论：*如果我在乎，我就会失去自由。*

她是不是因为在乎她的母亲却也失去了她的母亲？

"是的，"她说，"我在乎我的母亲，但还是失去了她。别再这样了。"

"你关心你自己吗？"我问。

"嗯，不确定。"她说。

我们花几分钟来讨论关心或不关心的问题，以及"超然"是不是一种自由的选择和一种释放的感觉。她的状况似乎和她失去母亲有关。避免亲密和亲近的脆弱感可能会在某些方面保护她的自由，但这不会限制她全身心投入的自由吗？她不愿做出承诺似乎也与来自她母亲的遗弃感有关。母性承诺和母性关怀的成本太高了。她说，"别再这样了。"

"我相信自己。我只对自己的人生负责，仅此而已。我不需要照顾别人，也不需要依恋别人。如果我是一名心理治疗师，我会观察别人，但我不需要过度参与。我想从房间的另一头观察。我不需要再靠近了。"她反复强调她不需要的一切。

在第一次治疗结束时，我们达成了一致意见。我重申，我们很快就会被我即将到来的产假打断。她说我们协议的有限条款更适合她。

在我们一起工作的过程中，莎拉经常谈论有关规则的事情，比如文化规则、宗教规则、习俗和要求。当我们探索自我表露的意义，以及她是否愿意与她的培训小组谈论她内心深处的脆弱时，心理治疗的规则也成为焦点。"他们认为他们了解我，因为我给了他们一些转移注意力的文化创伤。但我给他们的并不是真正的亲密。"

她描述了相互竞争的压力和诱惑，以及她是如何寻找漏洞和方法来调和冲突的。她有不同的方式去反抗和顺应她内心的权威意识。她竟然篡改了规则。

在一次治疗开始时，莎拉来了，看上去很烦躁、很紧张。

她说："我遇到了这个家伙，我觉得我喜欢他。我真的很喜欢他。"

"噢！然后呢？你觉得怎么样？我以前从没听你说过喜欢一个人？"

"那是因为我还没有。我已经被自己的感觉弄得畸形了。这种体验太强烈了。"

她似乎因为喜欢他而感到无所适从，好像她的整个身体系统都失衡了。

"我想，我们都选择了限制自己，"莎拉指着我的肚子说，"难道你不觉得，你的宝宝被困在你的身体里很无聊吗？他一定是想逃出去。"

我从来没想过。我以为宝宝在子宫里就满足了。我请她就她自己的问题多说几句。

她说："我为孩子如此依赖他人感到难过。对你也一样。你要指望孩子没事。看到了吗？关心会搅乱自由。"

她说得对，我们在乎的东西越多，我们失去的东西也就越多。我们很容易受到影响，不仅是对我们自己，也对我们所爱的人。她坚持不让自己操心，因为操心让她很难感到无忧无虑。

莎拉在乎的是心理治疗还是她自己？她可能会经历另一种形式的失去，通过装酷，让她的世界变得更冷酷，但这是一个关于她如何面对失去母亲的故事。我们依恋于自己应对创伤的故事。我们珍惜那些帮助我们熬过痛苦的东西。我们认为，我们能从可怕的经历中幸存下来，是因为我们创造了荣耀的故事。莎拉在应对母亲去世的过程中所获得的荣耀可能是她对自由和独立的追求。所以，任何挑战这个故事的尝试，都貌似对帮助她度过煎熬的时刻构成了威胁。

几周后，我的身体膨胀得更大了。不得不承认，在我难以驾驭的妊娠晚期，我确实被不适的感觉包围。虽然我不觉得宝宝想要逃离我的身体，但我还是希望自己的身体不适可以得到一点缓解。

莎拉感到来自不同方向的各种压力。她喜欢的男人是摩洛哥人，一点宗教信仰都没有。但她突然想念那条头巾了。她怀念以前设置心理关卡时的那种轻松感和清晰感。

她说："我怀念那种被保护和简单的感觉。"我问她现在怎么保护自己。我感觉那是不可能的事。

她说："我……嗯……我有点被困住了。"她避免目光接触。

她经常描述陷阱和限制。但这次感觉不同。

"我怀孕了，我不知道自己要不要留下这个孩子。"莎拉直截了当地说。

我对她的消息一时感到惊讶。我们观察相互冲突的渴望——保留孩子或终止妊娠的意义。她问我，在我快要生孩子的时候，听到她考虑要不要孩子，我是不是觉得很奇怪。我说这对我来说并不奇怪。那她呢，看到我怀孕，同时又在考虑自己怀孕该怎么办？

"很奇怪，不过没关系。"她说。莎拉在大多数的依恋和承诺中看到了陷阱和围场。她告诉我，保护她的独立性对她来说最重要。她努力工作才得到自由。她不想放弃。她这样评价自己："我四处闲逛，但我不需要把自己过多地投入到一件事上。我可以继续往前走。"

面对身为人母的承诺、义务和无尽的责任，以及失去独立性，她退缩了。她似乎不想要孩子，至少现在不想。莎拉说她喜欢这个男人，但她不想说出来。她还没将自己怀孕的事告诉他，也许以后也不会告诉他。她还没准备好应付他的反应。她交叉双臂说，她已经撑不住了。她被自己鲁莽的行为所困扰。她没有保护好自己，现在她必须处理这种情况。她需要决定该怎么做。她说选择是显而易见的，并且只能由她来做。那是她珍视的部分，也是她憎恨的部分。她感到做出决定的责任重大。

第六章 自 由

"我可不在乎那么多。我不需要在乎,"她说,"我需要摆脱自我。"

接下来的一个星期,莎拉就不来参加我们的心理治疗了。

我给她发电子邮件、打电话,从没收到回复。

她跟我玩消失。

她来去自由。

发现自由

有一次,为了一个播客节目,我采访了曾在狱中服刑 20 年的记者欧文·詹姆斯(Irwin James),讲述监狱如何塑造了他的人生。他描述了这种释放的感觉:"那是一个阳光明媚的八月天,我可以向左走,也可以向右走。"左右选择的自由意味着一切。但是自由本身也是可怕的。我们有犯错误和陷入危险的自由。我们真正有希望的是,我们可以自由地理解自己的限制和局限,思考边界感,探索是什么吸引我们去建造那些约束自由的牢笼。

我们中的一些人被自由的概念所陶醉,但是,当我们强烈地依恋生活中的任何东西时,我们就不可能完全自由。将我们束缚在一起的不仅仅是责任和承诺的要求,还有这样一个事实:当我们依恋任何事物,包括生活本身时,我们就会失去一些东西。事情可能会出错,我们很容易受到伤害。关心会增加我们生活的价值和意义,但也会让我们付出代价(不关心也会让我们付出代价)。

法国哲学家萨特⊖曾说:"自由就是我们如何对待别人对我们做的事。"

⊖ 让-保罗·萨特,著名法国哲学家、作家、剧作家、小说家、政治活动家,存在主义哲学大师及第二次世界大战后存在主义思潮的领军人物。在战后的历次斗争中,他都站在正义的一边,对各种被剥夺权利者表示同情,是战后法国知识界的一面旗帜。——译者注

无论以何种形式，我们都想要自由，这通常是一场斗争。我们感觉受到规则、家庭、宗教、文化压力和时限的约束。任何一种关系都可以解放我们，也可以践踏我们。有时我们如此彻底地反抗，以至于我们以另一种方式（只是反抗和做相反的事）被囚禁起来。有句谚语说，当涉及社会规则时，你可以顺从、反抗或自由地生活。

自由的部分问题在于我们内心的不信任。我们以惊人的方式寻求和抵抗自由和安全。当我们在心理上被内化的权威所束缚时，我们可以欺骗自己，让自己认为自己在做喜欢做的事。我们可能在一定程度上想要独立，但我们又回到了那种被告知该做什么的熟悉状态。此外，我们还怀疑自己。

人本主义心理学家艾里希·弗洛姆（Erich Fromm）抓住了这种紧张关系："除了对自由的天生渴望之外，难道就没有一种对服从的本能愿望吗？如果没有，我们如何解释服从领导对今天这么多人的吸引力呢？人们总是服从于一个公开的权威，还是也服从于责任或良心等内化的权威，服从于内在的强迫或公众舆论等匿名的权威？"

即使我们生活在一个所谓的自由世界里，在那里我们可以做我们想做的事情，做我们自己的选择，我们也很少感到完全的自由，这往往是因为我们头脑中的声音在评判我们。正如神经学家克里斯托夫·科赫（Christof Koch）所说："自由永远是一个程度的问题，而不是我们拥有或不拥有的绝对好处。"

情感自由的意识提醒我们注意机遇。一定程度的内在自由几乎总是存在的。问题是，我们没有接受过追求"健康剂量的自由"的相关教育，而"自由"这味解药的含义和定义是令人困惑的。艾德里安娜·里奇（Adrienne Rich）说："在从自由主义政治中绑架来的词汇中，没有一个词比自由更受欢迎了。"

如果我们过于轻易地放弃和牺牲我们的自由，在以后后悔的时候，我们可能会抓狂。我们会发现自己在工作或人际关系中表现得像个小绵羊，成为**人云亦云者**，然后我们可能会惊慌失措，开始逃避，而没有意识到这就是我们在做的事情。秘密消费、婚外情、酗酒、沉溺于不健康的习惯，甚至是不停地看手机的冲动，这些都可能是我们渴望逃离当前环境的迹象。对各种形式的自由的自觉意识可以帮助我们优先考虑"自由解药"的适度剂量。

你所认为的自由可能和其他人所认为的自由不一样。考虑各种各样的自由，请不断地问自己想要什么样的自由。我们20岁时想要的自由并不一定和60岁时所拥有的自由一样（尽管我们可能会幻想）。更新和修正你获得自由的机会。调整你承诺的条款和条件，腾出空间。在如何获得自由方面也要灵活和富有想象力。有时它只是瞥了一眼蓝天。有时，生活的自由令人眼花缭乱。请挖掘你自己的优势。

07 第七章 创 造

在我11岁的时候,我的老师给全班布置了一份不同寻常的家庭作业。他让我们那天晚上留出30分钟想象一些事情,任何事情都可以。班上的一个女孩就这份作业向他提出了许多焦虑的问题,希望他能澄清、指点和指导。但他拒绝透露更多细节,只是说这个练习的目的是让她走神。这不是为了取得好成绩。不会给她打分。她越来越心烦意乱。作为一个"全A"优等生,她想把事情做好。她只是不理解这个练习。最后她哭了起来。

"告诉我该怎么做!"她哭了。

当我几年前遇到她的时候,我们回顾了那段经历,她说,他是唯一邀请她发挥创造力的老师。

在童年以后的日常生活中,社会并没有真正培养出人们的创造精神。给孩子们提供艺术材料,或者邀请他们写故事、唱歌、跳舞,是很平常的事,而不需要考虑追求完美。想象、玩耍都是孩子们的事情。孩子们被告知要"玩耍"。玩耍对学习至关重要,但很少有人指导成年人这样做。玩耍和创造都包含有想象力和冲动的行为,这是一种弥补、发明、跳跃思维和放弃确定性的意愿。在玩耍和游戏中,即使有一些规则和指导方针,但仍然存在神秘和发现，以及犯错、改变路线、不知道接下来会发生什么的可能性。童年过后，许多人觉得没有足够的安全感来"沉迷于"创造和玩耍。

如果我们扩展我们的创造力以及它对我们生活的意义，我们就可以用无数种方式为我们的日常体验增添质感和细微差别。你可以很调皮，允许自己想象那些完全超出自己经验范围的事情，允许自己参与愚蠢的事情，或者陶醉于日常工作的乐趣，比如做饭或者做家务，这些都是你给自己的新的机会。更全面地投入创造力的第一步是选择有意识的创造性，自己界定自己认定的创造力，并认识到有机会采取创造性的方法翻新熟悉的东西，用诗人埃兹拉·庞德（Ezra Pound）的话说，"让它焕然一新"。

经常有人问我，为什么人们很难改变，心理治疗有什么帮助。我们都被困住了。创造力和嬉闹可以让我们走出泥潭。它需要勇气、不确定性，以及真诚地接受新的想法、感受和经历，甚至是惊吓。也许最重要的是，创造力的标志是灵活性。如果我们不自信且没有安全感，新的创造性策略会让我们感到有风险。我们会执着于熟悉感并依赖于确定性的幻觉。

诗人 W. H. 奥登（W. H. Auden）在《焦虑的时代》（*The Age of Anxiety*）中写道："我们宁愿被毁，也不愿被改变。"他的话打动了我们中的一部分人，我们甚至在迫切需要改变的时候，也会为了改变而牺牲自己。完美主义只能储存秘密的一天幻想。我们感觉被堵住了。要么是心塞，要么是环境阻碍。我们坚持那些确实失败了的东西。生产力很容易就能填补创造力和玩乐的空间，尤其是当我们感觉不到鼓舞或兴奋的时候。我们完成任务，痴迷于社会对进步和成长的定义。人生的休眠期也是有价值的。我认识一位作家，她把自己不积极创作的时间称为"轮作"。

心理治疗本身就是一种创造性的合作。我们把自己与他人的世界协调起来，同时也密切关注自己的反应。我们倾听细微的音符，建立联系，提供见解和好奇心，邀请彼此反思和联想。我们使用隐喻，观察象征意义，从广阔的视角辨别更大的主题,并用变焦镜头聚焦探索细节。在某些方面,这是一种非常特殊的努力。每一段关系都是独一无二的。两个人走到一起,创造出独一无二的东西。

我们事先编好故事,讲述故事,然后带着对故事的相同理解离开,这不是一个创造性的过程。"创造"就是我们讲述或复述一个故事,发现一些东西,听到一个隐藏的音符,无论其大小。"创造"就是我们看到一个主题或模式、一个角度、一种联系、一种感觉、一个想法,甚至可能是一些神秘的东西。

我们以新的方式看待和体验世界,就可以在现有的生活中变得有趣和富有创造力。有时当我们害怕玩耍时,我们的身体就会有创造力。在我给萝茜(一个挣扎于性爱的年轻女性)的治疗中,她的身体在表达她的亲密障碍时极富象征意义。萝茜想要创造新的生命,这意味着一些不同于我俩预期的事情。我们需要足够的安全,这样我们才能冒险和发现新事物。于是,亚里士多德的**莱斯比亚尺**的灵活性浮现在我的脑海中——根据经验的细节进行篡改和调整。萝茜对玩耍和顽皮的抗拒,是我们合作的核心。

萝茜的抱怨

我一见到萝茜就觉得她很死板。她说话非常精确,她待在房间里的简单方式立刻引起了我的兴趣。她一动不动地坐着,摆出一副僵硬、不变形的直立姿势。她的手臂从不移动,她的手掌朝上且笨拙地放在膝盖上。她的固执使我不安。

她说:"显然我的身体没有任何问题。"萝茜是一名20岁出头的行政助理,结婚一年了,但还没有圆房。她想怀孕,但每次尝试做爱,她都会紧张起来,结果什么都发生不了。她被诊断为**阴道痉挛**,这是一种阴道肌肉收紧的症状。用小说家艾德娜·奥布莱恩(Edna O'Brien)的话来说:

"身体和大脑一样,都包含着人生故事。"我很想知道萝茜的身体在表达什么。

萝茜的推荐信来自一位私人妇科医生,我曾在一次医院筹款活动上见过他。我很感谢他的推荐,而且我对阴道痉挛这个病特别感兴趣,这是亲密关系中最基本的紧张关系的绝妙比喻。我们的内心会有"关门送客"的时候,或者当我们进入别人内心,也会有被拒以"慢走不送"的时候。

所有的人,无论性别或年龄,都可以寻求和抵制与身体、心灵、他人和空间之间的亲密关系。性方面的困难象征着我们交往方式的一个不可思议的全景,说明了我们设置的阻止我们接受和给予的障碍。

我在见到萝茜之前就准备好了,我已经带着好奇心开始忙碌了。我的开场白是策略性的。我知道我得慢慢来。慢慢开始,慢慢进展。就连我脑子里的文字都有着象征意义。

我让萝茜告诉我关于她自己的事情,比如她的婚姻、她的成长经历、她对性的感受,以及她接受这个诊断结果的内心挣扎。我觉得,如果我能了解她、了解她的生活,就会有帮助。

"嗯,好吧,"她盯着我说,"医生给了我在家里用的阴道扩张器,我的健康保险余额允许我在你这里治疗6个疗程。如果我一边用扩张器,一边接受心理治疗,就能解决问题吗?"她问道。

"心理治疗并不完全是为了修复。"我一边说一边听到自己深吸一口气,然后再次投入谈话。我们得先理解,然后才能解决问题。"阴道痉挛是很容易治疗的,交谈确实有帮助。"当这些话从我嘴里说出口时,我已经对自己的声音感到厌烦了。我说的这些话听起来平淡无奇,就像药物说明书上的免责声明。我第一次尝试接触她的体验,既乏味又勉强。我们的交谈一开始就没什么活力。

她问这个问题是否常见,以及是怎么回事。我告诉她每个人的故事都不一样。

"恐慌中的阴道"是其中一种描述。人们可以恐慌，在沉默中煎熬，感到羞愧、尴尬和沮丧，不知道去哪里求助。这个问题在不同的宗教、文化、教育水平和年龄层都存在。它可能"昙花一现"，也可能反复出现。

我很高兴她能在这里寻求帮助，这已经是一个令人鼓舞的开始。性心理问题可能会在某种介于医学、治疗和人际关系之间的空隙中迷失。不知道要去哪里、要干什么、要和谁去，以及如何把事情拼凑在一起，当涉及性困难时，这些可能同时含有其字面意义和比喻义。

我们还没有讨论任何针对萝茜的私人问题。我问她想从心理治疗中得到什么。"为了创造新的生活，"她说，"我为结婚而攒钱。我的丈夫迈克尔也是。我们是在教堂里认识的。我们计划结婚、组建家庭，但都没实现。我快23岁了。我以为我现在已经有孩子了。"她似乎下定决心要坚持自己的计划。她有一种挑剔的品质，使她看起来像一个小女孩，同时又像一个老妇人。她给人的印象是比大多数22岁的年轻人更天真、更缺乏经验，但也更懂事、更成熟。

她又小又瘦，但整洁且做事有条理，很有吸引力。她有一双蓝灰色的大眼睛，深色的头发梳成两条辫子，五官精致而尖锐。她讲话断断续续。虽然她的话很客气，但她看起来好斗且恼怒。她没有说什么来证实这一点，但我觉得她有一种韧性，甚至可以用僵硬来形容。她在抵挡什么？

萝茜在一个虔诚的基督教家庭长大，她的父母都是传教士。她的父亲是一位福音派牧师，他们经常搬家。萝茜童年的部分时间是在德国、肯尼亚及法国北部、布莱顿度过的。当我问她是否有兄弟姐妹时，她说她是老大，但她不知道如何计算，因为家庭成员中还有寄养儿童和非血缘亲属。

"在我们家，我们接纳了所有人。"她说，"我们一直都很欢迎他们。我们没有区分谁是真正的亲戚。"她用西班牙语说了句"我家就是你家"，然后转为英语："无论我们在哪里，都会有人来和我们一起生活。有些人会待上几个星期，但有些人会待上几年。作为传教士，人越多，就越能吸引更多人加入进来。"

"从一个地方搬到另一个地方,家里一直有这么多人,你觉得怎么样?"我问。

"工作量很大。真是一团糟。永无止境的洗衣循环。但事实就是如此。作为长女,我被任命为负责人,不断地打扫卫生,照顾每个人。我记录家庭作业、家务、杂活、吃饭、日程安排。没完没了。我做了大部分整理东西的苦差事,但是到处都是人和事,总是这样。"

模糊不清的差异很快成为她成长过程中的一个主题。她接触了许多规则和责任,但它们缺乏明确的界限。成年人的外表和言行很招眼(萝茜的父亲)或像个孩子(萝茜的母亲)。孩子们更像父母(比如,萝茜像个长辈),而其他的孩子,有些没有血缘关系,都变成了兄弟姐妹。陌生人变成了家人,而家人可能会消失。她童年的风景就像情感的流沙,不知道谁来谁去、往上爬还是往下滑、什么可以持续稳定。她没有一个安全的基地,也没有一个稳固的立足点。萝茜的坚强和头脑清醒令人钦佩,但这是她的生存防御策略,这是有代价的。

用萝茜的话说:"我们也有房客。他们来自世界各地,我看到一个新来的人坐在厨房的桌子旁。我会看过去,然后想,哦,那个人可能会在这里待一段时间。因为父亲在教会的角色,无论我们身在何处,我们的家中和心中都有了一席之地。我们很幸运有足够的钱来回馈社会。"

萝茜说的一些话貌似直接继承了"鹦鹉学舌"的官方路线,而其他的观察似乎更像她自己的看法。举一个例子,她突然蹦出这样的想法:"有人会突然出现。就像在梦里一样。你不会质疑为什么有人在那里,或者为什么有人突然消失,或者发生了什么。事情就是这样。"

她从细节开始讲述,比如不知道哪支牙刷是谁的。然后她描述了她母亲的酗酒问题:她总是到处乱跑,醉醺醺地醒来,然后去找陌生人倾诉,讲她自己都不想听的故事。萝茜从记事起就像大人一样抚养自己的母亲了。她形容她的母亲是一个邋遢的酒鬼，总是啜泣或大笑，懒散而夸张。

萝茜本人似乎恰恰相反，她既不懒散又不夸张。她僵硬的举止和谨慎的声音似乎说明了她对母亲的反应。

"至于我的父亲，我相信他。"她说。

她在座位上稍稍挪动了一下身子，面色沉了下来。

"他很严厉，但很公正。是他教会了我道德。他不像妈妈那样经常在我身边，只是因为他总是不知疲倦地为社区服务，但每当我们在一起的时候，我都会听从他的指导。现在也是。我一直照他说的做。除了一次，但只有一次。除此之外，我一直都是个虔诚的基督徒。"

萝茜10岁那年，有一个房客爬到她的床上，躺在她的旁边。他做的事吓坏了萝茜，当她向我描述这段痛苦的经历时，她依然无动于衷。萝茜没有告诉她妈妈发生了什么。"毫无意义。我知道她会想办法扭转局面，我最终还是得确保她没事。"

但事发几周后，她告诉了她的父亲。她觉得她必须这么做。他以愤怒回应。房客那时已经走了。他们再也没提过那件事。萝茜因为没有遵守他的道德底线而感到极大的羞愧和内疚。他总是说，如果你触摸一朵玫瑰，它就会失去光泽。"他知道我会是一朵美丽的花，就给我取名'萝茜'，英语中的'玫瑰'之意，但他告诉我要为婚姻'保鲜'自己，我照做了。除了那一次，我从不越界。"

我很难过，她认为这次侵犯是她越界的一个时刻。她对被触碰的厌恶是否与她对失去光泽的矛盾信念有关？

萝茜近年来与她的母亲保持距离，当他们说话时，她的母亲咆哮和哭泣，她通常后悔接了这个电话。她喜欢接她父亲的电话。"但是自从我结婚以后，爸爸和我说话就少了。迈克尔现在就是我的家人。"

在她现在的生活中，她表现出对秩序和清洁、规则、界限的强烈需求。她从来没有被完全允许做一个孩子。一个可以探索、做梦、玩耍的孩子，一个可以把家里搞成一团糟的孩子！无论是情感上还是身体上，她都没有得到保护，没有得到安全的照顾。

她又告诉我她所做的事，好像她必须捍卫自己的正直。"我成绩很好，学习圣经，照顾孩子，做家务，从来没有惹过麻烦。就那一次，仅此而已。"

我插话说，她和那个男人之间的事不是她的错，不管她怎么想，不管细节如何，她都在责怪自己。我的意思很明显，但我几乎说不出来。但是，当涉及性创伤的时候，那些没有说出口的话往往需要说出来。我不觉得我的话能打动她，也不觉得她会相信我。她对我没有反应，如果她还没有准备好，我不想强迫她重新审视这个意义重大的事件。她在犹豫不决。

她似乎很欣赏和保护她的父亲。他容忍她的母亲，忍受她的混乱。"父亲总是说我的母亲像个巴洛克艺术家。他很会说话。"

"我看得出你有他那样的语言天赋。"我说。

"我父亲的语言表达方式，是他成为一位魅力四射的牧师的原因。而且他很理智。他是个谦逊的领袖。他帮助了很多人。"

我觉得她没有接受我对她的回应，她需要我觉得她会像她父亲那样伟大。这可能促成了她在聚光灯下的不适。

她的家人问上帝什么时候会帮她创造新的生命。"我们都在祈祷，"然后她补充道，"很讽刺，对吧？"

她的一些见解和观察是敏锐和大胆的，即使她在其他时刻处于极端防御的状态。

她一直是一个孝顺的女儿，但她的角色听起来像个主妇，做着看不见的家务活，没完没了地替别人打扫卫生。她承担了妻子和母亲的角色，是个好客的看护者。但她的阴道拒绝这种成长。"阴道"这个词的词源来自"剑鞘"或"枪套"，意思是"遮盖""保护"。我想她的阴道痉挛在某种程度上帮助她得到保护，但也阻碍了她的亲密行为。

"这种情况,是我的问题,不在我们的计划之内。"她说着,她的嘴噘起。

我问她对改变计划有何感想。

"我和迈克尔总是坚持我们的计划。我们是顺从的好人。他在保险业工作很努力,是个风险分析师。只是性方面的问题……这就是我要解决的问题。"当我问及其他形式的亲密行为,比如接触、亲吻、拥抱、抚摸时,她说她不喜欢被抚摸。并不是说这很痛苦,而是很恼人。"就像蚊子一样,"她说,"自从我们住在肯尼亚以来,我总是觉得有人碰我,就像我们周围的蚊子一样烦人。我们的床上有蚊帐,我希望当我必须和别人在一起的时候,我的身上也能有一顶蚊帐。"

当我听到这些评论时,我感觉自己像是无意中发现了黄金。我的脸可能表现出来了。

她说:"我是一朵闭合的花,辜负了我的名字。也许爸爸是对的,从那一次起我就失去了光泽。我是一朵不能开花的玫瑰。"

她是一朵不能开花的玫瑰,还是一朵不想开花的玫瑰呢?我想知道。

她形容迈克尔"敷衍了事"。当我问她这是什么意思时,她解释说他总是很快结束他们的亲密时光。"他在各个方面都很有效率。"比如,金钱、食品采购、家庭琐事,显然还有性方面的问题。

他们是如何交流的,他们是否谈论性,他们在情感上是否亲密?"我们谈过我来这里的事,他知道我在接受治疗。如果你问的是这个意思,是的,我们很亲近。"

我觉得我提出的问题有点笨拙。我无法表达自己的创意。我是否经历过她所感受到的任何尴尬和私我意识,以及在讨论"性"、思考"性"、以迷人的方式处理"性"时的挣扎?我感兴趣的是她象征性的、富有想象力的语言游戏,以及她面无表情的表达方式。从某些方面来说,她的观察能力是相当出色的,但她对自己会接受的东西很严格。这很难让人感到舒适或好玩。

"我和迈克尔按部就班地把那事儿做完,一切正常。"她说话很机械,报告细节时没有表现出任何情绪。

她的举止、她的叙述,与她混乱的童年形成了鲜明的对比。就好像她在外部缺乏一个安全的基础,这促使她在内心构建了一个坚固而钢铁般的东西。在她的内心世界和外部力量之间,放手、接纳、协商是一种挣扎。她和她丈夫的性关系似乎又一次侵犯了她的空间、她的隐私,因为她从未有过受保护的界限和清晰的分界线。如果她的内心世界(她的阴道)是唯一完全属于她的空间,那么,她会觉得,接受他和生孩子是一种无法承受的威胁。接受我,也会让她感到威胁。

萝茜的行政工作似乎符合她的一些特点。她喜欢整理工作和系统化的工作。这可能很有创意,但这是为她准备的吗?她说,当她的老板和同事不配合时,她会对他们发火。她想要流程清晰,秩序清晰。一加一等于二,一点也不差,仅此而已。这也包括我们的治疗过程。她问我接下来要做什么。

我开始告诉她治疗的过程,包括治疗安排和实际细节,但当我解释治疗的重要且有用的部分是没有固定议程的创意对话时,她感到不安。她怎么可能为此准备和组织自己的想法呢?自发的时刻可能是自由而迷人的,可能会带来实质性的突破。治疗过程中任何一方都不能完全照本宣科。一旦界限建立并到位,就必须有空间去漫游、玩耍和容忍不确定性。如果我们每时每刻都在精心筹划,就会扼杀创造力。当我对她说这些的时候,她看起来很困惑。我想说的是:"让我进入你的世界,把其他的东西都赶出来!"但我没有说出来。

我试着把重点从她的计划转移到她的感受上。她对性和生育有什么看法?她很难完全解释自己为什么想要怀孕。萝茜马上回答说:"生孩子是人类要做的事情。我们现在结婚了。这么做是明智的、合情合理的。"她垂下眼睛看着我，一副不赞成的样子。

"我想要个孩子是有道理的，"她补充说，"我结婚了，这是我的下一步。"

我点点头，但什么也没说。我想起我在十几岁时喜欢并反复引用的毕加索的一句名言："创造力的主要敌人是良好的判断力。"她是否有足够的、理智的、合情合理的空间发挥她的创造力？我想给她考虑的空间。

"你觉得要个孩子怎么样？"我问。

"我不太明白你的意思，"她说，"想要个孩子，并不是什么稀罕事儿。"

"想要个孩子并不奇怪，但也不是每个人都想要，这可能会很复杂，会带来各种各样的感受。"我说，"在你的家庭里，对你的兄弟姐妹，对你的母亲，你一直都像个母亲。在这个房间里，你可以看到过去的一切，以及你想从生活中得到的东西。"

"我想要新的生活。"她说。

新的生活在她的心中回荡。她在这里展示了一些内在的和真实的东西。想要"新"就是一种创新。

我是一个苛刻的心理治疗师。我希望心理治疗能激发一些东西，在某种程度上改变生活。用精神治疗专家卡伦·霍妮（Karen Horney）的话说："我们没有理由不去开拓和改变，直到生命的最后一天。"这对每个人的意义都不一样。我不知道我们要去哪里，也不知道如何去那里。萝茜需要灵活的空间，这样我们就可以一起创造东西了。我很难解释这一点。

在最初的几次治疗中，萝茜在某些方面异乎寻常地暴露了自己，但她一直与我保持距离。她在描述事情时没有征求我的意见，也没有展开讨论。她报告事实的时候就好像必须要提交文件一样。她对回顾往事或看待故事都不感兴趣。那她对什么感兴趣呢？

"明智"是萝茜经常使用的一个词。她尽自己最大的努力去计划和编写将要发生的事情,做出明智的选择,为她生命中的每个时刻做准备,包括结婚和做母亲。但是,嬉戏、欲望在哪里?我想知道她的身体在传达什么。我知道这听起来很奇怪,但我很欣赏她的身体拒绝了她的操作方式。这场对峙告诉我们什么?她的身体是不是在试图找回一个小女孩的状态?而她在童年时却没有机会做个小孩子?她的身体是她所经历的侵犯的保护性屏障吗?危险是双向的吗?不仅因为她吸收了什么,还因为她可能释放出什么?她是否怀疑和害怕她的谨慎、她那受到控制的叙述?如果她松开手,会怎么样呢?

在治疗间隙,我注意到了樱花盛开的景象,伦敦的春天如此美丽。新生活无处不在。萝茜用自己的方式表达了一些大胆的想法,但不一定是关于生孩子的。她要创造属于她自己的生活。

在下一个疗程中,萝茜带着沮丧的表情来了。她很有礼貌,但很唐突。我们约定的时间已经过去了一半,但我问她的时候,她还没有和她丈夫发生性关系或做进一步的尝试,也没有采取其他方法。这个问题并没有像我预期的那样让她退缩,但也没有引起她的兴趣。她勤奋地按照"作业要求"尝试了最小的阴道扩张器,结果成功了。她说:"这就像俄罗斯套娃。"

"有趣的比喻。"我说。

"呵呵。"她的话脱口而出,毫无影响。她没有进一步的想法。

"感觉怎么样?"

"很好。"她说。

当我问她到目前为止的治疗历程,以及她对心理治疗的感受时,她重复回答:"很好。"

不多说一个字,也不少说一个字。

这一点都不具有创造性。

"这是你的空间。"我说。

她说:"我想告诉你我这一周的情况。"

我让她继续说下去。

"每个人都是无用的。事情一件接着一件。我会告诉你干洗店的事。"她说着,灰色的大眼睛闪闪发亮。

"继续!"我说。

"这家干洗店向我收取了 12.5 英镑,帮我修补一件夹克。结果,我取回来的时候发现夹克并没有被完全修好。气死我了。"

"天哪,真是令人扼腕!"

她说:"我当时很生气,我把它退回去了,让他们最好解决这个问题。"

我说:"我在想,这是否可能是你对生活其他方面的感受的一种隐喻。"

"哦,不。"她说。

我又一次逼得太紧且太快了。"好吧,我知道了。我只是想知道,你是否有一种模式,觉得事情没有像你希望的那样进行?"我说。

回答依然是否定的。

她还描述了家庭中的其他挫折。她事无巨细地抱怨和发泄。她身材娇小,但她对这一周的抱怨细节填满了她的整个身体。我注意到自己感觉被逼得走投无路,还被忽视了。这是她生活中的感受,还是她让别人的感受?

在我们的下一次治疗中,她又跟我说起了干洗店。她以和前一周相同的方式报道,使用了相同的词汇和细节。

她说:"这太烦人了。"

听起来确实很烦人。"事实上,你上周告诉过我这件事。"我提醒道。我并不总是指出这种重复。重复和复述可以修复和抚慰,并使人们熟悉和接受新的理解方式。但我不觉得萝茜再跟我说干洗店的事会有什么帮助，不会有任何结果。

"你是否认为这或许说明了更大的挫折，也就是为什么这些问题在你脑海中占据如此多的位置？"我问。

她愁眉苦脸。她跟我说了很多人和事：一次送货的意外事故，一个搞砸了她的点单的咖啡师，还有她的墨盒出了点问题；一个插队的人，一个长途巴士司机，还有一个同事在日程安排上犯了错。我想对她的抱怨做点什么。她很有趣、很犀利，我相信，除了我们表面上讨论的，还有其他的东西。

这是我的失误。我继续说治疗性的对话是如何包含不确定性和不知情的因素，但我强调的方法打断了她的话。我需要考虑到惊喜、发现、神秘，要以她的节奏涌现，而不是我的节奏。这些都是必不可少的创意成分。还有灵活性！莱斯比亚尺！我需要让自己适应环境的特殊性，让事情本来的样子呈现出来。

只有在和主管谈话时，我才意识到，我在强迫萝茜发挥创造力方面缺乏创造力，这时工作才开始进展。关于相信患者对谈话素材的选择问题，是有治疗语录可查询的。不要设定议程或控制治疗的进展。然而，我们可以鼓励人们用新的眼光看待事物。我希望心理治疗能改善生活。我不想改变自己的这一部分。所以我们就这样，都拒绝让步。

"我们的屋顶漏水，房东还没有派人来修理。人们可能就是这么无能。"萝茜说。

对于人来说，我认为我属于这一类，我觉得自己很没用。让她的治疗充满了抱怨，充满了委屈，哪里有亲密和乐趣的空间？

我说："在这些无能的人面前，似乎没有什么事情是朝着你期望的方向发展的。"我仍然坚决地试图从她的抱怨中提炼出一个章节的标题。

"很明显，"她说，"房东没能解决这个问题，这真的让我很生气。"

"你在哪里表达你的沮丧？你如何处理你的负面情绪？"我问。

"在这里！"她说。

她说得对。她在做她想做的事。但我很难接受这就足够了。我仍然致力于使空间变得有趣和富有创造性，我正在寻宝，寻找乐趣、恶作剧、玩耍，还有启迪。我就像个侦探，想要破解她的抱怨，看看是不是隐藏渴望的线索。但也许根本就没有什么秘密，这个问题不可能就这么被"解决"。

萝茜似乎不想加快她的治疗进程，无论是在性方面，还是在其他方面，她都磨磨蹭蹭。她处理内心世界和外部世界的模式似乎象征着她关于成长和变化的继续冲突。她表达了想要开始新生活和生个孩子的愿望，但她却让自己保持狭隘的小格局。她可以传达，但不能接受。当我试图篡改她的故事，并溜进她内心深处的某个地方时，她就画个圈圈紧紧围住自己的故事。

我一直试图引导她关注更大的问题，即潜在的感受，但我觉得我好像被她的抱怨所吞没了。在我的脑海中，我给她贴上了我的前主管所说的TAT（愤懑型）的人格标签。TAT代表着对生活负担的怨恨。我们都可以是这种类型的人，通常有一种被忽视的感觉，这是我们抓住挫折和阻碍的一部分原因。我们需要展示我们幸存下来的"生活剪纸"。但还有更多的原因。批评和抱怨比创造东西更容易让人畏惧，我认为她是在避开自己的攻击性。她的抱怨和她的身体抗议说明了这一点。如果我跟她说了这些，她会不会更僵了？

我不知道我对她来说是什么。我是她那个爱管闲事的母亲吗？是她那个教条主义的父亲吗？是另一个入侵者？还是一个无能的服务提供者，比如她的丈夫、干洗店老板、她的同事？她的工作不应该与我有关。但是，治疗关系是关于我们两个人的事情，我不知道，她对我有什么感受。

我想听听她的挣扎。我想和她一起做一顿饭，但她的抱怨就像一小包无味的零食。我们在一起的日子里，她的脾气越来越暴躁。我听她说过家务、洗碗工、碍手碍脚的笨行人、网上购物的敲竹杠、送货上门的事故及许多其他烦人的事情。刺激物在某种程度上是重要的，因为一切物质都是重要的，但对萝茜来说，刺激物是长期的、持续的。

有些东西仍然遥不可及，她和我保持着距离，她不希望我们相处的感情太深。无论她给出的是关于人们讨厌的抽象表述、象征性的见解，还是具体的细节，我都感觉自己被禁止以任何方式去品味这一切。

她仍然没有要求反馈、解释、提供见解等。也许她抱怨的时候是在寻求同意，或者她想要的是分歧？她的心理疾病很危急，但我甚至不知道她的治疗效果如何。在这一点上，我不确定她是否希望她的阴道痉挛得到改善，或者根本不想讨论这个问题。我想帮助她的决心却把她推开了。她的阴道痉挛在我们的关系中起到了隐喻的作用，我们的动态说明了她围绕亲密关系的内在冲突。我感觉受到了限制。她还没让我走进她的世界。当我试着和她谈这件事时，她进一步拒绝了我。但她总是回来，她想从我和心理治疗这里得到些什么？她说："我想坚持下去。""坚持"似乎是这里的关键词。

我不想再这么努力了。我想起她的丈夫在他们性关系上的"敷衍了事"。我想知道是他先出现症状还是她先出现症状的？他们之间有什么联系？我觉得她在"阉割"我的心理治疗，让我变得"**无女子气**"。随你怎么说。当我试图建立什么的时候，她把我打倒。我被困住了。这就像是创造力障碍或生殖障碍。

我当时忽略了一件事，只是在反思中才意识到，她曾表示希望告诉我她这一周的情况。这就是她想要的。当我和主管进一步讨论她时，主管谈到了那些把我们折磨得变形的患者。他们试探我们的底线，挑战我们的极限，用各种方式扰乱我们。萝茜让我觉得自己的样子怪怪的，不好看，总是被人忽略。我觉得和她在一起和与其他患者在一起不一样。

此外，不能弯曲的东西可能会断裂。我不想崩裂。我仍然决心要找出与她合作的有效方法。

在我们的第五个疗程中，我指出这是我们的倒数第二个疗程，因为我们计划有六个疗程。她问我能否延长治疗时间。这是她提出的第一个大胆的要求，偏离了她严谨的风格，我被她表达自己想要的东西打动了。我同意我们可以继续下去，我们协商降低她在第六次治疗后的费用，让她可以负担得起。那时她的医疗保险将不再支付费用。

当我提醒她注意我们的关系时，她仍然会推开我，但她"活在当下"的方式让人感觉就像是"抵赖的挑衅"。

"你戴的是什么？"她在我们的第六次治疗中问道。她注意到我了！我就在这里，我是一个人！我有一个完整的身体！我还没来得及回答，她就补充道："看起来像是有人割了你的脖子。"现在我麻木了。顺便说一句，我戴的是一串小红宝石串成的链子。她一说出那话，这条项链对我来说永远变味了。

还有一次，她告诉我，我夹克上的拉链好像会划破我的脸。在治疗中，她必定会说几句这样刺激的话。她在**明褒暗讽地恭维**我，还用充满敌意的话语声称自己是无辜的。萝茜很难承认她的挑衅，但我的持久煎熬也意味着一些事情。她对我产生了影响，并且是令人沮丧的影响，她甚至改变了我对一条心爱的项链的看法（以及那件外套，从那以后我再也没穿过）。她的创造力得分了！

在我们的第七次治疗中，我和她在一个房间里发生了一件非常奇怪的事情。当我们治疗结束时，我想站起来让她出去，但我的左腿完全麻木了，因为我一直坐着。后来我摔倒了，就好像我的强壮已经完全消失了，我的身体已经垮掉了。在她面前倒下是很丢脸的，我感觉像被车撞死了。

"你还好吗？"萝茜问。

"还好还好,我很抱歉!我很尴尬,"我挣扎着站起来告诉她,"我的腿麻了,但我没事,感觉需要一段时间才能恢复,到底多久我不确定,因为我的自我意识太强大了,现在无法正常思考。"

她说:"很高兴你没事。"

这一刻改变了我们的一些动态。虽然我很尴尬,但承认自己的崩溃是令人震惊的。我失去了控制。

这件事的发生让我很困惑。我把这件事告诉了我的主管。如果我以相同的姿势坐了很长时间,我通常会注意到肢体开始别扭。事情发生的时候我在哪里?脱离肉体了吗?抽身而去了吗?被困在某处吗?模仿她僵硬的举止吗?像她的妈妈一样邋遢吗?我们之间的隔阂似乎与麻木有关。

在接下来的疗程中,我向萝茜承认自己的摔倒让我感到很尴尬。我解释发生了什么:"我的腿麻了,直到我站起来才发现。我好像被冻住了。"

"没关系,"她说,"我很高兴你没事。"

"我有时在工作中感到麻木。被卡住了,"我说,"我冒着惹恼你的风险,但我想知道你是不是有时也有这种感觉。瘫了!这部分肢体从身体里分离出来了,感受自己可能要崩塌了。"

"被卡住了。是的。我不知道活动起来会是什么样子。"她说,"那么,你觉得被我吓瘫了吗?"

"有时会这么认为。我们的谈话使我感到受到了限制,从我嘴里说出的话也使我感到受到了评判。在受到威胁的情况下工作是很难的,当我和你在一起的时候,我感觉我做错了。我觉得我在努力,但也许太努力了。有时候你对问题给出非常具体的描述,你用一种迷人的方式玩弄语言,但是,当我试图参与,甚至回应的时候,你把我推开了。我也想对你的具体描述做点什么,用具体的描述来构建一些东西。但是,如果我拿走你带来的素材并试图带到某个地方,就好像我从你那里抢走了它并冒犯了你。"

"我觉得你对我太苛刻了,"萝茜说,"就好像你在逼我跟你跳舞,而我却不知道怎么跳舞。"

"我真的听见了。我认为这是描述我们所处环境的一种强大而富有想象力的方式。我太努力去回应你的陈述了,想要反驳,想要解决,想要解释。天啊,如果你不想跳舞而我一直强迫你和我跳舞,你觉得怎么样?"

"我不知道。我很感激。尽管它也让我沮丧,让我不知所措。请不要停止尝试。"她说。

"好吧,但是我不想太强势或者让人无法抗拒,而且有趣的是,你是这样感受我的。让我们想想怎样才能步调一致。"

"我真的不知道怎么跳舞,这就是问题所在。我说你是想让我象征性地跳舞,但我真的不知道怎么跳,从来不曾跳过。"她说。

"从来不曾跳过?小时候没在家里跳过?没在学校跳过?也没有随心所欲地瞎跳过?"

"没有,从来没有。我从没跳过舞,一次都没有。我的兄弟姐妹们,还有妈妈和她的朋友们都跳过。但我总觉得他们又傻又蠢。我从没跳过。我和迈克尔结婚的时候,我们没有跳第一支舞。我们让所有人手挽手,做一个集体活动,而不是跳舞。他也不会跳舞,但他会在家里假装跳舞。我不会这样。"

"这似乎是一个很好的开始。让自己跳舞,动起来,做些傻事。让自己跳得很糟糕!看看会发生什么。等你回家再试试,怎么样?"

"好吧,配什么歌?怎么跳?跳多久?"萝茜问。

"什么歌都行!我相信你可以想出一首歌,任何一首歌都行。然后让自己随心所欲地跳来跳去,想跳多久就跳多久。"

"好吧,"她小心翼翼地说,"当你摔倒的时候,你觉得尴尬吗?"

"是的,但我挺过来了。你也从我的崩溃中挺过来了。我们有时会精神崩溃,变得一团糟。我想我对你的抱怨已经不耐烦了,因为我想让这些疗程对你有意义。但也许它们就是这样的,不是我们预期的那样。重要的是，你能告诉我，你这一周过得怎么样，你这一天过得怎么样。"

"听到你对我这么说，让我意识到我的生命是多么渺小。我想要更多。我对出错的事情感到非常沮丧。"

"你的挫败感很有趣。我认为你的破坏性、攻击性也是你创造力的一部分。"

"我从来没想过自己会有创造力。"萝茜说话间，脸上带着疑惑。

"我觉得你很有创造力。但是玩耍对你来说很难，就好像你在说服自己放弃一样。你遇到的障碍可能就是这样的，比如你的情感障碍。这里有太多关于生产力、迁就、复选框和人生煎熬的内容。"

"我想我不会玩。你是第一个告诉我我可能很有创造力的人，"她说，"你为什么这么想？"

"你那咄咄逼人的言论，你那含蓄的攻击，真有想象力。你对我的项链和夹克的评价，你对语言的象征性使用。还有，你的思维非常生动鲜活。"

"这是我第一次听到这样的话，"她说，"我想，我喜欢你认为我可以敞开心扉。迈克尔曾经告诉我，他和我在一起，就像拥抱了一只豪猪。你还没让我用我的刺钉杀了你。"

"真有意思，你觉得你的刺钉可以杀人。它们会通过攻击任何试图靠近你的人来保护你吗？"

"是的。不过我已经厌倦了。夏洛特，我开始意识到，我从来没有感到玩游戏足够安全。"

"可以理解，"我说，"孩子们在自由玩耍时需要一定的安全感，而你的童年可能没有给你这种安全感。"

"不。我一直感到紧张和警惕。我必须这样。我没有任何隐私。我一直想要自己的房间、自己的东西，但所有东西都被人分享了、拿走了或丢失了。无论我走到哪里，无论谁在我的房子里来回穿梭，或者谁来回摆弄我的床和衣服，我的内心世界都是我的，而且只有我一个人的空间。"

"萝茜，我被你对自我的强烈认知和理解所吸引。这是新的元素。你做到了！你正在创造新的生活。"

"孩子们拆毁楼房的热情比建造楼房的热情还要高。"她说，"我总是对此印象深刻。还有我的兄弟姐妹们，他们撞到东西的方式令我抓狂，我一直是收拾烂摊子的人。也许我想把撞倒某物作为一种玩法。所以这也是我觉得你因为我而跌倒的部分原因。"

我问她这对她是什么感觉。

"我感觉很糟糕，以为自己不知怎么把你撞倒了，以为你摔倒是因为我抓住了你。我想赶过来看看你是否安好。也许我有时候会有攻击性，但这并不意味着我真的想毁了你。"

我们看到她是如何努力创造一个她从未当过的孩子同时又希望成为一个她从未有过的母亲。但当她自己还没有孩子的时候，她对生孩子也有强烈的矛盾心理。

"我想玩。我想学怎么玩。22岁了，是不是太晚了？我想放松一下。"

放松，对我们俩来说都很重要。

我俩一开始都很吝啬、很死板，每个人都不愿意让步。我觉得我很慷慨、很勤奋，把我的时间和想法都给了她，她相信她在努力，但我们直到现在才真正给自己机会去体验一些新的、富有想象力的合作。我们一直在把问题归档，把彼此归档到严格僵化的理解体系中。我们需要行动、灵活、改进、嬉闹和创造力来解开我们自己。我们越来越近了。

我就是那个了解她的一天、一周乃至一生的人。

哲学家艾丽丝·默多克（Iris Murdoch）写道："当我们回到家'讲述我们的日子'时，我们是在巧妙地将材料塑造成故事形式。"她解释说，这是我们"用一堆毫无意义的瓦砾构建房屋"的方式。我意识到，萝茜给我的"报告文学"是她讲述自己故事的一种方式，而她无法用这种方式讲给她醉酒的母亲或严厉的父亲听。她也无法用这种方式讲给她那有效率的丈夫，因为他可能不给她空间，也不会对她的生活表现出兴趣。对萝茜来说，向我倾诉干洗店的事、丢失的筷子、送货员的错误、令人恼火的事，是她展示自己生活的一种方式。她需要我在她身边倾听这些细节。

终于，有些东西在发生变化，但以一种我没有预料到的方式进行。

在接下来的治疗中，萝茜来了，说她和她的丈夫发生了性关系。我问她的体验如何。"我觉得很无聊，但很紧张。我就像一个报道无聊新闻的精疲力竭的记者，我想改变这种状况。所以我发挥了自己的想象力。"她面无表情地说。

"你想象中的性关系怎么样？"我问。

"这是令人兴奋的。事实是，我们确实发生了亲密关系。虽然不怎么样，但还是发生了。我的阴道痉挛的问题解决了。"

但她看起来很沮丧。

"你在想什么？"我问。

"能再给我几次治疗吗？即使我不需要再待在这里了……这不合乎情理，但我喜欢了解自己。"

"当然可以，继续来吧。"我说。

"没有双关的意思。"说完，她会心地笑了。

我们坐在一起，听着春雨淅沥的声音。这是一种舒缓的声音，这里让我们感到安全却很乏味。但只要两个人在一个房间里，我们就会舒适自在、畅所欲言。

创造和玩耍

莫扎特在写给他表弟的信中用双关语开了一些玩笑。严肃和嬉闹是盟友。我们可以用有趣的、富有想象力的方式来表达自己。我们可以玩。我们可以发明。我们可以犯傻。我们可以涂鸦，用我们的双手做一些东西，用发散的思维解决一个商业问题、规划一个菜单，以一种特殊的方式插花。我们都可以从我们自己的日常创造力中获得乐趣。每一天，最微小的时刻都在表达着我们是谁。当然，生活的很多方面都需要迁就和遵守规则，但这太容易让人感到被忙碌生活的老套模式所限制。你要时刻保持你的创造性本能，无论创造力以何种形式出现。

请努力做一个有意义的人，而不是一个例行公事的检票员。当我们因为认为自己应该想要某些东西而不自觉地遵循常规时，我们会感到停滞和阻碍。合作需要一些门票，但我们可以通过优先考虑对我们重要的事情，从我们感到有义务或有压力的情况中找到意义。玛丽亚·卢卡（Maria Luca）是我培训期间的一位不断进步的讲师和心理治疗师，她曾经和我谈起过她的职业道路。"我想成为一名建筑工人，结果我成了一名清洁工。"她告诉我，"我在管理上的职位越高，我就越需要收拾烂摊子。没有创造！"她辞去了整个治疗机构负责人的高级权威职位，以便能够成为一名治疗师、一名教师和一名学者。她对我说："我受够了收拾烂摊子，是时候回归建筑业了。"于是，她改变了主意。

我们有生活管理、工作需求、社会压力。重要的是要注意和庆祝我们所取得的成就，同时也要认识到生产力和创造力不是一回事。我们要愿意给自己惊喜，尝试在日常工作中打破常规，不管是穿着打扮、做饭，还是写卡片。文化人类学家玛格丽特·米德（Margaret Mead）直言不讳的个性使她成为了一位传奇演说家，她曾说："每天中午做饭是重复的，但为宴会准备特别的食物是有创意的。"当然，不是每顿饭都能成为一场盛宴，但是当生活中充满了义务和责任时，尽可能地在平凡的时刻增添光彩是很重要的。我们很少有人有足够的创造空间，除非我们把它据为己有。

创造力有一个矛盾的方面。你需要独自一人以某种方式进行创造，但在其他方面，聚集、参与、与其他聪明的头脑联合，可以带来协同的魔力。所以，与其孤立自己，不如让自己与其他聪明的头脑相遇，你可以从中汲取灵感。谈话是有创造性的。

限制和界限促进了游戏和创作。灰姑娘的仙女教母告诉她午夜前回来。我们需要魔法的时间限制。框架和限制可以刺激和容纳。太多的选择、太多的空间、太多的时间，会淹没、阻碍和耗尽任何参与和创造的紧迫感。所以，给自己设限，明确边界感。无论是只用几种食材做一顿饭，只用几个提示写一个故事，还是为一项熟悉的任务设定一个物质限制或时间限制，挑战自己，以一种新的方式去完成。

即使我们有空间，羞愧感和恐惧感也可以轻而易举地关闭成人的游戏。我们停止跳舞是因为我们感到难为情。我们觉得，玩一个我们认为已经不再适合的游戏，显得很愚蠢。我们害怕没能力做事情，害怕犯错误。我们担心暴露自己，甚至是面对自己。我们甚至会羞于承认对某事的热情。

我们的创造力可以转向隐藏的想法和感觉，使我们的幻想和信念饱和。例如，焦虑的灾难化的生动形象往往具有很强的想象力。嫉妒也是一种想象力，我们要抓住幻想的精灵，构建善妒的心理背景。创造性的表达能照亮我们的幻想，帮助我们面对现实。看看你是否能注意到你的大脑创造戏剧的一些方式，这样你就可以欣赏你内心世界的颜色而不受它的摆布。

萝茜不认为自己有创意，但她确实有。无论你的环境如何，看看你是否能以一种创造性的方式重建你生活中的任何物质。当萝茜开始接受治疗时，她最初说她想要创造新的生命，但这并不是说要一个孩子，至少现在不是。她创造的新生活是她自己的。在你的生活中可能有一些你无法选择的限制。想办法把你一直经历的负债变成可能的资产。反过来，考虑一下你认为是资产的东西可能也会成为负担。

如果你坚持，你可以每天都有创造性的时刻，只需要观察和保持好奇心。你可以不完美地表达自己、改变你对某个问题的观点、接受新事物、发泄个人情感、体验新鲜感。

08 / 第八章 归 属

在职业生涯的早期，我在重症监护室的一位年轻女士的床边工作，她在一次聚会上从阳台上摔了下来。现在，22 岁的她不得不接受自己再也不能走路的事实。她在医院的病床上哭了。"我属于哪里？"她问我，眼睛里流露出震惊的神色。"我不能再跳舞了，永远都不能了。"

她的故事打动了我。如果我的工作有时让我远离我的个人生活，那是因为我想这样。

归属感已经成为媒体争论的宠儿，越来越受欢迎。众所周知，工作场所培养员工的归属感，可以提高员工的留任率和生产率。学校培养归属感，社区推广归属感。归属感存在于每一种文化中。社会心理学家亚伯拉罕·马斯洛（Abraham Maslow）将归属感置于需求金字塔之中。我们是社会动物，我们喜欢成为群体的一部分，至少有时是这样，无论是朋友圈、家人群还是同事团队。社区给了我们支持、保护，有时候还有目标。我们得到了支持和认可。但是对于那些不属于这里的人来说，这里有一种黑暗的现实。提升归属感并不能解决没有归属感的危机。

强有力的治疗关系并不总是足够的。人们在房间里可能会感到安全，但他们会离开，进入寒冷的夜晚。当他们打开门走出房间时，他们就结束了在线会话，回到了排斥的环境中。当接受治疗的人传达出归属感的愿望时，这是值得探索的。对归属感的渴望可以作为早期被排斥经历的补偿。这是一种对归属感的延迟愿望，而这种归属感在家庭、学校、文化、国籍中都没有完全实现。有时这是对压迫性文化的顺从，或者对个性化的渴望。

没有归属感或不再有归属感的危机，会促使人们去接受治疗，即使在第一个疗程中，患者并没有明显地意识到或表明这一点。它表现为一种疏离感。

我们需要多谈谈没有归属感的问题。没有归属感可能是一种危机，一种灾难性的孤独和绝望的感觉，而且会被污名化。归属感的流行使得没有归属感的人越来越少，越来越悲哀，或者至少感觉是这样。"他们中的一些人是在假装自己拥有完全的归属感，对吗？"一个患者在工作休假后问我。这是一种有趣的潜在价值。她感到被归属感压迫得窒息，被想要属于或者能够属于自己的工作圈子的简单期望压迫得窒息。

"永远不要告诉别人，他们属于哪里，或者他们想属于哪里，"精力充沛的系统性治疗师德萨·马尔科维奇（Desa Markovic）曾经说过，"什么都别想，让他们告诉你。"别人问她从哪里来会让她很恼火，因为她的口音明显表明她是外国人，而这个问题表明她不属于这里。

我把"没有归属感"浪漫化了。孤独的艺术家、被放逐的艺术家、格格不入的艺术家，我认为归属感不是高贵和原始的东西。我天真地崇拜这位高尚而神采奕奕的外来者，这并不是我的独创。直到最近我直面了自己的偏见，我才意识到我对于没有归属感的浪漫有着多大的误解，我感到震惊和尴尬。

在我最近与德怀特的治疗经历中，有没有归属感的问题以令人惊讶的方式出现。德怀特是一个40多岁的黑人。他来找我是因为他发现他的白人妻子出轨她的白人前男友。

德怀特的忧郁

"我很好，没什么可抱怨的！"德怀特笑着说。他的声音很安静、很低沉，我经常要求他大声说出来。他很高，非常英俊。他40多岁，曾是一名低级别联赛的足球运动员，现在在一家国际在线音乐平台担任产品设计师。他身上散发着一种不同寻常的活力与胆怯的混合气质。虽然他描述了妻子对自己不忠的事件，但在我们的治疗过程中，他似乎不让自己体验全部的感情力量。我不知道他在哪里可以充分感受到自己。他既想深入，又不愿深入。他好像带我走了不同的路，但最终我们总是来到悬崖绝壁。真是无计可施。退后一步吧。走错方向了。

他称这种状态为"忧郁"。他的父亲有抑郁症。德怀特记得，有很长一段时间，他的父亲几乎没有离开过他的房间。每个人都尽可能待在自己的房间里。这感觉更像是溺水而不是忧郁。无论如何，他为没有到达那种地步而自豪。在这种时候，他的态度就像一个旁观者。忧郁是他的一部分，但不可能是他的未来。他说，他正在接受治疗，"以保持积极"。

经过几个月的时间，我对德怀特有一种期待感。我们正朝着某个方向前进，只是看不见而已。在他遥远的眼神里有一种无法言喻的特质。他很保守、很私密，我们谈过这个。他一直都这样，尤其是最近。他没有告诉任何朋友他的婚姻危机，而且他在社交上很孤僻。他的妻子杰西卡已经结束了她的婚外情，他们正试图修复和恢复感情。德怀特决心要抓住希望的感觉。他和他的妻子正在我的一个同事那里接受夫妻式心理治疗，杰西卡接受了人生指导。他们有两个女儿，他们会"到达彼岸"——他们已经做到了。"我们会变得更强大。"他告诉我。他在这次危机之前从未接受过心理治疗。他很感激，他是个"皈依者"。

从一开始，德怀特就坚持说他妻子已经结束了这段婚外情，并且自己也原谅了杰西卡。他反复说，他相信和平与宽恕，他保持积极。我又用了"积极"这个词。他有时会带来一些关于宽恕和看到生活光明面的诗歌，他喜欢阅读这方面的经典巨作。感激之情似乎是他心态的基石。不生气或不悲伤是他的哲学、信仰和决心的一部分，他要与痛苦的父亲不同。

"我爸爸觉得，对他来说，光明永远不会变得'青春鲜绿'。他脑子里有一长串一辈子的积怨。回顾他的抑郁症、郁闷、可怜、令人沮丧。"德怀特的父亲"对于他来自哪里或去向何处，没有什么好说的"。德怀特更认同他"阳光向上、开朗"的母亲。他说，他被母亲的快乐所吸引，就像向日葵朝向太阳一样。

德怀特的父母在他十几岁的时候就结束婚姻关系了，虽然他们从未合法离婚。他童年家庭的破裂仍然使他痛苦。但就在他接近我们治疗过程中的痛苦时，他迅速调整了方向，回到了积极的道路上。所有的事情都在给德怀特开绿灯。他和杰西卡在不断进步。

他说："我们不一样。我们一直都不一样。我们彼此不一样，我们的家乡也不一样。不仅因为她是来自利物浦的白人，还因为我们的性格不同。但这是我们的事儿，阴和阳的关系。她很健谈，喜欢计划事情，是个好交际的人，而我是一个安静、冷静的人。她很容易心烦意乱，而我不是那种爱唠叨的人。我会让她冷静下来。我们属于彼此。"然后，他又说："确实，我觉得很幸运，很多事情都进展顺利。"他的态度有一种我不能完全理解的冷静。我们的治疗过程非常愉悦，但他离我有一步之遥。

只要德怀特和他的妻子还在他们的角色路线上，差异和区别就一直将他们联系在一起。虽然没有什么紧急的事情，但我想知道他的生活中有什么是对的、什么是错的。我真的很喜欢听到进展顺利的事情。我想听到美好的事情，而不仅仅是黑暗的事情。但治疗师就像松露猪，当谈到脆弱时，就会四处寻找，直到找到自己想要的东西。我们需要忍受痛苦，至少要忍受一点，这样我们才能一起努力，让生活变得更好。他让我意识到真正的疼痛，但我们还是不断地靠近疼痛，然后又回到疼痛。他父亲的悲伤似乎是巨大的，德怀特似乎在为自己的生存而战斗，他把这种悲伤推开了。我觉得自己正在贪婪地嗅着，想要更多。

德怀特是他的父母和家人的调解员，也是杰西卡家人的和解卫士。他说，他通常能很好地融入群体，并以与每个人相处融洽为荣。他和他自己也可以和平相处，他也可以和一切错误相安无事。他超越了自己所坚持的和平，这是一个挑战。

当我问他和杰西卡的性生活如何时，他说他们的关系不仅仅是性，还有谁有时间照顾两个年幼的孩子。他说："没关系，没问题。"他补充说："我一直很好地处理不确定性。"多么有趣的飞跃。我不知道这是怎么回事，然后他转向了对生活光明一面的笃定。

这句口头禅似乎始终如一地适用：不要执着于消极。我仿佛看到了他理想中的自己"阳光灿烂的德怀特"和他鄙视的自己"忧郁的德怀特"之间的决斗。他提到自己的这一部分只是为了解释他不想曝光。

有一句心理治疗的陈词滥调是正确的：我们抗拒的东西会持续下去。事实上，更好的说法是，你避免的东西才是真正的问题。请给你抗拒的东西取个名字，然后驯服它。在治疗过程中，我一直觉得他有点沉默寡言。他在疏远什么？当我问他的时候，他总是回到他积极生活的愿望上来。他喜欢阳光明媚的街道。他是不是觉得，去背阳的街道就等于踏入一个无法回头的危险地带？

"我不想去背阳的街道。"德怀特苦笑着说，"我是一个内向的人。让我跟你说出我的想法，已经是件大事了。我没跟任何人说过这么多。也许对你来说这不算多，但对我来说，这就够了。"

这句话尖锐地提醒我，我有职业偏见，我的日常情感家园是陌生的，对其他人来说是罕见的。直到和主管谈话时，我才意识到德怀特每天都会去一些我不熟悉的地方，而我还是不愿意承认。这是种族问题！

第八章 归 属

我和一位黑人同事维多利亚·乌瓦娜（Victoria Uwana）博士讨论种族问题，以及如果患者没有提出，这个问题是否值得一提。我向她承认我还没有提及这个问题。我不仅避免了这个问题，还一直在推动德怀特谈论他的痛苦、忧郁和困难的事情。

我从薇姬（维多利亚的昵称）的声音里听到了认同。她说："这可能会招惹事情。你可以把这个问题扔在这里，看看患者们会怎么做。"我问她对治疗师和患者的种族匹配有什么看法。她说，她的大多数黑人患者找她是因为她是黑人。

"我相信，大多数故意找白人治疗师的黑人患者都在与身份认同问题作斗争，或者害怕被黑人治疗师评头论足。"她重申，当我们在房间里时，我应该提高自己对种族差异的意识。公开讨论这些问题可以帮助黑人患者感觉得到了关注和认可。

从我和她的讨论中可以清楚地看出，我才是那个一直在逃避的人，而不是德怀特。

我问德怀特，和一个白人女性一起接受心理治疗有什么感觉。

他说："嗯，你是一个白人女性，就像杰西卡一样，也许这与我选择你有关。但也有更多的白人治疗师可供选择。这并不全是心理上的。我喜欢你的工作方式。并不是所有事情都与种族有关。"

他停顿了一下，双臂交叉，又松开了，他看着我的样子让我觉得，他准备说些难以启齿的话。

"我告诉过你，自从杰西卡出轨之后我就没想过和她发生性关系。但我已经原谅她了，我想以这种方式表现出来，但我做不到。我们试过几次，结果很糟糕。这是不可能发生的。这让我感觉……糟糕透了。我不知道心理治疗如何能帮到我，但这在某种程度上表明我的生活不能给我归属感。"

当他说出这句话时，他似乎沉浸在羞愧之中。他低头看着地面，就像个承认考砸了的小学生。

他说，一些药物并没有起作用。"这就像是我在疏远杰西卡，尽管我想原谅她。我为什么要这么做？我隐瞒了什么？我不明白。"

我们研究他如何在某种程度上性欲减退、在性方面不信任妻子、感觉与她亲近和进入她的身体并不安全。值得注意的是，自从他发现这段婚外情后，他们就没有发生过性关系，尽管杰西卡和情夫分手了，他们想要发生性关系，但他的身体似乎不愿意。他说："我想我是在抗议。"但他很难说到底发生了什么，到底是怎么回事。

"我喜欢你问这些问题。你的声音越来越有权威了。我希望你有足够的安全感来表达你的感受。"我说。

"但在其他地方就不安全了。"他说，"真不安全。我已经习惯别人用错误的眼光看我了。"

他看了看自己的手，现在一动不动，几乎僵住了，只是偶尔眨一下眼。我觉得此时此刻试图吸引他的目光可能会让他感到不自在。我选择不去注意他身体上的任何东西。

"我很想知道，你说的正确的眼光和错误的眼光分别意味着什么。"我说。

他说："我不确定你是否明白。这不是你的错。事情就是这样。这些天所有关于真实性和脆弱性这两个流行语的炒作，都是扯淡。我不能脆弱。我无法做到真实。就在杰西卡出轨前我跟她说了一些经济问题。我很确定我的脆弱毁了我。而我的真实性，到底是什么意思？如果我是真实的自己，我就会生气。我也不想生气。我不只是不想生气，我不能生气。黑人没有资本生气。我无法向你解释。事情就是这样。"

"你已经解释了很多，当然，还有更多你无法解释的。这也是你选择我作为你的治疗师的原因吗？这样你就能强化自己的积极性，并提醒自己如何生活在一个白人的世界里？"

"也许吧。一个黑人心理医生说那些积极的东西都是胡扯，尤其是在我的白人妻子不尊重我之后。和我想象的一样。但你一直都很……善解人意。也许你是想让我感到舒服些。"

我以为心理治疗能神奇地让德怀特放松，真是太狂妄了。"你在给正在发生的事情取名字。你在其他地方也这样做吗？"我问。

"不。我想，害羞和避免直言不讳可能是个问题。我工作时不大声说话。我不会和大多数人说话。这也发生在杰西卡身上。我需要付出很多去面对别人，当我这样做的时候，我经常会受到太大的伤害……但我的伤害主要来自内心。"

抑郁的简单定义之一是：愤怒转向内心。

如果负面情绪及其任何表达被取缔、被否认、被禁止，内在的愤怒就会更多地爆发出来。德怀特用试探的眼神看着我，好像在寻求我的认可。他说："我不过是在表达自己。"

"是的。你觉得你也在对抗我吗？当你在其他地方发言时，你会像刚才说的那样感到受伤吗？"

"我确实觉得受伤了。我觉得不是你干的，但也是你们治疗师干的。我还担心会冒犯到你。"

我说："请您畅所欲言。我受得了。"

"这一切对我来说都是全新的。我从没对任何人说过这些。回到内向的问题上……我自己处理事情，不与人打交道。"

我说："我想知道，与那些可能利用你的信息来攻击你的人打交道，你是否会感到不安全。"

"是的，在某种程度上是这样。但如果我不知道自己在那些时刻的想法和感受，就很难开口说话。我是说，即使我知道，我也不能展现真实的自己。只是说真话，承认真实情况，并不完全安全。我是一个黑人。我经常被误解。无论我表现得多么温顺、多么配合，人们误解我的频率都高达98%。这就是现实。这就是危险的现实世界。唉！"

当然，他是对的。奇怪的是，我被排除在外了。我不是他世界的一部分，即使我努力了也是徒劳的。我的同理心、好奇心和专注力并没有让我感到对他有用。我感到无能为力。当我们意识到自己世界观的局限性时，这种情况就会在治疗中发生。他在这个世界上的经历对我来说是一个巨大的挑战，这是我的同理心无法解决的。

我一直在逃避自己对于差异、归属感和世界现状的忧郁，我试图与德怀特产生共鸣，看到相同之处，跨越我们之间的心灵海洋。

德怀特不断地证明他不是他可能成为的那样。我一直在证明我和他在一起，与他做伴，虽然我可能做不到。这个世界不允许他完全表达自己。我很想给他安全感，让他在这里现身。我不能强迫他。我的高度尊重不仅是刻意保持正确姿态，实际上，我远离了正确的视角。

如果我要求他毫无保留地畅所欲言，我也得这么做。"德怀特。我一直在刻意努力，想让你觉得和我在一起很舒服。你担心被人误解，而我误解了你。我告诉你，我懂你。我一直想让你觉得你属于这里。我们从另一个视角入手，你不属于这里，我也不属于这里。我们不一样，或者来自不同的文化。但是，我们都想要归属感，不仅仅是一般的归属感，而是想留在这里，做这份工作。"

"我想这么说，只是为了解放自己：我不属于这里，我没有和你一起工作。我不属于杰西卡。啊，是的。这些都不是我的归属。是的！"

"你说这话感觉怎么样？"我问。

"很好！也很害怕。我一直躲着不让自己抓狂。是的。我们不一样。我们不需要这样。但那是我们化学反应的一部分……我们接受我们的不同……但是，伙计，我真的很怀念我们在最初的日子里相处的方式。就像磁铁相互吸引，我们都相信爱情，并让它引导我们……然后我清楚地记得，那种感觉，在发现杰西卡对我不忠之后，那是我第一次出现在她的家庭晚宴上，我觉得他们都背叛了我。就像是'是的，我不是其中真正的一部分。这些混蛋不是我的人。我不再是他们中的一员了'。也许我从来都不是。我还是有点讨厌她。"

※ ※ ※

接下来的一周,他说他不完全属于白人,但他也不属于黑人。"我有两个混血儿孩子。我离开了我的小家伙们,不管她们现在是谁、曾经是谁,我都会疏远她们。你想知道我是怎么谈论抑郁症的吗?我可不想那样!"他说道。

"我明白。"

"我曾和杰西卡谈论过此事,这就是她出轨的原因。我无法证明,但我能感觉到。我生气。杰西卡多年来一直求我表现出自己脆弱的一面。'脆弱一点也无妨'是她的原话。她跟我说过很多次了。她想让我敞开心扉,拉近距离,和她分享我的伤痛。当我最后说出来的时候,她却不喜欢了。我记得我们坐着谈话的地方。那是一个星期天的晚上,女儿们都睡着了。我们当时在客厅看报纸。她放下报纸,让我不要再读了。'我们谈谈吧!'她说。她总是这么说。她问我怎么样,我没有说我很好,而是向她展示了我在金钱方面的隐患,她吓坏了。她没承认,但我看得出来。她疏远了我,也许不是在那一刻,但我觉得我们之间就是从那时开始出问题的。你可能不这么认为,她也可能不承认。我告诉你呀,女人自以为希望男人表现出脆弱,而当我们这么做时,她们却讨厌了。"

他的话让我记忆犹新,但我无法完全理解。我对他说了我的想法。我想我也可以是内向的!是内向还是保全面子呢?

在接下来的治疗中,我向他承认了这一点。"你说得对,脆弱是复杂的。我们的周围充斥着混乱的信息。你不是唯一告诉我真相的人,女人以为自己想听男人倾诉脆弱的故事,但事实上,当男人表现出脆弱的时候,她们的反应很糟糕。杰西卡可能以为她想让你在她面前表现出脆弱，但是，你对金钱的担忧可能会激发她自己的焦虑和不安全感。"

"我明白你的意思了。要了解她的背景。哦，天啊！有时候我怀念的不是我们有多亲密。我相信我们可以……我真的相信我们。我们属于彼此。以前我认为，即使我们遇到最困难的事情，都可能共同克服。现在，我感觉不可能了。"

"那一定很难吧？"我问。

"是的，杰西卡和德怀特是夫妻，但她却和一个白人前男友出轨。我没想到这是故事的一部分，但也许是。"

我们坐在一起，沉默不语。他的脸突然看起来像是被扯开了，几乎是一种精神错乱的样子。他的眼神充满了困惑，他的眉毛皱成一团，我在之前的治疗中从未见过德怀特表现出如此苦闷。这是一种痛苦的表情。这是一种艰难的解脱。我们在一起，却充满了分歧和各自的孤独，但我们还是在一起。就这样，他愿意信任我，让我看到这一切，这是一种慷慨。

"我孤独。我想成为另一个女人的丈夫。但我不确定我是否能做到，或者是否能完全做到。我有很多疑问。为什么我们想要归属感？什么是归属感？"

我说："我认为这是一种对安逸和被认可的渴望。我找到我的方向了。这不仅仅是与人相识，而是接受和支持。"

"是的，但是，和一个人，还是和一群人？你的大家庭中有哪些人？"他歪着头，看了我一眼。

"我能继续听你讲故事吗？"我问。

"你在哪里有家的感觉？"他问道，"请讲，谢谢。如果你愿意分享，对我很有帮助。"他的声音听起来彬彬有礼。

我说："在某种意义上，我在任何地方都有宾至如归的感觉，却又无影无形。那是我的一部分。我能与不同的文化产生共鸣，但并非完全如此。"我喜欢成为事物的一部分，想到各种各样的群体，我多少感到舒服，但从不完全舒服：同事、患者、母亲群体、朋友群、家人等，无论什么，不管是什么，我与这些群体的某些方面有关，但不可避免的是，我感觉自己是大多数群体和系统的某些特征的局外人。

"你怎么处理这种情况？"他问我，"处理不完全属于你的那部分？"

我试着承认这一点。这甚至可能是一件值得庆祝的事情。我不会因为没有归属感而排斥自己，也不会强迫自己假装没有归属感。

有没有人会在一个地方感到完全有归属感呢？也许吧，但我认识的大多数人都不是。当我们感到完全的归属感时，我们会有幸福的时刻，但这通常是片面的。我们能做的就是接受在多个地方感到或感觉不到部分的归属感。但他所说的幸运是什么意思呢？

"你作为一个局外人，更有特权感觉我自己不属于这里。当我晚上穿过街道时，我听到人们在我走近时锁车门的声音。只是不一样而已。"

"是的。"我说。

德怀特坐在沙发上，看起来很舒服。"我看着你，就觉得在这里有归属感。你应该坐在扶手椅上。你属于你的职业。我猜你在多个地方感到完全的归属感，比如你的家庭群、妈妈群、心理医生群，甚至还有网络聊天群。所以当我知道你在任何一个群体中都不会感到完全自在时，我有点喜欢这种感觉。很喜欢。"

"我很高兴。"我说着，我们都笑了。"我确实觉得我属于这把扶手椅，"我说，"和你一起工作。但我现在也意识到我们在这个空间之外的不同世界。我不喜欢这里，但我开始明白了。"

"我现在是自己家里的局外人。我以前觉得和杰西卡在床上，我可以做我自己。而现在我们离得太远了。两个人在一起的寂寞，比真正的分开更孤独！"

"跟我说说你的孤独，还有离她很远的感觉。"我说。

"我和她就像在不同的星球上。我们不再互相看着对方。她感觉自己像个敌人。"

"你觉得被她背叛了。她成了你故事中的坏人,而你却一直坚持说你已经原谅了她。"

"不过我已经想通了。"

"是吗?我知道你想这么做。如果你想原谅她,如果你想摆脱这一切,你可以的。但放手需要时间,"我说,"我想你是想去做的。也许你已经准备好不再惩罚她也不再惩罚你自己了。可是,你心底的抗议让你疲惫不堪。"

"是的。难怪我对黑人抗议不感兴趣。我一生都在抗议。杰西卡背叛了我。我对此还没完全放下。也许我还没有原谅她。"

"德怀特。我从来没有听你说过你刚刚说的话:你还没有忘记过去,你还没有原谅她。好哇!"

"为什么这么说?这难道不是显而易见的吗?"

"一点也不明显。你一直坚持说你已经放下了,你已经原谅她了。爱情复苏的主要步骤之一就是承认现在还不行,至少现在还不行。你可以原谅她,但首先你得考虑到你所处的位置。这就是你的处境。"

"好吧,我喜欢你的话。我试着像我妈妈一样快乐。没有抱怨,没有痛苦。成为足球运动员使我拥有一个良好的心态。还有其他方面。但是,当我的妻子和她的前男友出轨的时候就不一样了。有一点悲伤是允许的,然后再努力恢复。"

"我很喜欢你的话。喜欢你刚才说的一切。"

"我想我选择了一位白人女性治疗师,这样我就能有特殊的途径进入她的世界。我以为你会邀请我进入她的世界。我不想从黑人的角度看她。"

"真有意思。你觉得我和杰西卡的观点一样吗?"我问。

"真的不是。现在我想一想。你显然比她对我好,但她是我妻子。而且你的友善并不总是能帮上忙。"

"告诉我,我怎么没帮上忙。我需要知道。"我说。

"太友善是一种侮辱。你好像觉得我没有能力和力量去接受挑战。直到最近你才开始有所要求。这让我在这里更有安全感，就好像我真的属于这里，和你一起做这件事。"

"那么，我会继续要求的，"我说，"我非常想让你安心，也完全明白你的意思。我很高兴，我们的关系破裂了，又修好了。我听到自己仍然过于努力，追求成功，甚至在我们讨论治疗失败的时候也这样。但我们似乎正在取得进展。"

"我们更强大了。我也喜欢。说到归属感，我意识到了这一点。我一直认为杰西卡属于一切，比如白人女孩俱乐部、英国中产阶级、私人教育、苏荷馆酒店。她已经成为时尚界的一分子。我是说，我们七岁的女儿问我们，什么是'私人'。'私人'意味着什么！你能相信吗？多棒的问题呀！她在学校的一个朋友谈到某个私人住宅，她想知道这意味着什么。我们很难解释私人和公共之间的区别。但这是个好问题。我们把自己放入群组中，用绝望的方式保持地位，这也太过分了。"德怀特停下来喘了口气。

我们看着对方，不再说话。我们还有很多话要说，但我们现在坐在一起，安静地坐着，什么都不需要说。

你的归宿在哪里

永远不要告诉别人，他们属于哪里。在我把"没有归属感"浪漫化的过程中，我没有看到德怀特的恐惧。我看到了他的不情愿、他对痛苦和悲伤的逃避，就是没有看到他的恐惧。这是德怀特童年时代可怕的回响，那时的他无助、脆弱、依赖，而他父亲的悲伤几乎淹没了这一切。德怀特害怕掉入深渊，或者重塑他父亲的角色，成为他发誓永远不会成为的那个人。他从新的角度看待忧郁，否定自己的恐惧，即他的出身将决定他的命运。

一开始，我对德怀特的归属感有一种理想主义的态度。我有个完美主义的想法,想让他感觉好点。当他说他想要保持积极的时候,我认为他需要面对他的痛苦,但我没有面对我自己的不适。尽管这个残酷的世界充满了恐惧和不公,但在我的咨询室里,我培养了尊重、洞察力和安全感。我希望人们感到舒适,空间是他们的,他们可以像在家里一样。可事情不是那样的。他们把整个世界都带进了房间。我们只好离开房间,去外面接受治疗。

承认我们不理解的东西,寻找我们自己有偏见的立场,认识到我们技能的局限,有助于我们建立归属感。在治疗关系中,假装掌握了不同的经验,而实际上我们并没有掌握,这将阻碍情感安全。承认我们不知道的和想要知道的,是更有益的开始。我们可以继续致力于我们不完全属于的关系和文化,这有助于保持清醒。

制度和文化在很多方面都有缺陷。我们不能总是控制我们如何被定义、被塑造、被描绘,生活中存在着深深的不公正和不公平。1971 年,詹姆斯·鲍德温(James Baldwin)在与人类学家玛格丽特·米德的一次谈话中说了这样一句精彩的话:"你必须告诉世界如何对待你。如果这个世界告诉你别人会怎样对待你,你就有麻烦了。"我们很容易遇到麻烦。我们被排挤在外,我们饱尝刻板印象的苦果,我们无奈地与我们不想加入的群体联系在一起。我问心理学家弗兰克·塔利斯(Frank Tallis)对没有归属感是什么感觉,他回答:"没有归属感有其自身的好处。我们寻求群体归属感有明显的进化原因,但发展也需要不随大流的不适。如果你严格地跟随你已经属于的群体,你可能会感到安全,但你不会走得太远。"

有时候,你可能会感到疏远和矛盾——与你自己的自我意识,与你周围的人。但是,如果你能自由自在地做自己,就可以更轻松地体验没有归属感的感觉,甚至有时候会感到高兴。这是关于对你现在的一切感到舒适的体验,甚至是在那些尴尬、笨拙、古怪的时刻!想想那一切,包括你的存在感。耐心点吧!适应环境常常与拥有归属感背道而驰。这是自我表现,常常是虚伪的。而归属感是真实的。

09 / 第九章 胜　利

想要胜利的欲望可能是一种诡计多端且自相矛盾的心理。这种欲望激励我们学习和成长，但也以颠覆性的方式让我们重新成为冲动的孩子。我们没有完全意识到，但事实一直存在：许多人际关系都附加了竞争的外壳。

心理学家阿尔弗雷德·阿德勒（Alfred Adler）问西格蒙德·弗洛伊德（Sigmund Freud）："你认为，对我来说，一生都站在你的阴影下是一种莫大的快乐吗？"阿德勒和弗洛伊德原本是友好的同事，但最终变成了宿敌。阿德勒带着一张弗洛伊德几年前寄给他的褪色明信片，如果有人问起，他会拿出这张明信片来证明是弗洛伊德邀请他见面的，而不是弗洛伊德所说的那样。

两人显然都受到了对方的威胁，多年来，他们一直在互相讽刺、挖苦。

即使在阿德勒死后，弗洛伊德在给朋友的信中写道："我不理解你对阿德勒的同情……因为他反驳了精神分析学，世界确实给了他丰厚的奖赏。"在他们无情的竞争中，这是一个胜利的赛点。他们谁赢了？从他们强烈的威胁感和不断削弱和推翻对方的企图来看,他们都显得渺小。鉴于阿德勒创造了"自卑情结"和"优越感情结"这两个术语,他们的小举动令人吃惊。阿德勒认为,我们开始生活时感到自卑,而我们终其一生都在试图证明自己的优越性。讽刺的是,阿德勒和弗洛伊德似乎对他们多年的竞争都没有洞见或保持冷静。

心理治疗不能应对直接竞争的情况。但这是一个检验我们所玩的秘密竞赛的绝佳场所。对胜利的秘密渴望匆匆地闯入了谈话之中。我们心有不甘地庆祝朋友在工作上取得的巨大成就。我们精明周密地解释我们并不嫉妒室友的成功。我们对兄弟姐妹的轻蔑评价听起来像是过多的抗议。我们在半空中捕捉到谦卑的自夸,并注意到我们想象中别人如何看待我们时所带有的羞耻色彩。我们会考虑竞争的真正原因。

官方竞赛可能是最明显的获胜机会。对于明确的比赛,我们了解规则,比分是可见的,有行家和裁判,无论比赛多么不稳定和富有冲突,都有一个明确的终点线或最高分。输赢很明显。

但在人与人之间的竞赛中,界限是模糊的。从童年开始,我们很多人都觉得有必要证明自己。可悲的是,我们通常通过向别人展示我们的优越性来做到这一点。在很多方面,我们都在问:"谁更好?""谁更强大?""谁拥有的更多?"我们对胜利的渴望是理性的纠缠。"这个女孩将会成为爱情杀手!"是一句让孩子们眩晕的台词。想想它暗示了什么?人们会因为孩子"获胜"的个性或外貌而受苦。我们能赢而不让别人输吗?紧跟在强迫性胜利之后的是能力不足的紧迫威胁。

我们渴望胜利是我们应对不平等和匮乏感的一种方式。我们可能是在回应父母有限的爱、金钱和机会。但是,即使我们确实拥有平等,我们仍然可以感受到对手的威胁,这种威胁扰乱了我们的平衡感、安全感和富足感。有一种感觉,就是没有足够的资源去分配。为了安稳和安全,我们浪费精力去击倒对手。

第九章 胜 利

我们的角色引力让我们陷入尴尬的对话动态中，在没有明确地注意到竞争正在进行的情况下，我们陷入了更好的竞赛中。竞赛的条款和条件往往是不言自明的，而且可以改变的。人与人之间的焦虑和竞争没有固定的规则，可以是开放式的。奇怪的优质竞赛能够吸引所有人，如果这种情况只发生在某些人身上，而不发生在其他人身上，那就太令人震惊了。我们与一个人并肩，与另一个人较量，而且竞争的形式出乎意料。

我们也在和自己竞争，这是我们实际经历的生活和我们幻想出来的充满可能性的生活之间的较量。无论我们的生活是充满恐怖的房子还是充满胜利荣耀的乌托邦，如果我们了解自己，这都会有所帮助。当我们没有意识到自己的把戏时，我们往往会表现得很糟糕。

我们可能会陷入这样的想法：我们需要证明自己，不管风险有多小，这种想法可能会持续几十年。我们不清楚自己真正想从对手那里得到什么，我们经常与过去的幻影和手头的东西竞争。想要证明自己的优越性的绝望会压倒我们的观点和自我意识。

无论多么不理性，我们通常都想知道竞争对手的最新情况。这可能是出于对经历的喜爱和怀旧，这些年来我们一直用经历来定位自己的内心体系。这听起来好像不对，通常也是错误的，这是使我们不能完全承认这一点的部分原因（即使在治疗中，这也是很难的），但竞争蕴含着我们如何通过它来定义和理解自己的秘密智慧。我们可能也因为竞争而迷失了自己，用我们的正直去换取微不足道的小小胜利。我们年轻的时候就有过竞争，我们一起经历了那么多，彼此只是瞥了一眼。我们从新的角度看待竞争并更新自己，以求获胜。

当人际关系变成敌对的战斗领域，相互毁灭的威胁就会增加。夫妻可以寻求安全感，但在争夺优势的过程中会危及安全感。"我是对的，你是错的"成为驱动力。合作被竞争劫持。有时会有没完没了的竞争，比如看谁更惨，这是一种恶性的输赢竞争。谁做的家务更多，谁工作更努力，谁的负担更重，谁的空闲时间更少，谁的痛苦最大？通常，当竞争在一段关系中变成了对抗时，就会有一种痛苦的剥夺感，还有得不到满足的欲望。但他们的做法不是承认真正的需求，而是攻击彼此。

下面要讲述的是加布里埃尔和萨曼莎的故事。这是一对30岁出头的夫妇，他们来我这里是因为他们吵个不停。他们都声称是对方挑起的争吵。我告诉过你，这是另一句经常被提及的台词。他们以致命的严肃态度进行"互怼游戏"。无论是在大的方面，还是在小的细节上，他们都指责对方错了。他们清楚地意识到对方的失望和问题所在，尽管他们彼此相爱，但他们在目前的生活中很少有爱。他们在谈话中互相刺伤而不是抚慰。

他们的争论得到了充分的展示，但是他们对抗的音符却在喧嚣和愤怒中消失了。我问他们最后如何恢复关系和解决他们的问题。他们不知所措。他们不停地击打、敲打、叫喊。他们把烂摊子和伤痛都抛在了脑后。

他们过去常常用精心设计的深情姿态来修补破裂的伤口。萨曼莎说："我们真的重新建立了联系，感觉很愉快。"但他们太暴躁、太固执，不会做出慷慨的姿态。他们都想给对方上一课。他们都拒绝合作或学习。他们的争吵是长期的，直到他们开始接受我的治疗。他们的破裂是无法修复的，他们的观点是得不到对方倾听的。这是一种具有敌对性的对峙。他们被困在一个寸步不让的游戏里。

加布里埃尔夫妇的决斗

当我在房间里面对他们时，我感到焦虑。我被卷进了他们互相诽谤的急流中。他们有一种前途未卜的紧迫感。加布里埃尔说话的语气很激动。他留着黑色的胡茬，有一张生动而认真的脸。我看着颇有魅力的萨曼莎，还有她那张饱受困扰的脸，我想知道她微笑的时候是什么样子。他们都没有任何计划或目的,只想着羞辱对方。

他们已经在一起八年了,他们都下定决心要维持这段感情。他们住在伦敦东区一年前买的一套小公寓里。加布里埃尔的父母在他五岁时离异,他大部分时间是由祖母抚养长大的。他是罗马尼亚人,后来搬到英国上大学,成为一名生物医学工程师。萨曼莎是英国人,在伦敦长大,父母在她八岁时离异。她在一家小型媒体公司做营销工作。

他们的关系始于勇气和个性。加布里埃尔和萨曼莎坚决不走父母的老路,两个人组成了自己的小家庭。他们认为自己不想要孩子。他们不觉得非要结婚,也不觉得这是承诺的保证。他俩都自信地提供细节和个人描述。

"哦,非常重要的是,我们有两只势利的猫。"加布里埃尔说。萨曼莎笑着表示同意。

他们的公寓是一个令人兴奋的标志,代表着成熟、成功和自我表达。但是,它有很多问题,这些问题使他们不堪重负。

他们俩对自己的工作一点也不感兴趣。即使是泛泛而谈,萨曼莎的表情也变得迟钝,浑身上下都透着萎靡不振。加布里埃尔对他工作的团队感到非常沮丧,但他已经不在乎了。他们似乎只是因为不知道还能做什么,而且需要收入,才甘愿坚持下去。

我问他们对什么感兴趣,他们在一起和分开时喜欢什么。萨曼莎喜欢去花市。加布里埃尔喜欢骑自行车。但他最近不去了,她也懒得去花市了,就好像他们没有完全参与到自己的生活中,他们正在熬日子。

我问他们有什么乐趣。"我们忙着吵架呢,"萨曼莎翻着白眼说,"没有多少乐趣。"加布里埃尔因为她这么消极而对她嘘了一声。他们有乐趣。生活没有那么糟糕。加布里埃尔不想让我误会。他告诉我,萨曼莎总摆着个忧伤的臭脸,她让他万分沮丧。

"假期"是他们对乐趣的理解,他们异口同声地说这个词。他们为假期而生活,为假期而工作。但正常的生活就不是这样了。那是芸芸众生的故事。

不同寻常且似曾相识的是,他们因为生活不是每一天都是美好的假日而互相怨恨。似乎他们都认为对方对生活的事实负有责任。他们互相指责对方不去纠正错误,也指责对方剥夺了某种乌托邦的权利。

我问他们乌托邦的愿景是什么,是一个持续的假期吗?随之而来的是他们对对方的严厉批评。加布里埃尔希望萨曼莎减肥,萨曼莎希望加布里埃尔能赚更多的钱。这些批评成为他们生活不如意的原因。当我看到他们的冷嘲热讽时,我皱起了眉头,试图去思考他们潜在的欲望。他们并不真的想要毁灭对方,如果有什么的话,那就是他们似乎决意要让对方参与进来并且继续战斗下去。他们似乎倾向于相互贬低和降低对方的价值,以某种方式证明自己的优越性。我不想细谈他们的论点。细节往往会让人分心,变成关于谁对谁错、谁好谁坏的微妙辩论。

在谈话交心中,他们会随意拿起一根棍子互相殴打。在共同生活中,他们清楚哪里出了问题,却不关注成功会是什么样。萨曼莎挑剔的批评非常具体。她重提加布里埃尔洗衣错误的细节,好像我是调查重罪的洗衣房警察。

她说:"我再也受不了了。"当她描述他的失败时,她看起来很震惊,从一种痛苦的状态转变为一种极度愤怒的状态。加布里埃尔看起来也很受伤。他后退了几步,离她只有几英寸⊖远。他们的聪明才智不能帮助他们有效地沟通。他们呈现出极有讽刺性的表情,并利用尖酸刻薄的措辞互相侮辱。

加布里埃尔在他的评论中飘飘然。崇高而模糊的浪漫理想与现实生活的残酷相碰撞。萨曼莎应该有自己的样子和行为方式,庄重、美丽、有

⊖ 1 英寸 = 0.0254 米

趣。这是一种非常老式的女性气质,我努力不做出反应,也不想串通一气。我跟主管讨论这件事,他提醒我说,如果加布里埃尔对萨曼莎的极度失望表现得守旧,他的男子气概可能也受到了巨大的伤害。的确,他受伤的自我意识,他的渺小感,促使他想要超越她、反驳她。

她一谈论政治,他就把她驳倒了。他警告她说错了一个事实,然后拿出手机快速查找。他宣称,他是对的,她是错的。

"你们俩都错了,"我说,"试图为自己的聪明加分似乎没有什么帮助。"

萨曼莎问我什么意思。

"你们在治疗开始时使用的一些孩子气的台词,是你们先挑起来的,我早说过会这样。我感觉,这些台词在你们的争论中产生了回响。你们就像争吵的兄妹,被对方冤枉了。你们陷入了互相攀比、互相打击的泥潭中。我认为,我们与其投身于这种得不偿失的胜利,还不如明确前进的方向,也就是我们共同治疗的目标和你们的关系。"

我们谈论得不偿失的胜利——成功的战斗如此费力,双方都被削弱了。如果他们用侮辱来摧毁对方,他们的关系还剩下什么?

比起确定谁是赢家,我更关注这段感情。当我这样说时,加布里埃尔回答说:"我以为我正是这场心理治疗的赢家。"我们笑了,但我怀疑他说的是真心话。

我把重点放在他们想从这段关系中得到什么,以及成功是什么样子的。他们只会批评对方,不知道各自能做些什么来增进彼此的关系。他们在妥协方面是新手,而在贬低彼此方面是专家。

萨曼莎说:"擅长互相贬低的专家。哎哟,夏洛特。"

"你冲我哎哟什么?你们还是冲对方哎哟吧?你们才是互相伤害的人。"

"太刺耳了!"加布里埃尔说。

"是的，"我说，"这个房间里有很多刺耳的东西。你是来寻求帮助的，所以我希望我们能找到一条出路。"

也许我需要偶尔做个坏人，通过给他们一个共同的目标来让他们重新建立联系。但成为新的嘲弄对象也不是长久之计。这对夫妻需要另辟蹊径。

感情往往需要"我们的故事"。他们的故事是什么？妥协不是牺牲，他们都需要坚持一种自我意识，或者可能发展和修改一种自我意识，同时允许来自对方的影响。在接下来的一周，萨曼莎说："我们的故事是关于成为最好的朋友。"加布里埃尔表示同意："我们在同一条战线上。我们以一种积极的方式对抗世界。我们也互相撕咬。"

加布里埃尔认为他本可以选择一个"更好"的伙伴，一个更性感、更整洁、更好的女人，一个更爱他的女人。他对自己的理想感到叹息。这是怀旧，也是他的渴望。他想起了罗马尼亚寒冷的冬天，他为考试努力学习，祖母为他做了松软的阿曼丁巧克力蛋糕。他渴望他曾经梦想过的生活能变成什么样。拥有一个美丽、可爱的妻子，是他期望的故事的重头戏之一。他对爱情的幻想在他的脑海中是如此的真切。在他的记忆库中，他认为他的理想是真实的，或者应该是真实的。他认为他对爱情和婚姻的幻想应该成为现实。"我为自己的标准感到骄傲。"他告诉我。但当他听到自己的想法脱口而出时，他也被自己的期望震惊了，不仅仅是对萨曼莎，还有对他自己。他们都希望对方恢复到以前的样子。他们不只是想这样，而是要求这样，好像这是必然发生的。但他们也为自己的变化如此之小而烦恼。什么是进步？他们的争论感觉像运动，并且是循环运动，而不是直线运动。

"萨曼莎，不要拿这件事来针对我，我接下来要说的话……我想我害怕了。我担心我完全是个普通人。和你吵架让我筋疲力尽，但这也是我唯一在乎的事情。"

这是一个微妙的转折点。我趁机温柔地建议："我们能把你们的决斗变成'二重奏'吗？"

这句话整个星期都在我的脑海里盘旋。把决斗变成"二重奏"，这是我们可以搞定的概念。不同的字眼萌生的意义天差地别。在我们的治疗过程中，鼓励和明确是两个基本要素。我们来看看"二重奏"意味着什么。

萨曼莎说："不管是什么样的'二重奏'，每个人都唱不同的调子，但是他们知道对方的调子，并且能够适应对方的调子。"

他们一开始就这样做了，了解彼此的文化和成长环境，希望对方在生活中做得更好。但有些东西停滞了。他们不断战斗是为了他们生活中的空间和资源。自从新冠肺炎疫情开始后，情况变得更糟了。尽管他们实际上在很多方面都相当接近于一对公平的夫妻，但这些细微的差别非常重要。他们玩起了"小吵要吵赢"的游戏。关于"公正"的琐碎争吵，代表了对"不足"的模糊而崇高的感觉，以及对生活应该更好的感觉。

每个人的个人成长都很重要，考虑对方的观点也很重要。他们的态度需要一些鼓励。

他们都背负着对感情的期望。"对我们来说，幸福应该不那么难，宝贝。你明白我的意思吗？你真让人受不了。不应该是这样。"加布里埃尔说。

萨曼莎也认为他们的关系应该会更容易。她说："如果他爱我，他应该让我感到被关心。"这是非常基本和明显的。这包括一些具体的动作，比如给她泡茶和付账单。对他们每个人来说显而易见的东西，对另一个人来说是不直观的，他们很生气，因为他们必须解释和澄清他们应该已经知道的东西。人们经常幻想着一段轻松的关系，这对夫妇更是如此。长期承诺所需要的努力比我们预期的要多。但是，在坚持轻松的爱情故事的同时，我们也让关系变得比需要的更艰难。他们的斗争比他们意识到的还要一致，但他们来自不同的地方，他们没有耐心，不能互相包容。他们在不了解战争的情况下，玩起了"小仗要打赢"的游戏，走的是最具阻力的道路。

持续不断的冲突似乎是他们未被满足的欲望的错位表达。他们不是公开要求对方提供更多，而是互相贬低。他们在谈判，试图确保自己的价值和地位。他们都在为自己的权利而战，比如富有感染力的公民权和尊重。但他们试图从各自身上获得更多的方式是从对方身上拿走。每个人都在贬低对方以争取更多。他们陷入了这种肮脏的、破坏性的战斗模式，互相剥夺和诋毁，但他们的目的是什么？

在与作家凯瑟琳·安吉尔（Katherine Angel）的对话中，我问她如何选择痛苦的东西，选择伤害我们的东西。我告诉她这是治疗中经常出现的一个问题——选择破坏而不是健康。这对夫妇在不断的贬低中自我毁灭。

"有时候，我们追逐危险和黑暗的东西，正是因为这些东西让我们觉得自己还活着，或者感觉一切都栩栩如生，"凯瑟琳说，"在某种程度上，这可能会让人感到满足。"

在很长一段时间里，每次我见到萨曼莎和加布里埃尔，他们尖刻的批评还在继续。正如心理学家马歇尔·卢森堡（Marshall Rosenberg）所说："所有的攻击、指责和批评都是需求未得到满足的悲剧性表达。"他们需要什么？我想起凯瑟琳·安吉尔关于追逐危险的言论："正是因为这些东西让我们觉得自己还活着。"她的见解在某种程度上适用于我的许多患者，甚至是所有患者。但对于这对夫妇来说，他们对自己的生活感到非常厌烦。他们的公寓是一种责任。他们的工作是强制性的。他们的生活变成了琐事清单。他们需要感觉活着。战斗一直是他们的生命力。但战斗中紧张的肾上腺素正在耗尽他们的精力。

我建议他们更新自己的角色和责任，作为个体，也作为夫妻！这是我们在工作中会做的事情，在心理上也会有帮助。他们都让对方为自己的幸福负责,他们都觉得自己有责任,而且他们都觉得被他们关系中的责任所欺骗。加布里埃尔指责萨曼莎夸大其词,而萨曼莎则指责加布里埃尔过于轻描淡写。这两种扭曲都是关于谁做什么的争论。他们有时甚至很难分清现实。

他们带着这个任务离开,然后带着书面的描述回来。中心主题是认可和承认。但要表达这些需求并不容易。

"我觉得自己像个**侏儒怪**。"萨曼莎说。作为她儿时的最爱,她突然意识到寓言中侏儒怪的悲惨处境。她现在认同寓言中的侏儒怪。她努力工作,把稻草纺成金子,却没有信誉。

为了获得认可和逾期的荣誉,她攻击和贬低加布里埃尔,好像这样可以弥补她被低估的感觉。

"我觉得自己也像个侏儒怪。"加布里埃尔说。"跟屁虫!"萨曼莎惊呼道,她告诉我,"他所有的好点子都来自我。但我会把这当作是奉承。我想要和平。"

"你们需要鼓励才能重新编写故事。这样你俩就不会把金子纺成稻草了。"我说。

他们做过艰难的事情;他们努力庆祝对方的胜利,但他们却抓住对方的缺点不放。他们走上了反抗的道路,为了让自己感到活着和充实,他们几乎摧毁了对方。

事实证明,当持续不断的批评和占上风的游戏停止时,他们留下了自己的思想和生活。

有时我们挣扎着面对自己。加布里埃尔和萨曼莎用更柔和的方式找到了自己的优势。柔软是舒缓的,也有点乏味。有时候,成功也夹杂着些许乏味。有时候无聊就是成功。他们的生活不会是无休止的美好假期,但他们可以更健康、更快乐,而不是生活在一个得不偿失的胜利的痛苦之中。他们可以将决斗变成"二重奏"。

假如你胜利了

胜利可以带来强大的力量，但让我们感到强大的东西也可能是我们心理上的失败。当我们放纵自己好斗、小气、争强好胜的一面时，我们会破坏人际关系，并削弱自己的力量。

竞争的最大问题是目的不明确。没有终点，没有界限，就不可能有多少成就感。没有一个公开的赢家，我们就不知道如何或何时停止。查理·卓别林曾说："一场伟大演出的关键在于知道何时退出。"你也可以将此应用于竞争性游戏。当我们开始互相攀比，需要判断是否正确而不是相互理解时，我们就偏离了轨道。不断证明自己高人一等，并不是令人特别满意的事情。很少有实质性的胜利。考虑一下你想从这种情况中得到什么，以及你想去哪里。注意那些得不偿失的胜利，并考虑你坚持连续得分的时候都会失去什么。当你想退出对决或竞争时，你自己拿主意吧！

胜利并不能保护我们免受失败。正如西蒙娜·德·波伏瓦所说："如果你活得足够久，你会看到每一次胜利都变成了失败。"通过贬低他人而获得的胜利，往往让人感觉像是在拼命保护自己的活力。不断的谴责是对失去的强烈威胁的回应，最重要的是失去自我。

当我们感到安全是一种快乐时，我们不需要证明或比较自己。但当我们有足够的安全感承认妒忌、羡慕、威胁，并意识到我们内心深处是多么渴望胜利时，这也是一种快乐。清楚和诚实地面对这些不舒服的感觉会给我们带来更多的动力。

如果我们没有意识到竞争的动态，我们会因为一种被忽视和不被欣赏的感觉而感到耻辱。接受治疗的病人经常谈论被隐瞒了的表扬。为什么兄弟姐妹、朋友、同事、父母没有表达出他们对自己的成就、技能及他们所拥有的一切感到多么自豪、多么高兴和多么兴奋？拒绝给对方留下深刻印象,其本身就是一种竞争策略,也是一种通过精心设计的"未曾留意"来降低对手价值的消极攻击方式。

"**多元之爱**"是**幸灾乐祸**的可爱解药,它的使命就是让你为别人的成功感到高兴。当我们为别人感到高兴时,这是一种罕见而美好的心态。当收到一份体贴入微的礼物时,表示欢乐和感谢甚至会让人感觉很慷慨。这是分享快乐,让另一个人觉得自己很重要。但是为了获得多元之爱,我们可能不得不克服自己的黑暗面。

除了外在的竞争,我们还会自我嫉妒和争强好胜,挑战不同版本的自己,或者从容应对我们自己的幻想。我们也可以对成功沾沾自喜,向年轻的自己炫耀。自我竞争可以是激励性的,也可以是威胁性的。

当我们过分地争强好斗时,我们就是在与持续不断的威胁作斗争。当我们体味到被威胁或被剥夺的特别感受时,别人的成功会给我们一种可怕的不满感。作家戈尔·维达尔(Gore Vidal)以刻薄犀利的言辞而闻名,他捕捉到了一个黑暗的真相:"每当一个朋友成功时,我内心的某些东西就会死去。"

认识到我们幸灾乐祸的心理(对别人的不幸感到高兴),说出我们对威胁的真实感受,也是一个突破。我们不喜欢自己这样。但别人做得很好会引起我们的困惑。这是一种古老的感觉。我们想要赢,如果别人赢了,这对我们取得好成绩和获得足够的机会意味着什么?如果有人输了,这能帮助我们成功吗?

我们大多数人都是矛盾的。我们希望成功近在咫尺,这种感觉会以一种好的方式传染。这表明,如果我们的朋友和爱人都能蓬勃发展,我们就能做得很好。拥有活跃的、有趣的朋友,是我们许多人想要和珍惜的东西。我们也可以用一种积极和可爱的方式,真诚地希望别人成功。我们希望我们的朋友幸福。我们希望我们的兄弟姐妹过得好且生活充实。但有时,当我们看到别人蒸蒸日上的时候,我们很难萌生祝福的心愿,这也是情有可原的。

攀比！绝望！在某种程度上，我们觉得另一个做得好的人会从我们身边夺走一些东西。如果一个同事在工作上有了重大突破，那么他就会以某种方式取代我们的位置，虽然这不是一场公开的竞争。这一切都要追溯到我们对爱的早期体验。这些记忆可能在学校、在社交场合、在家庭生活中形成，这就是为什么当别人得到他们想要的东西时，我们会感到难受，尽管这是秘密的内心活动。

当我们不断地把可能发生的可怕事情想象成灾难时（但大多数情况下并没有发生），我们就会习惯性地陷入焦虑和不知所措的"如果……会怎样"假想中，上演可能出错的场景。或者，我们反复思考，玩着"要是……就好了"的折腾游戏，坚信我们可以回放、撤销和重做。可惜一切都错了。我们玩着重复的游戏，基于这样的幻想：有一天，我们会向那些怀疑我们、不欣赏我们、使我们感到渺小和无助的人证明我们的荣耀。我们梦想着弥补自己过去的伤痛和不足。我的患者们经常在言语中透露对胜利的幻想，这将向怀疑者证明他们错得有多离谱。

我们复杂的敌对情绪往往与我们对自我的不安有关。当事情进展顺利时，我们对朋友的喜悦感到不悦，而在一旁观看时，我们提醒自己，我们不敢如此厚颜无耻地把自己放在主位。关于拥有自我的权利，我们大多数人都被灌输了各种各样的信息。无论我们所处的环境和所受的教养如何，我们都会发现自己被文化潮流所左右。赋权、自信、自尊、身体积极性（body positivity），这些都是可爱而美好的东西（尽管我们内在的信仰和个人经历可能会发生冲突），但"自我"却被视为一个肮脏的词。更不用说自恋了……太过自我仍然是一种让我们安静下来的毁灭性信息。远离"自我"，这是个致命的敌人！"自我"以制造麻烦、危险、混乱而闻名。"自我意识的危险"是我们经常听到的一个短语，大多数文化对自我意识的可接受性给出了复杂的解释。我们很容易隐藏和否认自我（对别人，甚至对自己的意识)。"放逐自我"会通过他人，通过坚持以微小的方式获胜，通过愤怒、挫折、评判性的嫉妒，从侧面显现出来。"自我"就是"我自己"。它来自拉丁语"I"。它可以意味着自尊和认可。当我们摒弃虚伪的谦逊，在私下接受治疗时，我们只是享受做自己，这可能是一个突破。如果不是现在，那是什么时候？

一位患者最近对我说："我对自己很满意。我做得很不错。我真是棒极了。"我听了也很高兴。

想一想胜利的意义。定义变了，规则也变了。这取决于你是否能改变自己的角色，玩一些让你觉得成功的游戏，不管这意味着什么。

第十章　联　系

我们与其他人联系的欲望就像吃饭一样对我们的生存至关重要。这是关心和体贴的纽带。在一生中的任何年龄、任何阶段，只要存在相互的参与和开放，我们就可以建立联系和重新联系。在治疗中，我们与朋友、同事、陌生人建立联系。如果我们能够将自己概念化的话，那么，如果没有联系，我们很难知道自己如何看待自己。当然，在所有这些地方，断开联系的情况也会发生。

我清楚地记得，我的第二个孩子在七个月大的时候开始鼓掌。他惊讶于自己双手合十的样子，他本能地开始模仿别人鼓掌的样子。齐声鼓掌使他兴高采烈。他会试图吸引我的目光，当他这样做的时候，他会高兴地笑起来。我们都会笑逐颜开。当我对他感到惊讶时，他的脸会变得容光焕发，他也会回头看我。我们所体验到的融洽关系既是内在的，也是外在的。我们开阔视野，然后加入其中。鼓掌是如此独特的一种表达感激和团结的人类姿态。我们对联系的渴望揭示了分离和团结的天壤之别。

关注和联系是关于被看到和被听到的感觉。但是，大喊大叫可能会引起关注，而不会建立起联系。建立联系是指加入一个共享的体验。这是关

第十章 联 系

于相互参与的话题。我看到你、听到你,你也看到我、听到我。当我们全心全意、真诚地参与其中时,我们会感到一种团结精神,让我们感到舒适,帮助我们理解彼此、理解生活的意义。建立联系是我们关心彼此和处理经验的方式。

最初的感情始于出生之时,新生儿通过触摸和被人喂食与外界建立联系。与他人和自己的某些部分建立联系,可以将零碎的经历变成一个清晰、连贯的故事。我们如何发展和如何与世界联系,我们如何辨别我们的异同,这就是我们定义自己的方式。

但是,建立联系可能会很困难。我们迫不及待地想给心爱的朋友讲一个有趣的故事,但当我们讲的时候,我们被打断了,或者朋友没有笑。我们发送短信,但没有得到回复。我们寻求对我们经历的事情的认可,我们感到被拒绝或被忽视。断开联系就像一只手在鼓掌,一个巴掌拍不响。我们拒绝向爱我们的人承认深深的痛苦,因为我们恐惧、尴尬、害怕。我们感到被忽视了、被误解了。我们偏执地认为一场尴尬或平淡的社交活动并不是我们所期望的那样。因为我们希望被别人看到,而我们感到无人关心、无人认可。我们被那些突然觉得不可接受的记忆所困扰。

强大的联系在心理治疗中是有价值的。治疗空间是一个情感实验室,我们可以在这里观察和研究问题。联系、发现和重塑我们告诉自己的故事和我们所承载的那些不为人知的故事,是这项工作的重要组成部分。我们可以加深对过去事件的理解,从不同的角度看待事物,接受挥之不去的记忆,在此时此刻拥有变革性的体验,并让某些挣扎变得有意义。

阿斯特丽德,那个把她的故事告诉我的女人,来找我治疗的时候已经60多岁了。我喜欢与不同年龄层的人合作,尽管我的大多数患者都比较年轻。我和阿斯特丽德的关系起初看起来很肤浅,但后来发现很重要。阿斯特丽德想接受治疗,却觉得很可怕。"没有什么比内心背负着一个不为人知的故事更痛苦的了。"玛雅·安吉洛(Maya Angelou)写道。阿斯特丽德有一个不为人知的故事，她尽量不去讲，但又不得不讲。讲这个故事改变了她，听这个故事改变了我。她一次又一次地定义了建立联系的意义。

阿斯特丽德的蜕变

人类喜欢做假设，我也不例外。我试着睁大眼睛去体验新鲜的事物，去认识不同的人，去发现和惊喜，不妄下判断，拒绝刻板印象。心理治疗有着将理论强加于个人的历史，认为我们对别人了如指掌的想法是一个巨大的错误，特别是当我们几乎不了解对方的时候。

治疗师特别注重第一印象，因为评估过程中通常会包含一些笔记，我们希望这些笔记充满了远见卓识和聪明而恰当的观察。我们还评估风险和适用性以覆盖我们的基础结论，并确定我们是否需要参考或是否需要进一步的支持。

在治疗中或治疗后，我们会做些笔记。如果我们计划与患者进行更多的疗程，评估笔记可能只是为我们自己准备的；如果我们要做推荐，我们可能会把评估笔记交给同事。我们的描述根据目标读者的不同而不同。我们总是在以自己的主观方式构建故事、拼凑细节。视角可以塑造我们所看到的一切。无论我们多么努力地把注意力集中在我们遇到的人身上，我们都会不可避免地在某种程度上给自己留下印记并强加于人。房间里的动态是由房间里的人创造的，包括治疗师。我们受过专业训练，能够捕捉到我们的预测，并发现来自患者的预测，但我们的背景、文化、个人生活、外貌、训练、情绪、性格、特质，都影响到我们如何看待和联系他人，以及人们如何体验心理治疗。这就是让心理治疗过程变得非常私人化和个性化的原因。

我们不会读心术，但我们可以观察、参与和塑造。我们错过了一些东西。我尽我最大的努力去认识我的患者，允许故事素材的出现，而不是强加给他们标签。但我很快就能形成第一印象，我对阿斯特丽德的印象是错的。我已经决定原谅自己先入为主的、不准确的即时印象，因为我们都有形成这种印象的倾向，重要的是愿意修改和更新。由于治疗在很大程度上是关于重塑故事的，我也需要重塑我的患者们的故事，而承认我最初的感觉通常不具有全局性，这是一种释放和扩展。任务尚未完成，还差得远呢！

我做错了，也做对了。我的第一印象是"她真是个贵妇，还是个穿搭达人"。事实证明这是真的。但我的假设完全是误导，我认为她看起来很镇定，并没有遇到真正的麻烦。

第一次治疗时，阿斯特丽德提前到了。接待员提醒我说："有一位女士要见你。"她还低声说："她太时髦了！"我做了自我介绍，给阿斯特丽德倒了一杯水，她婉言谢绝了，我告诉她，我几分钟后就回来。就在这一瞬间，我看到了她优雅的外表。她是如此的整齐和干净，一条小围巾围在她的脖子上，另一条围巾系在结构精巧的手提包顶部。几分钟后，当我把她迎进房间时，我发现了她贵妇模样的层次感——挂在衣架上的雨衣、花伞、弓形鞋、配套的耳环和项链（她几乎总是穿戴着这些服饰，我很快就知道，这些都是从她祖母那里继承来的）。她就像穿着一套华丽的服装，仿佛扮演着一个高贵的角色。她脸上的妆化得恰到好处。我想，她真是个善于搭配的人。但是对我们中的一些人来说，"搭配"的含义是无限复杂的。视觉上的连贯性对她很重要，因为这可以掩盖她内心的混乱。

阿斯特丽德在60岁出头的时候寻求治疗，旨在"与人建立联系"。她解释说："我有对付无赖的历史。请帮我选一个像样的人。我想要个伴儿。"我问她，建立联系对她来说意味着什么。她向我讲述了她的前夫，也就是她孩子的父亲。多年的婚姻和家庭生活并没有让他们变得特别亲密。他背叛了她,他们离婚了,12年前他再婚了,而她有过几段短暂的浪漫关系,在接下来的几年里有过一系列失败的恋情。即使是在充满依依不舍和情凄意切的时候,她的回忆也是平淡无奇的。她的英语像许多斯堪的纳维亚人一样流利。有些词,比如"无赖",她发音清晰,像青苹果一样清脆。

除了恋爱关系,其他的联系来源呢?她皱了一下眉头。"你知道,我想找一个能关心彼此的好男人。"她的母亲是"一个循规蹈矩的女人,头发总是别在发夹上"。母亲总鼓励她去找一个可以爱的男人、一个可以照顾人的男人。"我的母亲私下里有点儿小淘气。她喜欢滑雪和音乐剧。她在这两个地方玩得很开心。但即便如此,最重要的事情还是对一个男人的奉献。《窈窕淑女》(*My Fair Lady*)是她最喜欢的音乐剧之一,她向我和我的姐妹们灌输的信息是:要给男主角亨利·希金斯教授送拖鞋。这句话是我们的生活准则,现在依然如此。"

这时,阿斯特丽德的深情让我微微颤抖。我很喜欢《窈窕淑女》,对台词也很熟悉。但这是多么奇怪的信息啊!亨利·希金斯因拒绝改变而闻名,而女主角伊莉莎·杜利特尔尽管名不副实,却无所不能,这让我一直感到沮丧。

阿斯特丽德很惊讶,也很高兴我知道这是指什么。"你们这代人不懂音乐剧,"她说,"也许最终还是有希望的。"

心理治疗不仅仅是引导我们去喜欢自己所看到的。我们可以不喜欢自己或者对方的某些部分。我们得看看烟灰和尘垢,还有粉彩。但在这一刻,它是纯粹的柔和。她喜欢我,我喜欢她。多么阳光明媚、令人愉快的时刻啊!

我被她的魅力所震撼,我很好奇,想要挖掘她的深度和强度。

当我问及她的自我意识时,她给了我一些典型的描述,就像我们的习惯性描述一样。她当了几十年的助产士,但最近退休了。她成长的地方被她描述为"朝气蓬勃的哥本哈根,有一点儿《仙乐飘飘处处闻》①的感觉",但是没有绵延的群山和滚滚的财源。

"我和姐妹们在日德兰半岛度过了夏天,穿着漂亮的衣服创作艺术。现在回想起来,我们当时是非常善良和天真的。"她搬到伦敦去冒险。虽然她的经济状况并不算好,但她租得起一间小公寓,还能上园艺课。她不再觉得自己背负着无穷无尽的责任,她终于感到了一种自由,所以,来到伦敦是她的"第三次大行动"。她承认自己的灵感来自美国女演员简·方达(Jane Fonda)。

她努力让谈话只围绕她自己展开。我们不平衡的关系让她感到尴尬,对很多人来说也是如此。她花了很多时间观察周围的环境,密切关注她在房间里看到的东西,以及在我身上看到的东西。"你身后的画真漂亮,"她评论道,"我喜欢这些坐垫。"

我问她关于内在自我的问题,她会回答我的穿着和配饰:"我喜欢你总是戴着耳环。有一次我尝试接受心理治疗,和我聊天的是一个非常乏味的女人。"

当我强迫她告诉我她的感受和想法时,她会尴尬地中断她自己的话题,转而问我坐在我的座位上是否舒服,因为这个座位没有她坐的那个坐垫舒服。

"这把椅子看起来很硬,"她说,"我担心你整天坐在那东西里。你应该要一张好一点的椅子,至少要一张和我坐的地方一样舒适的椅子。"

她说得对。作为一名治疗师,我每天都坐在一张从办公室橱柜里拿出来的木椅上。这把椅子真的很不舒服。

她抓住这个问题不放。"夏洛特,你很瘦,所以你的屁股没有'自带

---

① 日本动画公司制作的"世界名作剧场"系列第17部的动画作品,改编自奥地利作家玛莉亚·冯·崔普的作品《崔普家庭演唱团》。——译者注

软垫'。如果你继续坐在那个东西里,你的背部会出问题。看着你让我很担心。我是护士,相信我!"

她对我的关心让我感到尴尬,于是我尽可能地把注意力转移到她身上。她对我身体的评价让我觉得自己像个孩子,不仅仅是身体上。她提醒我注意自己与权威打交道的幼稚方式。

她对我的关心、她提及的自己的医学专长、她的美学意识,所有这些都有助于我了解她的性格、价值观、兴趣。她转移话题,将讨论带回到我和这个房间。当然这很有启发性,因为她告诉了我,她在这个世界上是怎样的,她在她的人际关系中是怎样的。

我不断地提醒她,她的目的是与人交往。这首先意味着与自己建立联系。她要弄清楚自己是谁,哪怕是间接的感觉也可以。身为阿斯特丽德,她已经敏锐地注意到自己的外部环境,比如其他人、表面细节,甚至感知到别人的内部经验,而不是她自己的内心生活。她能想象我坐在那把椅子上的不安,但她很难用语言表达她自己的内心世界。阿斯特丽德习惯性地关注别人,要确保别人没事。当我试图只关注她时,她感到非常不舒服。她就是医生和护士常说的"很难搞的病人"。

她想让我帮助她,我感到很荣幸。我想让她喜欢我,觉得我令人印象深刻。我们很快就建立了融洽的关系,我感到很高兴,我想她也是。我们的治疗很顺利,她告诉我,她一直想知道有个女儿会是什么感觉,而她的儿媳对她很冷淡。我对她既有女儿的感觉,也有母亲的感觉,这种奇怪的方式会发生在**移情**中,真实的年龄和情感的年龄结合在一起,然后变得模糊不清。我们的谈话大多让我感到自己在愉快地精心打磨自己和控制自己。有一个例外,就是她察觉到了我在椅子上受虐。我与她那"拧成一股绳"的性格相匹配。我们在一起时,眼睛因快乐而闪烁。承认这些是很尴尬的事情,我花了很多年的时间与我的主管一起,在我自己的治疗中讨论这些模糊的自我,甚至只是向自己承认。但如果我不承认这些事情,我就是在隐藏和回避那些影响治疗关系的重要问题。

有几次，我和阿斯特丽德玩得很开心。这并不难。她对我过分体贴，我也对她过分关心，但我们基本上只是聊聊她的生活，没有真正讨论过正题。直到最后，不只是我在那张椅子上度过了痛苦的一小时。她让自己感到受伤，真正的故事才浮出水面。

当我们下次见面时，阿斯特丽德不像往常那样泰然自若，似乎有些紧张。她戴着一条天鹅绒发带，交叉着脚踝，像个初入社交圈的优雅少女。她打开笔记本，把它放在膝盖上。

她说："我不想失去思路，也不想失去勇气，所以我写下了一些提示，以确保我告诉了你一些事情。"她的声音在颤抖，我能看到她的手在发抖。我想让她放松。

"这是你的空间，"我说，"好好待在这里，想说什么就说什么。"

"这听起来不错。好，好，听起来不错。你今天怎么样，夏洛特？"

"我很好。但是，阿斯特丽德，请告诉我你怎么了。"

"好吧。我来找你的真正原因，就像我说的，是为了遇到一个好男人，我现在仍然希望那样，我觉得很尴尬。我给自己惹了点麻烦。我跟你说过，我有和无赖约会的前科。嗯，有一个特别的人。夏洛特，我不敢相信我让这事发生了，虽然我不知道该怎么说。我很难找到我该说的话。"她的声音断断续续。

"我明白了，"我说，"给你自己一点空间，尽情地倾诉吧！我们会把你说的一切都整合起来。"我能看出她很苦恼、焦虑，只要提起发生了什么不好的事情，她就会重新回忆起某些未处理的痛苦往事。

"好吧，我只说一些零零碎碎的片段，你可以帮我整合一下吗？拜托啦！"她说着，声音越来越有力量。

"当然可以！"

我们到底想要什么

直面内心深处的12种欲望

"事情开始于几个月前的一个晚宴上,和我一起接受培训的助产士聚集在一起,还有几位同事,还有一位杰出又迷人的澳大利亚外科医生坐在我旁边。他说比起医生,他更喜欢护士。那是一个美好的夜晚,在我离开之前,我们交换了各自的联系方式。我不确定我是否会收到他的邮件,但他那天晚上给我发了邮件,我回复了,然后第二天他又回复了,在接下来的一个星期里,我感觉我们好像建立了某种联系。一个英俊的男人,比我大几岁,非常自信,非常博学。他饱读诗书,很久以前就离婚了,有个儿子住在美国。他很轻浮,但从不粗俗。他告诉我,他喜欢滑雪和参加艺术展览。我也是。我们有很多共同点。于是,我们约好一起吃晚饭,我们度过了一段美妙的时光,然后,他建议下一个周末做点什么,我很紧张,但是准备好了,而且我非常喜欢他。于是,我们一起开车去了湖区那家漂亮的乡村旅馆。这是他挑选出来的,看起来完美无瑕。你知道湖区吗?"

我点点头,但保持沉默,希望她能专注于她试图告诉我的伤心往事。

"好吧,如果你想在周末度个小假的话,我向你推荐这家旅馆,不过我不会再去那里了。但你可能会喜欢。你周末外出吗?"

"阿斯特丽德,你知道我对自我表露的态度是相当放松的,但我们还是继续讲你的故事吧,拜托了。"

"好,好。詹姆斯,就是那个无赖的名字。哎哟!即使说出他的名字,我也能感觉到一股气息。"她急促地吸了一口气,"我现在还不想有任何感觉。我想先把所有的细节都说清楚。他看起来是那么亲切和细心。我觉得我们心有灵犀。我很紧张,但也有点头晕,因为我们在进行一次浪漫的度假。我们共进晚餐。我喝了一两杯红酒,最多两杯——我不让他再给我斟满。我们分享了烤里脊牛排,五分熟。我以一种美好且温暖的撒娇口吻说我不要再喝了,我开始有点微醺了。我们坐在旅馆餐厅的一个小角落里,透过窗户可以看到外面美丽的景色。一切都很顺利,也很浪漫。我觉得很开心。这就是让人困惑的地方。我没法保持镇定。"此时此刻,她的举止变得严厉而有节制，散发着一种得体的女校长气质。

她说："我讲得不好。"她凝视着房间的角落，目光如矿石般坚硬。她那棱角分明的脸看起来痛苦而愤怒，好像她提醒自己发生了什么不幸的事情。直到现在我才接近她广阔的内心世界。

"阿斯特丽德，你怎么说都行。"

"我要把事情原原本本地讲出来。既然我来了，就要把它挖出来，我要把它从我的心里撑出来。但我不知道这些故事碎片是如何拼凑起来的。这说不通啊。"

我说："先别急着把这些拼凑起来，你且继续说下去。"当人们经历创伤时，他们会感到难以置信的压力，要以正确的方式讲述他们的故事，就好像表演才是最重要的部分。这在很大程度上来自对所发生事情的恐惧、对事情真正发生的怀疑、对震惊的无声恐惧，以及对自己不会被相信或者可能被指责的恐惧。大多数时候，他们挣扎着去相信发生了什么，并且已经开始自责了。即使在治疗过程中，讲述一个不为人知的创伤性故事，也会让人感到恐惧。

"我们上楼回到自己的房间。如此甜蜜，如此迷人。经营这里的是一个善良的家庭。我们周围的一切都来自绘本，我小时候在丹麦梦想的一切，从我读过的毕翠克丝·波特（Beatrix Potter）的书和很多电影中想象英国乡村的一切。神圣的地方。我重复一遍。我将到达那里。晚饭后回到房间，我很紧张，但我想，让我们看看会发生什么。我以为我紧张是因为我太久没做爱了。"当她说到"做爱"的时候，她的声音变得柔和起来。"还有约会！哦，当我们相遇时，感觉很紧张，很不确定，然后我们更亲近了，现在进入下一个阶段吧。而我，已经对性爱生疏了。"

"我明白。"我说。我等着。我不想问这是不是事情的全部，但我就是不确定。这让我想起，我打开一个袋子里的礼物时，不知道底部是否还有更多，但我不想让自己显得贪婪或不知足，因为我不想大张旗鼓地翻找，看看是否还有更多。

"嗯,就是这样。"她说。她低下头,停顿了一下。此时此刻,她沉思的脸庞显得格外醒目。"那是我记得的最后一件事。直到我在铺着瓷砖的浴室地板上醒来,发现到处都是血。我的头……我感到一阵抽痛。我感到全身疼痛,到处都是瘀青。我全身麻木,但还有疼痛的感觉。"

"哦,阿斯特丽德。"我说,突然感到一阵痛苦。我知道她一定发生了什么不好的事,但我没想到会这样。她也没有想到吧。

她说:"我知道,我需要告诉你这些,我也想告诉你这些。"她从一个漂亮的花卉纸巾盒里拿出一张整齐的小方纸巾,精确地展开,然后小心翼翼地擦干眼泪。我希望她能直接用她面前的纸巾盒,但她已经准备好了她的日程表、她的纸巾、她的衣服、她的围巾和她的物品。她以这些方式维持自己的生活。

"我很高兴你告诉我,"我说,"这听起来很可怕,令人如坐针毡。"

"是的,是这样,我一个人也没告诉。我只是太……尴尬了……我一会儿再说这个。我想尽可能告诉你更多的信息。总之,当我终于从地板上爬起来的时候,我想呼救,但我没有。这是……这是我不明白的部分……这是让我心烦意乱的部分。"她开始哽咽,泪眼蒙眬。

我说:"这一切都太艰难了。我真的很同情你。我会和你在一起。"

"噢,夏洛特。我需要听到这些。你会和我在一起。我不明白。詹姆斯穿着毛巾布睡袍躺在床上看杂志。那是一份旅游杂志。他就躺在那儿,读着关于某个豪华目的地的文章。我爬到床边,我的头被什么东西狠狠地砸了一下,到处都是血。我吃力地爬上床,在他身边躺了下来。他什么也没说。我什么也没说。我想我当时惊呆了。我没有呼救,也没有报警。我不明白,我就是不明白。我得把剩下的故事都告诉你。"

"请说!"

"我抬头看着他,问他发生了什么事。'你喝醉了,你这个淘气的姑娘。'他是这么说的。我没有喝醉！我知道我没有喝醉，但我试着接受这个想法。那晚我和他一起睡在那张床上。我不敢相信，我居然爬到了他的床上，就躺在他的旁边，但我做到了。第二天早上，我醒来，我的头很痛，我完全不知道我是怎么睡着的。我们穿好衣服，下楼去了旅馆里的早餐室。我们喝了一壶咖啡，吃了点心，然后，服务人员给我们送来了全套英式早餐，这一切就像是一篇关于湖区一家可爱的乡间旅馆的杂志文章。我们在附近的一片树林里散步。我们拍了花的照片。他对花非常了解，总是可以叫出各种花的名字。哦，天哪！这些都是我做的。这认同了这一切。我们还在散步时自拍。嗨，瞧瞧这些照片。"

她给我看了照片，用颤抖的手把手机递给我。她就在那里，她那张凹陷的脸上挂着大大的、冰冷的笑容，她的头发贴在脸颊上，前额边缘有明显的伤口和轻微的瘀伤。照片中那个穿粗花呢衣服的男人看起来很得意。他搂着她。我对他感到一种沸腾的愤怒，那是她当时没有让自己感受到的愤怒。

"阿斯特丽德，我很抱歉。发生这种事，我很难过，你现在能谈起这件事，我很高兴。"

"我真不敢相信，我竟然没有打电话求助，没有举报他，甚至没有跟他说什么。这是怎么发生的？不只是他对我做了什么。我知道他给我下药了。我知道他在我昏迷的时候和我发生了性关系。"

"哦，阿斯特丽德。"

"我不知道为什么。我会和他上床的，醒着的时候也是愿意的。他没必要给我下药呀。为什么？对我来说，最糟糕的是……我假装一切都还好，一切都很好。我们度过了一个愉快的周末。我甚至在你面前假装，只是不告诉你而已。即使是现在，我也想让大事化小，让小事化了。"

"这是强奸，这是暴力！"我说。

"是的，没错。你说得对。作为一名护士，我知道这一切。然而，我不敢相信发生了这种事，我要让事情恢复正常，我要把小事化了，我假装它没那么糟糕。我做了所有这些事。我为自己感到震惊,就像我为这个男人感到震惊一样。他的所作所为是不对的、不好的。我很震惊。"

"他的行为真的不好,一点也不好。"我也很震惊。我真的被这个故事震到了。在我的工作中,我总是听到强奸、暴力、虐待和创伤,从某种程度上说,尽管我现在很冷静,也习惯了这些,但还是常常被震惊到。我相信,我知道,这种事一直都在发生,但我还是很震惊。太令人震惊了,因为这是不可接受的。我讨厌这种情况发生,而它们经常发生,比我们知道的还要多,比我们读到的还要多,比任何报道或倾诉的还要多,甚至比心理医生发现的还要多。

我和阿斯特丽德一起研究,是什么阻止了她呼救、阻止了她报警、阻止了她举报这个男人。"我记得,我当时觉得很尴尬。酒店很安静。如果我打电话求助,或者告诉别人发生了什么,或者打电话给警察,想象一下,我打扰到了那里的每个人。经营酒店的人都很好。我不想大吵大闹。"不大吵大闹会阻止我们在很多方面发表意见。社会教给我们的、教给女人的,也许是关于礼貌的内容。我从小就被灌输这样一种信念:大喊大叫是"不淑女"的行为。我们要有良好的、传统的礼仪,要像个"大家闺秀",这才是最重要的事情,也是女性追求的终极赞誉。

我问她,"大家闺秀"的身份中蕴含着什么。

"我回想起我的母亲告诉我和我的姐妹们,在周日的教堂里要坐直,把头发编成辫子,一起唱歌。不要乱说话,不要争论。还有,不要捣乱,你懂的。除非有人问你问题,否则不要引起别人的注意。我母亲说过的所有这些话,其中的一些,我母亲的母亲可能对我母亲说过。此外,祖母可能在我们还是小姑娘的时候也对我们说过。"

"天哪,我在想,我们第一次见面时你就告诉我,你母亲总是说,伊莉莎必须给亨利·希金斯送拖鞋。你告诉了我很多细节,尽管我们没有完全意识到这一点。"

"哦，天哪，我忘了我告诉过你。但是，是的，给男人带拖鞋。你认为，在这种语境下意味着什么呢？"她问道。

"你告诉我吧！"

"这意味着要尽一切努力取悦男人。和蔼可亲，细心周到。愉快交谈，面带微笑。"阿斯特丽德望向角落，仿佛在梳理一系列的领悟。

"那更黑暗的东西呢？一旦出了问题，又该怎么办？"

"保持美丽、整齐是我们家的大事。漂亮、整洁的家就是漂亮、整洁的心灵。不要太生气，不要咄咄逼人。夏洛特，真不敢相信我现在才意识到这些。我感觉好像突然睁开了眼睛，看到了什么。"阿斯特丽德说。

我说："你的经历令人震惊。就在几个月前，对吧？你可能还没缓过神来。我很震惊。发生了一件可怕的事。让我们假设需要一些时间来适应，请把这个故事安顿好，让故事连贯起来吧。"

她说："这些都是碎片。我推开的这些碎片像火焰一样灼烧着我。这就是我的感觉——灼热的碎片向我袭来，纠缠着我。我可能在种植花木，在商店里与人交谈，在做任何事情，而再小的事情也能突然提醒我，再次点燃记忆的火焰。到底发生什么？"

"听起来你的记忆里好像有闪回镜头。你以一种高度敏感的方式储存着创伤性记忆，对威胁保持高度警惕。"

"我有这些记忆，其中一些记忆太多了，其他方面的记忆太少了。"

我说："创伤往往就是这样。我们觉得自己记住的要么太多，要么太少。你会着手把碎片拼凑起来。你已经在这样做了，你正在挖掘这个故事。请注意，你可能仍然处于创伤状态。不要催促自己，不要给自己压力。你的记忆不会马上恢复，但记忆的碎片会集体光临。请对自己好一点，耐心一点。"

"我喜欢这样。好的。我可以做到。谢谢你！记忆的碎片会集体光临的。好的，好的。你知道吗，我不太擅长发现自己有什么不对劲的地方。和别人在一起时也这样。我会注意观察一些事情的。"

"我知道你善于观察。你能敏锐地观察周围的环境和别人的动态。你在这里也一样，和我一起也一样眼光敏锐。关于这把不舒服的椅子，你说对了！我是来帮助你的，但你还是闭口不谈你自己的苦恼。"

我们谈到她在与儿子及其妻儿见面时的虚伪感。但她不想告诉他们发生了什么。至少现在不行，等她自己搞清楚了再说。故事还没有结束。她给我看了她和詹姆斯后来的交流。他们交换了电子邮件和照片。

"还有这个，"她颤抖着说，"这一部分的故事真的很糟糕。就在这一切发生之后，我和他发生了性关系，两相情愿。我们继续约会了！我为什么要这么做？为什么？"她的脸庞宽宽的，很迷人。

也许这是一个想要消除创伤的愿望。我要让局势好转，让事情恢复正常，并修复一切，让它不再是一个恐怖的故事。她一直认为她可以用某种方式解决问题。她一直在说："我想纠正错误。"当她讲述这个故事时，她开始回答关于自己的一些问题，还收集了关于自己的力量和洞察力，但她仍然感到困惑和愤怒。

"我年事已高，没有人会侵犯我。谁会强奸一个60多岁的女人？我感到非常尴尬，好像人们会认为我太高估自己，以至于认为我在这个年纪会成为强奸对象。我想我再次见到他，是想搞清楚整件事的来龙去脉。你知道，他会想办法让一切都好起来。我当时到底在想什么呢？"

她那破碎的自我价值感让我很难过。我看得出她是怎样回到他身边，试图去理解一些无法理解的事情。往往是我们不顾一切地想要理解那些给我们带来痛苦的人，才让我们回到他们身边，向他们索取更多，好像受伤的人能得到智慧和补偿。我们以为伤害我们的人能让我们的生活变得更好。我们有时认为他们是唯一有可能做到的人。

"我想我回到了过去，再次见到了他，心想如果我能让这个坏人变成好人，事情就会好起来。这样的话，这件坏事就没那么糟了。这说得通吗？"阿斯特丽德问道。

"是的，确实如此，"我说，"但发生的坏事还是坏事。没有什么能阻止坏事的发生。"

"坏事还是坏事，"她摇了摇头，让自己去感受当时的场景，"当我想到和他发生两相情愿的性行为时，我甚至认为自己当时不在场。就好像我就在那里走过场一样。我想我没有任何感觉。但我根本没想过自己的感受。我一直忙着让情况好转。这样并不好。一切都不会好起来的。"

"一切都不会好起来的。但你熬过了一些可怕的事！"我说。

"是的，我熬过来了。坏事也真的发生了，发生了！"

当人们从创伤中幸存下来时，通常会有一段时间意识到坏事真的发生了。接受这个基本事实既简单又复杂。

在接下来的一个星期里，阿斯特丽德说："我想起诉这个可怕的人。"

我们考虑了报告强奸案的过程对她来说会是什么样子。当她考虑到事件发生顺序的复杂性和面临的挑战，不得不向警方讲述和描述每一个细节时，她意识到自己不想面临起诉。他们第二天拍的照片，友好的邮件往来，强奸发生 10 天后他们自愿发生的性关系，这些都让她的案子几乎无法提取强奸证据。她知道这一点，我知道这一点。此时此刻，我想起了我曾经遇到过的一个缩写词 LIFE：listening（倾听） + informing（告知） + facilitating（促进） + educating（教育），意思是赋予人们处理性创伤的能力。我很生气，因为我不能为她做更多。我可以为她保留空间，支持她，包容她，帮助她自己选择如何处理自己的经历，但司法制度仍在惩罚她。

"我知道，起诉可能会造成再创伤，并不总是能带来接近胜利的结果。"她说，"没有提出指控也让人深感不安，有一种强烈的不公平感。"

我同意，这很残酷，而且很难决定该怎么做。

阿斯特丽德决定，她不想打一场她可能会输的仗。她意识到这可能会进一步贬低她。

"我不想再痛苦了。我可以和你一起忍受这里的痛苦，但我不想忍受司法制度带给我的痛苦。我喜欢来这里，尽管谈论这件事让我很痛苦，是不是很奇怪？"她问道。

"我不觉得这很奇怪。你走到这一步，也许这是一种解脱。"

"是的。我感到有点骄傲。我很享受我们的心理治疗，"她说，"有时候我甚至会为了这个场合穿上最好的衣服。即使我周日见不到你。你知道我的意思。有个穿漂亮衣服的理由真好。我喜欢这个房间，很安全。如此平静，还很漂亮。既然你有了新椅子，就更专业了。"

"关于椅子的事儿，你说对了。我很高兴有了这把新椅子。"我说。

"还有一件事困扰着我，我能说吗？"

"往下说吧。"

"我喜欢这些花儿。你每周都会弄一些漂亮的鲜花插在桌子上的小花瓶里。我从心理治疗中学到的一切都是关于真实性、脆弱性和新生活的故事。花儿会一直美下去，直到凋零的那一天。这也是我爱花的原因之一。"

"阿斯特丽德，'花儿会一直美下去，直到凋零的那一天'，这是回忆录的好标题。"

"是的！"

在某种程度上，我们在谈论生活本身、我们在制度和政策中扮演的角色，展示我们真实的观点；而在另一种程度上，我们完全偏离轨道。我们笑了。我意识到，我们的一些表面讨论是通向我们需要去的地方的风景线。

面对所有可能的视角，房间里只有我们两个人，我们要从这种情境中找到意义。

第二个星期，阿斯特丽德抱着一盆玫瑰来到治疗现场。"这是给你的，夏洛特。其实是给我们俩的。我想正式把这个捐赠给这个房间。可以吗？"

"可以，可以！"我应道。

我接受了玫瑰花丛，借此，我希望我是在向阿斯特丽德致敬，向她所经受的创伤致敬，向所有在这个房间里讲述自己故事的人致敬。

阿斯特丽德说："我喜欢这样的想法，即使遍体鳞伤，美好总是存在的。"

"是的。美好总是存在的。这个房间展示的是真正的成长。在某种程度上，我们关于花的谈话，也是在映射美好的内容。但同时，你也让黑暗溜进来了。你不仅仅是让花儿保持清洁和漂亮。"

"我喜欢园艺，就是因为这个原因。土壤是如此诚实，还有沙砾和大地，我们跪下来把这些美丽的东西播种在大地上。我们就是这么做的。这很难。夏洛特，我真正想要的是和一个好男人交往。我甚至试图说服自己，这可能发生在一个给我下药并在我昏迷时强奸我的男人身上。我非常希望这不是一个真实发生的故事。我试图重塑我的经历，让它变得好一些，尽管它并不好。"

我说："发生的事情并不好，这不是真正的人际联系，也不是任何可以形成联系的东西，但想要建立联系的心愿是美好的，也是完全值得的，而且是可能实现的。"我知道这是可能实现的，因为她可以和我在这里建立联系。

我们有共同的经历、共同的意义，她让我看到了她的许多不同的部分和层次。我们连接了碎片，找到了线索，以便弄清楚"身为阿斯特丽德"意味着什么。

"不知怎么的，我相信，如果我配合并取悦这个男人，不大吵大闹，做所有我该做的事情，我就会得到我想要的。"

"你还想要你以为你想要的东西吗？"我问。

"问得好。我的脑海里有我母亲的声音，她告诉我，过有意义的生活的唯一方法就是和一个好男人在一起。当然，事实并非如此。我很高兴，你让我对这个男人的恶劣行为感到震惊。当时我可能没看清楚发生了什么，但我现在看清楚了。我对他的第一印象并不是全景。第一印象可能会误导人。"

"是的，可能会误导人。"我说。

"我能告诉你，我对你的第一印象是什么吗？"

"当然可以！"我非常好奇。

她说："我当时认为，你可能不像现在这样冰雪聪明。你看起来太时髦了，不像是个聪明人。我这样坦白，是不是太可怕了？我很矛盾，因为我也喜欢你的外貌。但我也因为这些事儿对你抱有成见。这是我对你的刻板印象。"

我们都会持有刻板印象。我们都会做假设。我对阿斯特丽德做了假设，她对詹姆斯和我做了假设。有时我们的第一印象是准确的，但我们经常需要不断评估。

在阿斯特丽德身上，有很多重要的层面，外貌是故事的一部分。她说："我觉得自己肤浅，并且非常肤浅。也许严重，也许不严重。我这一辈子都躲在颜值的后面，总是把所有的想法都归到这里。我以为这对我有帮助，在某些方面确实有帮助。但它阻止了我畅所欲言，有时还会让我重新陷入混乱。在我的母亲或父亲面前，甚至在我的姐妹面前，在我过去认识的各种人面前，我都不会接管这个烂摊子，连我自己的儿子都不行。当然，男人也不行。我已经单身很久了。"

阿斯特丽德继续建立新的联系，她与一些过去认识的人重新建立了联系。她减轻了自己的疏离感，把自己的创伤经历告诉了她的姐妹们，最终告诉了她的儿子和儿媳。我的大多数患者都和她的儿子和儿媳年龄相仿，我可以想象从他们的角度听到这个故事。阿斯特丽德的所有围绕"认同"和"性别"的讨论，让我了解了她这一代人的一些根深蒂固的信念和复杂的斗争。

在她爱上一个叫阿克塞尔的男人之后，我们决定结束我们的疗程。他们在网上认识，很快就建立了恋爱关系，所以她打算搬到他的家乡斯德哥尔摩。她为搬家和未来的生活感到兴奋。我们在一起的疗程有一个整洁有序的尾声，感觉这与我们的互动是一致的。她需要我们的治疗过程成为一个连贯的故事——有开头，有中间，有结尾。她还有点不可救药的浪漫。即使我为她感到警惕，也没有必要为她解决这个问题。

她把他们的计划告诉了我。他们将住在他在斯德哥尔摩的房子里，但在周末他们计划逃到他在山上的小木屋里。她描述了草屋顶，他们如何去滑雪、摘云莓、吃驯鹿。阿克塞尔志愿为贫困儿童当登山向导。他们想要享受生活，回馈社会。这是她"改邪归正"后的第三次大行动。

在我们的治疗结束时，她一直感谢我，告诉我如果不是我，她永远不会找到爱情。我知道这并不完全正确，这是幻想、投影、理想化、移情。可是谁也劝阻不了她，她想把这个故事保留下来。"你帮助我面对自己。在我的家乡，这可是件大事。我从未真正做过我内心深处的自己，"她说，"你让我觉得自己很可爱。你没说，但我觉得你把我看成一个可以被爱、可以给予爱的人。"

"那倒是真的！"我说。

"这对我来说是最奇怪的部分。我没有预料到这一部分的爱。我需要恨，我是说真正的恨，有恨才有爱。我恨那个强奸我的禽兽。起初，我讨厌自己。所有的陈词滥调都适用。我责怪自己，觉得恶心。当我告诉你的时候，我意识到发生了什么，我的想法就改变了。这么多年来，我一直不明白否认的力量，但现在我明白了。过了一段时间我才明白，我不是一个令人恶心的人，而他做了一些可怕的事情。"

"是的，你并不恶心，我为你有这样的感觉感到高兴，他做了一件可怕的事。"

"我一想到他就会生气，我恨他！也许这种情况会改变。时间会证明一切，但是，恨他的感觉对我很有用。它给了我爱的空间。我的自我感觉很糟糕，它占据了我内心的所有空间。我总是把它推开，把它掩盖起来，不仅仅是关于发生在我身上的事，而是回溯到更久远的过去，更遥远的过去！我甚至可以用强奸来解释一切，把生活中所有的烦恼都推到他身上。我这样做不公平吗？"

"对谁不公平？"我问。

"问得好！"

"发生在你身上的事太可怕了！不过，如果你能把酸柠檬做成甜果汁，把辛酸化作甘甜，那就随你的便。"我说。

"好吧，做我想做的。我会的。我来找你是想和你交流。就像你说的，我和自己失去了联系。我在这里建立了联系，以一种新的方式看待事物，这给了我空间，以我以前从未想象过的方式与阿克塞尔建立联系。这太疯狂了，我需要憎恨才能去爱。但除了我自己，我一辈子都不能恨任何人，包括我的前夫、我的父母、我的病人、我的孩子。终于，我可以恨一个人了。你也恨他。这种感觉给了我爱的自由。谢谢你对发生的事这么激动。"

"好好照顾自己。你对他人舒适度的考虑，以及你给予他人的一切关注，请扪心自问，事情是否让你感到受伤或安全，或者这就是你想要的。不断地问自己这些问题。你的观点很重要。想想你自己的拖鞋。"

"啊，拖鞋！我明白你的意思了。我保证我会的。"

在我们结束疗程的两年后，我很惊讶地收到了阿斯特丽德寄来的一双羊皮拖鞋，还有一张充满活力的卡片，上面有她和阿克塞尔的照片，她站在他们的草屋顶小屋前，看起来幸福而健康。

这个故事有一个欢快而生机勃勃的结局。好到难以置信吗？看到阿斯特丽德和阿克塞尔的完美照片，我有点不相信。但是为什么呢？阿斯特丽德的第三次大行动是痛苦的，但最终改变了她，引导她建立了自己渴望已久的联系。我意识到，尽管我向自己承诺，我永远不会让我的职业浇灭我的热情，但我已经开始怀疑幸福了。"欢乐恐惧症"（Chero-phobia）是一个临床术语。我看了看照片，又读了一遍卡片，决定相信她那热情洋溢的报告，就像相信那些悲伤的故事一样。阿斯特丽德得到了她想要的，她享受着她的生活。

联系的含义有多广

联系是一种根深蒂固的社会驱动力。一生中，我们都在寻求人际交往，寻找连接，建立情感纽带。我们可以和我们几乎不认识的人联系。我们可以与陌生人沟通，也可以与自己隐藏的内心交流。有时候，联系是一种深深的感觉。它可以超越语言。

永久的联系是一种新型的"超级情感美食"，但是，当分离悄悄降临时，我们会不太舒服。我们假装它不存在，想避开它，转身离开，或者我们感到惊慌失措和绝望。我们需要把断开联系看成正常的事情。就像人的本性一样，我们会互相转向对方，有时也会远离对方，当我们感到无法承受时，也会疏远自己的某些体验。阿斯特丽德挣扎着说出她的故事。她痛苦的经历使她疏远了她自己。这可能是痛苦的、孤独的、沮丧的，但真的发生了。如果我们期待断开联系，我们就能更容易地学会如何修复和恢复关系。承认失败的联系是一种解脱。这种情况经常发生——在工作场所，或者与朋友、亲戚、治疗师之间。熬过分离的日子，并不意味着我们一定会感到孤立无援和无依无靠。这意味着我们需要接受所有关系的局限性和不完美性。我们也不可避免地会建立新的联系。

联系的来源通常是多元化的。没有人只通过一个人就能满足自己的一切需求，无论这个中间人是自己还是别人。当我们以一种灵活、广阔的视角看待生活时，我们就能接受更大范围的联系。

我们要接受不同来源的联系，也要有辨别能力。不要试图与你遇到的每个人建立联系。持续的过度联系会让人感到精疲力竭,情感上也会变得混乱。强迫的联系可能会让你感觉虚假,留给你的只有脆弱的宿醉。不要期望每时每刻都和你爱的每个人保持完全的联系。

如果你承受着创伤、羞耻、痛苦,敞开心扉与他人交流是需要勇气的。当你感到安全和舒适时,透露一些隐私会让你被人接受。当你把自己的创伤故事讲给一个你觉得和自己没有联系,但想过或希望和你有联系的人时,要做好忐忑不安的心理准备。这种情况时有发生,有时你不知道自己是否会与这个人产生共鸣,直到你已经开始讲述这个故事。我们通过展示自己的脆弱和敞开心扉来建立联系,所以,我们不能总是预测一次谈话会给我们带来怎样的联系或断开联系的感觉。

如果你觉得和你的心理治疗师没有任何联系,找一个新的心理治疗师。如果你偶尔感到与世隔绝,大声说出来,看看你是否能克服这种感觉。破裂和修复可能会让你们更亲近。联系的过程不是一条直线。我和阿斯特丽德的交流过程迂回曲折。我们容忍了这种不确定性。"联系"可能意味着"选择一条路线"[艺术家保罗·克利(Paul Klee)在包豪斯学院谈到创造力时说过这句话],蜿蜒曲折地穿过这条路,然后聚集在一起,一路探索,一路前行。

11 / 第十一章 我们该不该有欲望

曾经有一位滑雪向导向我解释说，在指导某些女性客户时，他把自己的结婚戒指摘了下来，以防止那些女人"轻薄"他。"如果她们看到我没有空窗期，她们会更想得到我。"这说明了吸引力和规则的惊人之处，当然也包括他自己的问题。他和他的妻子最终分手了，我不知道她对他在授课之前取下结婚戒指的策略作何感想。这是一个我们想要我们不该要的东西的例子。

"不"是一个非常迷人和复杂的概念。羞耻、骄傲、兴奋和焦虑不可能包裹住任何东西。你上次拒绝别人是什么时候，或者别人拒绝你是什么时候？你当时是什么感觉？我们习惯于对我们内心想要的东西说"不"，对我们实际上并不想要的东西说"是"。我们内化了"是"和"不"这两个相互矛盾的信息，我们筛选出相互竞争的需求。我们不断地展示和隐藏自己的某些部分，并穿越欲望的规则。我们被生活中所有应该做的事情压得喘不过气来；我们感到负担重重，被责任和期望所限制。打破规则是一种刺激、可怕的诱惑。

"不"可能是一个非常棘手的游戏，我们还没有完全理解。它可能会让人兴奋，不一定是对说话的人，而是对聆听的人。"不"可以被色情化，部分原因是它并不总是完全有意义或被人全然相信。这种模棱两可的感觉，既令人兴奋又充满危险。

要理解"是"和"不"的意思，无论人物关系和性别如何，都很复杂。但我确实认为在这个讨论中必须承认性别问题。用记者莱斯利·班内特（Leslie Bennett）的话来说："在传统上，女性被灌输了一种观念，认为自己的欲望是可耻的和非女性化的。直到最近几年，妇女消除这些污名的行为才得以鼓励，并且女性要求自由探索自己的性行为，但这一过程对许多人来说仍然是困难和痛苦的。"

在性幻想中，我们打破了"是"和"不"的规则。我们的性幻想有时与我们的价值观、我们的选择和我们的生活方式相冲突。幻想不受审查，我们可以幻想与各种不合适的人发生性关系。我们可能会被自己肮脏的内心活动吓醒，惊讶地想到我们内心可能真的渴望一些完全野性甚至令人厌恶的东西。

大多数时候，我们不会将我们的禁忌和不正当的幻想付诸行动，我们也不会完全想要我们幻想的东西。"强奸幻想"是想要一些幻想层面的东西的典型案例。当然，这种幻想与实际上真正希望这种事情发生完全是两码事。强奸幻想并不意味着你真的想被强奸。

有些幻想很难放手。如果你想要的人不在空窗期或无法接近，你可能会更想要他们。你知道你不应该一直纠缠于前任，或者一个死人，或者一个拒绝过你、伤害过你的人，但是当有人拒绝你或让你失望的时候，你会感到莫名其妙的依恋。

我们想要那些遥不可及的人，因为我们不相信我们值得真正的、互惠的爱。但我们也可能怀有宏伟的理想，憧憬某种可能性，弥补不充足的感觉。对遥不可及的东西的渴望牵引出了我们分裂的自我意识。我们可以投射出无尽的幻想和可能性。这种关系可以保持理想化，比现实带来的失望和脆弱感更安全、更美好。如果你保持距离，不被真正的亲密感所污染，你就可以保持甚至维持永恒的理想。我们有时想要我们不应该得到的东西，因为我们对我们能得到的东西缺乏信任感或兴奋感。

有时候，我们吸引人的东西是误导性的、危险的、不恰当的，与我们的价值观相悖。无论是内心还是外在，我们都会奇怪地被危险的、具有毁灭性的、对我们不利的、不健康的人或环境所吸引。我们可能会被那些禁忌、禁止、越轨的东西所吸引。我们厌倦了一直做好人。我们渴望恶作剧。

"是"也是个复杂的词。你可能会接受一份工作、一次求婚、一次怀孕，因为你觉得你应该做这些事情，但是你不一定想做。太快、太急切地说"是"，可能会让人扫兴。所以即使我们想要什么，我们有时也会拖延。当我们感到内疚、压力、冲突时，我们努力说"不"。我们知道我们不可能去参加一个朋友的晚宴，但是我们不想说"不"，我们就是不想，并且认为也许我们会设法去赴宴。所以，我们应该说"不"的时候却说"是"。

凯瑟琳·安吉尔的著作完美地探索了"同意文化"。在同意文化中，我们应该说我们想要什么，我们确定我们的欲望，说"是"或"不"，一个字就是一个完整的句子。说什么管用、什么不管用，做这个、不做那个。但是，让我们看看是什么阻止我们说"不"。取悦他人，尤其是当存在权力差异的时候，我们很难说"不"。我们可能会在工作中或在友谊中竭尽全力，对压倒性的要求说"是"，让自己在非正常时间随叫随到，并且做得过火。我们中的一些人技高一筹，但压力很大，也很包容。你很难对你的老板说"不"，但也可能你不想拒绝你的老板。当有人求你帮忙时，你也会很高兴，尽管你也会抱怨整件事是多么的不合适且没有边界感。

人类可以自我毁灭，也可以自我保护。我们大多数人对伤害有某种吸引力——对别人，也对自己。在人生的不同阶段，我们可能会危险地驾驶，恶意对待他人，偷窃，欺骗，酗酒，吃不健康的食品，抽烟，避免或拒绝对我们有益的东西，非理性消费，感到被不计后果或有害的人吸引，在错误的地方寻求亲密关系，或者以可能损害我们的健康和稳定的方式虐待自己。我们想要对我们有利的东西，也想要对我们不利的东西。快乐与痛苦，生命与死亡，好与坏，所有这些都汇集成一系列的矛盾，触动我们的内心深处。

我们寻求舒适、安全和保障，表面上我们努力做出健康的选择，同时仍然渴望其他东西——一些相反的东西。我们常常在危险的意义上与自己的意见相左，对我们真正渴望和珍视的东西感到矛盾。当我们陷入僵局或遇到某种障碍、尚未解决的严重困扰时，这种矛盾就会显现出来。

寻求危险，通常意味着潜能、幻想、扩张。当我们挑战极限、改变规则、检验安全，并以某种方式生存下来时，我们会感受到一股活力。当我们违反规则和越轨时，我们会感到非同寻常。我们知道自己有能力捣乱，甚至毁掉自己的生活，这让我们既兴奋又害怕。

对许多人来说，成熟意味着尽可能避免伤害，稳定下来，成长，做出负责任的选择而不是鲁莽的选择。我们致力于人际关系、家庭、职业，甚至我们自己，发誓要照顾自己、追求有价值的事情。也许我们仍然在零星时间里胡闹，享受着远道而来的丑闻，比如，我们以包含扭曲情节的书籍和电视节目为"小点心"。我们还会迷醉在恐怖的新闻故事里。这种对比提醒着我们的安全感，就像温暖的感觉和干燥的感觉，以及听到户外暴风雨的舒适感觉。但我们也会有点儿小心思去寻求破坏和危险。

令人困惑的是，我们会对痛苦的根源产生奇怪的依恋。我们想要繁荣，想要感到满足，那么为什么我们会发现自己以奇怪的方式被痛苦所吸引呢？我们必须为爱受苦，我们的痛苦为我们带来了特殊的智慧，包含了我们需要的价值。它可以表现为与过去创伤的联系。

创伤改变了我们，我们不知道没有它，我们会变成什么样。但是，创伤的意义也可以改变。我们有时会感到无助和受害，对他人负责，被赋予了力量,等等。我们不需要让创伤界定我们的本质,即使创伤是我们的一部分。创伤可能会让我们在不同的时刻关闭心门或打开心扉。我们可以认为自己因为一些事情而被重新激活。我们会感到羞愧,意识到我们仍然不好。有时我们只是感觉很好,我们真的觉得自己恢复了、强壮了、健康了;在另一个时刻,我们仿佛又回到了过去,无论事情发生在多久以前,无论当时的环境如何,都无济于事。哲学家弗朗西斯科·迪米特里(Francesco Dimitri)说:"创伤总是发生在昨天。"我们甚至可能偶尔会错过它。

爱丽丝的心灵密室

我和爱丽丝断断续续地合作了 12 年,这是我迄今为止最长的治疗关系。时间跨度包括我休产假前后,以及她第一次休产假期间。爱丽丝 39 岁了,她有一个体面的丈夫和一个 1 岁大的漂亮女儿。爱丽丝有着迷倒众生的美貌,她的美丽总是让人感到惊讶,就好像五官的排列恰好很吸引人,而她出人意料的美让这一点更加明显。她今天看起来非常疲惫,但很健康。她因为照顾孩子和努力工作而精疲力竭。

我是在一个黑暗和危险的地方遇到爱丽丝的,当时她正在与巴黎的已婚电影导演拉法(Raffa)秘密地经历痛苦而混乱的婚外情。她的故事里有性暴力和大量吸烟事件。当她第一次接受我的治疗时,我很担心她,她被孤立了。在很多时候,我是她唯一的支持者,尽管我们努力建立了一个安全网,也还是孤立无援。爱丽丝好不容易才摆脱了拉法的魔爪。我们花了很长时间来消化这件事。我们已经处理了她隐瞒的这段高度紧张的创伤性感情带来的后果。这既造成了伤害,也留下了疤痕。我们一起努力,让她认识到拉法对她施加的暴力和攻击所带来的恐惧、伤害、羞耻、骄傲和悲伤。她已经学会拥抱健康依恋的美好,以及真正持久的爱情的可能性。我已经帮她恢复了。

在我们的心理治疗中，离开拉法只是我见证爱丽丝转变和成长的众多方式之一。当她第一次来接受治疗时，她为一家眼镜设计公司工作。为了这家公司，她有一半的时间在伦敦，有一半的时间在巴黎。她描述了无数关于她的老板喜怒无常型失调症的故事，但她在工作和恋爱中都患有某种形式的斯德哥尔摩综合征。拉法和她的老板对她的贬低助长了她整体的无用感和厌恶感（"厌恶"是她经常用来形容自己的一个词），并加剧了她为渴望爱而产生的强迫性绝望。她离开拉法后不久，也就离开了她的老板，告别了巴黎，告别了她一直以来的生活。于是，她开了一家有机肥皂公司，现在该公司生意兴旺。然后，她就和西蒙扯上了关系。有几年时间，她一直在与他的酗酒、他对承诺的迟钝、他对参加节日活动的过度需求以及他30多岁时表现得像个学生的行为作斗争。她会说："西蒙只是需要长大。"她担心他永远长不大。他似乎终于长大了。他们结婚了，有了个孩子。他也负起了责任。

我们了解了她的很多往事，比如，童年时父亲对她施暴，母亲从未保护过她。她不再吸烟，不是因为她完全戒烟了，而是因为她还处于产后时期，认为吸烟的危害太大了。她处理过棘手的友谊、自尊问题，她努力在很多方面保护自己，做出更健康的选择。

"但我需要对你说实话，"爱丽丝继续说，"见鬼去吧，心理治疗，以及它对健康的促进作用。这就是我现在的感觉。我想念黑暗的时光。"

"好的。我很高兴你能诚实。再多告诉我一些。"我说。

我发现，在治疗关系的安全"容器"中，坦诚的亲密谈话令人兴奋！我们可以大胆、真实、怪异。我和爱丽丝已经告别了那些陈词滥调和礼貌的闲聊。与普通的社交接触不同，在这个空间里，我们没有必要去编辑或遵循传统的礼仪，甚至不必假装让事情变得平淡无奇，我们是来谈论困难和磨难的。我觉得她信任我，让我进入她的心房。她让我了解她的内心活动,而且她非常开放。但她很固执,决心自己做决定,拒绝别人告诉她该怎么做。

"我是个**爱问鬼**,"她说,"我向别人寻求建议,但我没有听从。"

"我喜欢这样。'爱问鬼'这个词是你想出来的吗?"我问。

"不,我在哪儿听到的。但很好使,对吧?欢迎你也使用。所以,我现在要做个'爱问鬼',并对你诉说我的困境……"

她的一些决定是即时和紧急的,另一些则是长期的。她总是在这件事和那件事之间左右为难,还会打左右权衡的手势——通常两者都有。当她讲述自己的故事时,她还有一个习惯,那就是加引号。而且常常是在严肃、真诚的时刻,仿佛她一定会轻视自己,或者如果她把自己看得太严肃,就会感到尴尬。

"我想再和拉法在一起。我应该离开西蒙和他在一起吗?先别回答我。"她说。

"我不会回答的。"我说。

"我晕头转向……我的坦率和自信,也是骗人的。我不知道为什么会有欺骗的感觉。你觉得这是欺骗吗?"

"**坦率如面具**。无论你的坦白程度如何,都不是绝对的。你有不同的一面。"

"是的。就是这样。当然,这不是绝对的,"她说,"我给人一种错误的印象,以为所见即所得。"

我问她,这对她来说是什么感觉。

"这让我感到更加孤独。没有人完全了解我。我一直在慎重地选择我要展示的东西,但我只能靠自己。"

我也不是很了解她。这些年来,我一直觉得自己和她有很深的联系,在某种程度上,我有特殊的接触权。但我的观点是片面的。有时我怀疑她是不是在骗我。她的故事能让人感到愉悦,即使她在苛求的时候也如此,就像小小的治愈系情人节礼物。我们已经形成了一种共同的特殊语言，充满了表达、爱称和联想。

"我感到混乱和困惑，不像我以为的那样直率。现在，我在很多方面都对自己感到不确定。"她说，"我现在的处境很奇怪。"

"告诉我你在哪里。"

"就是拉法。满脑子都是他。我没法把他从我的脑海中弄出来。我无时无刻不在想他。虽然我们的关系糟透了，但我现在很想他。"她优雅地打了个哈欠，继续说，"他是一个可怕的、非常残忍的、具有破坏性的家伙。"

"是的，他就是这样的人。"

"他更像是牛头怪。牛的比例大于人。这说不通啊。我们已经很多年没有在一起了，我甚至没有见过他，也没有和他说过话，整件事都很奇怪。这在很多层面上都是极其错误的。我们已经处理过了。我痊愈了。我很清楚。但是……"

"但是什么？"

"但是……我觉得，在这个过程中，也许自从西蒙和我决定做出承诺，安定下来，停止吸烟，有了孩子之后，他学会了如何对我更友好、更有同情心、更可靠，还没那么物化。我们经历了这么多，修复了这些早期的创伤。我们知道这一点。我们知道这是有益健康的。西蒙是个很有爱的爸爸。我很感激，真的。"

"你可以心存感激，也可以有其他感受。"

"我做了所有正确的事情……但我一直在回想我和拉法在一起的第一个晚上。我当时 27 岁，住在巴黎的一个破地方，整天出去玩。我知道他已经结婚了，我不敢相信他在勾引我。我回首往事，看到自己是如何迈出第一步的。这只是小小的一步，我一靠近，就后退了一步。我很好奇，也害怕让任何事情发生。我总是对有外遇的人有偏见。拉法显然是个自恋狂，还是个瘾君子。事实远非如此。我以前从没做过这样的事。但在我认识的世界中没有一个人像他那样。他如此坚定地追求我。这让我很不舒服，但我也很喜欢这种感觉，他完全迷醉在我的石榴裙下，就像我们的关系那样疯狂和鲁莽，我想我想念那种充满活力的感觉。这就是迷恋。我真的应该更清楚。我哪里不对劲？"

"拉法给你造成了严重的创伤。他复杂、危险，在某些方面令人兴奋。但也有身体和精神上的虐待。请你善待自己。你的语言是如此严厉，还荒诞不经，非常失败。也许你正试图说服自己放弃你的感情，这无论如何都不会起作用，但是，有时候想念你曾经拥有的也是可以理解的，"我说，"他是个虐待狂，很危险。"

此时此刻，我感到紧张不安，需要重申他的虐待性。我不想美化他或赞成她对他的迷恋，也不想因为太善解人意而让她得逞。但我也不想阻止她经历的一切。

"但我为什么会想念他呢？是吗？我甚至不确定我是否想念他。更多的是我想起了他，想起了我生命中的那段时光。"

"我很想知道你现在的处境。你刚刚回忆起自己被激情追逐的情景，以及那些危险——这些都能让你感到充满活力。你现在有了孩子，还有丈夫。巴黎的生活截然不同。这并不意味着你要做什么或者和拉法在一起。但你可以承认这种渴望。你觉得是什么导致了现在的局面？"

"毫无头绪！我以为我已经恢复了，向前看了。我喜欢我的生活。我不明白。"她的声音柔和了下来，"我如此努力地工作以得到我想要的：一个孩子，一个丈夫，一份令人满意的工作，一种健康快乐的生活。我还拥有这些东西。我真的拥有这些东西！你帮我得到了我想要的，改变了我的生活。我很高兴，但我的内心深处很难享受我所拥有的东西。"

"当然，"我说，"这种情况时有发生。我们追求，我们渴望，我们想要的太多了，然后，当我们得到了我们认为自己想要的东西时，嗯，快乐和满足可能会离我们而去。"

"你说'我们',是不是意味着你明白我的意思?"她问道,"请告诉我,你有时想念黑暗的往事吗?你经历过黑暗的日子吗?"

我自己也经历过黑暗岁月。像许多创伤和虐待的幸存者一样,高度警惕的爱丽丝注意到了一切,即使是隐藏起来的事情也逃不过她的法眼。她无比精明。她是一个大半辈子都在保守秘密的人,要瞒着她几乎是不可能的。

"当然,我明白你的意思,"我回答,"我经历过黑暗岁月。虽然不像你的经历那么黑暗,但确实是黑暗的。没错。我觉得有时候你会抹黑自己,觉得自己完全是孤军奋战,其实并非如此。当然,你是独一无二的,但你并不孤单。"

"我确实感到孤独。我不知道还有谁有过像我和拉法这样糟糕的关系。我觉得自己很独特,但这不是良性的特质。"

"你是独特的存在,"我说,"但不是因为这个。你感到孤独,我很难过。"

她貌似对我说的话很生气。我想知道,她对自己创伤的依恋,是不是让她觉得自己很有趣。当你认为你的虐待使你与众不同的时候,你的自尊问题就会纠缠在一起。我静观其变。

她说:"制作有机肥皂似乎象征着我变得多么干净。我想我对拉法的一部分想法是我渴望一些肮脏的东西。我出身污秽。我自己就是污秽。我不知道是我愤怒的自尊心让我怀念拉法,还是我的自卑……"

"也许两者都有……让我们看看不同的方面。"我有时会对她直言不讳,甚至态度强硬,因为我们的心理联盟很稳固,她不怕得罪我。

"也许吧。我的'又卑又亢'情绪是激烈的。我不知道自己是高人一等还是完全不够格。我很受伤。或者我想被伤害。我在某种程度上很特别。我只是不太相信我的生活是干净的。用着有机肥皂的、穿着婴儿装的、胖乎乎的、清醒的、纯净的我,是这个吗?"

"你真的很难相信纯净和健康。也许你那伤痕累累的和痛苦的感觉,让你在某种程度上感到特别,尽管这可能很复杂。你对污秽的东西有什么感觉?"

"污秽比纯净好。不仅因为污秽更令人兴奋,而且感觉更真实、更熟悉、更时尚。但承认这一点,我确实觉得自己像个怪胎。我一直想要安全和保障,现在的我在苦苦挣扎。"

"看看你能不能停止自责,好让我们更好地理解这一切。你说的有道理,但你不是怪胎。这种肮脏可能让人感到熟悉。这就是法国人所说的'对鄙俗之物的膜拜'(Nostalgie de la boue),甚至是堕落。"

"法国人当然明白这一点。我喜欢那样。我喜欢堕落,就是喜欢。当我甩掉堕落的时候,我并没有意识到这是我可能会错过的东西。夏洛特,尽管你帮我摆脱了拉法,但你没有给我足够的警告。"

"警告你什么?"

"我们谈到了虐待,谈到了如何做出健康的选择,谈到了回首往事时我该如何对自己的脆弱和受伤抱有同情。我以为离开他我会感到骄傲。你没有警告我……你只是为我的健康的、勇敢的选择而鼓掌,并支持我,但你从来没有告诉我,在糟糕的时刻,我也会悲伤。这么多年过去了,你没有告诉我,我会有这样的感觉。"

如果我警告过爱丽丝,她会少受些苦吗?

在怀孕之前,爱丽丝是一个轻盈、健美、时尚的波西米亚人,略带混沌气质。她会穿飘逸的长裙,不穿内衣。她虽然撩人,但也自带闷骚。她记得自己在少女时代的早熟和性欲亢奋,并且像许多年轻女性一样,觉得自己最大的价值就是激发男人的性渴望。现在她的身子比以前更重、更柔软了。她丰满的五官给人一种健康的感觉。

我意识到，在我们一起治疗期间，我们都经历了很多阶段。她比我大一点，但感觉我们年龄相仿。当我们开始她的治疗时，我们都 20 多岁，未婚。我们都在相似的时刻订婚、结婚、生子。我们曾经从治疗中抽身出来，但我们总能重新在一起。在我们的疗程中，我们每个人都得到了发展和成长。

我们一起向前走了很长时间。我们的联盟牢固而持久。但突然间，我震惊地发现一切都变了。在灯光下，我看到了她的脸，发现了以前没有见过的柔软且柔和的绒毛和细纹。我瞥见她头上纤细的头发，想知道她的秀发是否在悄悄变白。我有一个非常明显但令人吃惊的想法：我们都老了这么多。

"西蒙看起来这么安全。"她睁开眼睛说。

"你对此什么感觉呢？"我问。

她不耐烦地扯着套头衫的袖子。"唉，我现在的生活，在某种程度上，是我一直想要的。我一直这么说，但这是真的。我是说，我考虑了自己所经历的一切，处理了我的童年情结，以及痛苦的不安全感和所有与拉法的事情，然后经历了与西蒙的闹剧、西蒙的承诺挣扎、西蒙的康复，最后我求他搬来和我一起住，我终于让他长大了。现在他真的对我很好。他很关心人。我们有一个体面的家。他爱我本来的样子。他是个好父亲。他甚至会洗碗！我们付出了那么多努力才走到今天，我们一起越过了重重障碍。"

这么多年来，她一直在接受治疗。爱丽丝经历了心理治疗师所说的"奔向健康"，她觉得自己被神奇地、欣喜若狂地治愈了，也许这是"奔向疾病"。她突然感到痛苦，出现了病态症状，并回到了她以为已经放下的事情中。放手与坚持，改变与不变，潮起潮落。我敦促爱丽丝更进一步，重新评估她的经历，不要被束缚在一个固定的意义上。

"我需要更勇敢地面对自己，承认我讨厌某些我喜欢的东西。西蒙是'家庭主夫'。我喜欢这样，但这让我很不爽。我告诉他要脆弱，要对我坦诚,但有时我觉得他情绪化的时候真的很软弱,很烦人。这种现代男人的东西,对我来说也有点不性感。"

"你很诚实。"我说。

她说:"做母亲很难,尽管我很喜欢苏菲。"这话说得完全合理,"我现在在生活中的角色可能没有那么有趣。我的角色是充实的、接地气的,但充满了义务和责任。和西蒙做爱是件苦差事,苏菲出生后我们只做过两次。这正常吗?"

"也许正常吧。这真的取决于你俩的感受。有时候只是需要时间。你想和他多做几次吗?"

"我觉得他不吸引我,或者说,没有魅力。考虑到我现在的身体,再加上我还在喂奶,我怀疑他是不是还喜欢我。天啊,我们变了。我们过去常常参加节日活动,一连好几天不睡觉。我们经常为他不停地想要变态性爱的愿望而争吵。我一直很讨厌他像个大孩子一样,但是现在他清醒了,现在他真的长大了,他是那么的明智!我怀念驯服他的感觉。"

"这可以理解,"我说,"当然,如果他的行为鲁莽或拒绝做一个负责任的成年人,你会感到沮丧。"

"真的。但我真的欺骗了自己,以为我只想要健康和安全。我确实想要这些东西,我第一次来找你的时候是一团糟。我和拉法搞外遇的时候,他经常打我,以制造痛苦为乐。你还记得吗?"她问道。

"我当然记得。"我说。我的声音貌似很有戒心。我确实很警惕。我对一般的细节有很好的记忆力,永远不会忘记这样的事情。我意识到她坚持要记住、保留过去的细节。我的好记性就是她以前的自我的储藏室。

"我一直在努力理清自己的一些问题,但为什么现在我又如此痴迷于这些问题呢?"

"首先,你一直非常忙碌,承受着巨大的压力,不断地完成各种各样里程碑式的任务。你有那么多的行动,发生了那么多的事情,可能会一边想着拉法一边不停地做事情。而现在你只有一点点的安定感。自从我认识你以来，你经历过危机、冲突，还有通过巨大的障碍，而你一直在考虑下一件要做的事情。现在你有很多事情要做，而此时此刻你正全神贯注于拉法——时间也赶得很巧。"

"我想，我内心的某种东西需要重新审视那段经历，因为我不想再经历一次。我猜想，我需要在这里解决一些问题。我还有空间，又可以松口气了……"此时她冒出一句法语"**强烈痛苦**"，然后继续说道，"我可以吗？我觉得我应该放下这事。太久没见了。我现在甚至不想再谈论他了。"

"啊，**悍妇本妇**回来了。她今天唠唠叨叨，又大喊大叫。"我说。

"哦，我的天哪，是的，悍妇本妇回来了！她就这么突然冒出来，是有史以来最差劲的客人。什么都不带，却对我评头论足。她一直跟着我，还对我指手画脚。"爱丽丝笑了笑。

"悍妇本妇"是爱丽丝和我几年前命名的一个角色，来自爱丽丝过去的一些不同的故事素材和经历。

"我们现在就向她挥一挥手，告诉她今天可以做她自己的事情了。悍妇本妇不会给你指导，她只是告诉你，你做错了什么。"爱丽丝相信心中的那个"悍妇本妇"，有时会被她欺负，而我喜欢站出来和她对抗。我没有被她吓倒，而是给了爱丽丝另一种视角。

爱丽丝挥了挥手。我也挥了挥手。

爱丽丝说："啊，这感觉真不错。真是松了一口气……好吧……没有什么压力了。"

"你不要有压力。想去哪儿就去哪儿。"

在接下来的治疗过程中，爱丽丝一直在回忆她生命中的这段早期时光。她回想起某些记忆和对这段黑暗但又令人陶醉的关系的描述。她描述了对性的迷恋、恐惧、兴奋和孤独。

"这就是一场瘟疫。你觉得这会让我更着迷吗？"

"规则、自由的丧失、冒险的损失、刺激和乐趣都是为你准备的。我想到了'绝望',这是希腊人对麻木和无聊的概念。它确实适用于这个时期。这不仅是一场瘟疫,除了这些独特的因素之外,身为人母的事实可能会让你失去一种年轻的潜力。"

"我明白了,"她说,"你一直告诉我,我是独一无二的,但也是正常的。我不知道那是什么意思。"

我说:"也许我想提醒你,你确实出类拔萃,但你也是凡人。"

"出类拔萃……什么概念!和拉法在一起,我总是不确定自己是出类拔萃还是一无是处。回归'又卑又亢'的日子吧。"

"这种来回切换(出类拔萃还是一无是处)的意识是吸引你的部分原因。"我说。

"是的——我仍然沉迷其中,仍然在决定我在这一切中扮演的角色。至少我可以和你一起回到从前。展望我的余生,我注定要活在当下,我要前行,我要活在未来。在这里,我可以回到过去,不受任何评判。我对自己抱怨心理治疗而感到抱歉。你知道,我有多重视这个地方,还有你。"

"你可以重视心理治疗,但也会发现它很难。为不同的感觉腾出空间,不要再强迫自己只选择一种感觉!"我说。

当她离开的时候,我想象着她回来的样子。一个杂乱、美丽但又狭窄的空间,一个她又爱又恨的、冲她嗷嗷叫的一岁小女孩,一个让她畏缩又依赖的丈夫。我想象当她走进那扇门时她的自我意识发生了什么,她去了哪里,她变成了谁,她坚持了什么,她失去了什么。

接下来的一个星期,无论从哪个角度看,爱丽丝都很轻松活泼,保持着一种轻盈的气质。

"我停止了母乳喂养,"她几乎是自夸地说,"你猜怎么着?"

"告诉我!"

"我多少年来第一次抽烟?"她带着一副激动而调皮的神情说。

"这是怎么回事——你是突然停止了母乳喂养,还是循序渐进的?"

"突然停止的,"她说,"我从每天母乳喂养几次,直接切换为戛然而止。就是这样。"

"这当然会对激素产生影响。这是一个巨大的变化。"我说。

"我感觉很好。有点儿像女学生,向你报告这件事,但抽烟……消耗身体。我完全不在状态。我告诉西蒙,他必须毫无保留地给我这些香烟。所以,我去我们的花园抽烟,西蒙和苏菲在屋里,一起看《小猪佩奇》。不管怎样,当我坐在那里感觉自己完全陶醉的时候(她在自嘲),我把我的手指捏在一起,眯起眼睛看着我美丽的小家庭。我亲爱的丈夫和我心爱的宝贝女儿就在那儿,被挤在一小撮里。他们看起来几乎不真实。然后我捏得越来越小,直到我把手指捏在了一起,完全看不见他们了。我以为他们就这么消失了。没有责任,没有问责,没有成年。我感觉……如此自由。但这里有个问题。我没有错过为自己做出正确选择的机会,但错过了那些糟糕的选择,还错过了危险。我想摆脱我的丈夫和孩子,然后回到和拉法在一起的诡异场景中,还有被人毁掉的日子。我没有错过好的东西,但怀念那些不好的东西。所以,经过我们上周的讨论,我仍然来到这里,我渴望黑暗。"

"让我们继续思考这个问题——对黑暗和堕落的渴望。甚至只是想想,似乎就能让你兴奋和活跃起来。还有,爱丽丝,一切都是关于你的。"

"你这是什么意思?"她看上去貌似很生气。

"也许你怀念一切都围绕着你的生活。就像你说的,和拉法在一起的那段时间,既可怕又令人兴奋。你做了危险的选择,但后果只有你一个人承担。你说过你不在乎他的妻子,所以她不在你的脑海里。你是你人生故事的主角,所有的冒险和不幸都完全是你的故事。也许是这个事实中的某些东西,你的角色的中心地位,现在吸引你回来。"

"我想我确实不再是我故事中的主角了。作为一个母亲,我需要自我牺牲。我需要服务他人。这么多的职责,这么多的工作。我还要关注其他人和他们的需求。尽管我做了很多事,但我并不总是觉得自己被人关注。我白天甚至晚上做的大部分事情都很少被注意到。是的,我在怀念自我毁灭的空间,我经历着劫难,我承受着痛苦,我是个不折不扣的自私鬼。你知道,如果我现在崩溃了会怎样吗?"

"会怎样呢?"

"也许不会怎么样。首先,谁会注意到呢?如果我用头撞墙,西蒙会告诉我,不要再制造这么大的噪声。我的损失太大了。我承受不起完全崩溃的自由。当受到伤害时,想念自己的脆弱比保护孩子的安全更重要。我不知道我是想念拉法,还是西蒙。"一声响亮的汽笛声响起,我们的谈话停顿了一下。

"让我们回到你刚才说的话。当受到伤害时,想念自己的脆弱比保护孩子的安全更重要。这句话太强大了。我不知道,你是不是最想念你自己。"

"我不知道。我得考虑一下。你为什么一直这么说?"

"你似乎怀念过去的自己,也许你在抗议自己、自己的身体、自己作为母亲的新角色所发生的变化,把自己与过去的痛苦联系在一起。这是连接和抓住过去的你的一种方式。"

"这话引起了我的共鸣。我真的很想她——年轻的爱丽丝。我想念过去的自己。"她停下来,低头看着自己的脚。"她去哪了?我真的很难过。我是不是真的老了,就这样?"她问道。

"你和其他人一样在变老,但你并不老。你觉得自己老了吗?"

"我觉得自己老得要命,突然之间就和我深爱的青春分开了。脑海中浮现出一个画面。年轻的我正站在河对岸,向我挥手,然后渐渐消失,就像一个被永久驱逐出境的移民。这是一条不归路。我再也没有机会成为她、看到她、体验她了。"

她停顿了一下。

"哦，天哪，夏洛特。我真的觉得很难过。"

我也感到悲伤和被这个画面所征服。"真是令人心碎的一幕。我可以想象，如果生活是这样的，会有多悲伤。但是，它不一定非要走这样一个明确的方向。你可以放下青春的某些方面，抓住其他方面。"

我觉得我可能在试图说服自己。我取悦她的力气有点大了。

"别再劝我了。是你说我要复述我和拉法在一起的故事的。他承诺不发展。我讨厌他这样，对他评头论足，但我也钦佩他。我想他是我心中神圣的怪物。"

"神圣的怪物。哇！"

"我能重复一下我们经历过的一些创伤吗？这段婚外情的可怕之处，尽管你之前已经听说过了？"

"当然可以！"

她回忆起自己被贬低和物化的不同时期，所有这些都混杂着恐惧和敬畏。"我坚持要完整地讲述这个故事。把事情做对，然后解决它，这样我就可以解释清楚了。我们发生关系的那晚我已经在脑海里回想了无数遍。我一直想弄清楚那个晚上的秘密，那个可以解释我之后生活中发生的一切的小秘密。我寻找它的意义，就好像它是有意义的一样，我希望找出为什么每件事都会变成那样的原因，尽管永远不会给出一个充分的解释。接下来的所有时刻都是充满了垃圾和珍宝的混合物。"

"你用自己的声音讲述着故事，你找到了自己的方向。你不需要掩盖或解释一切。你会发现你需要什么。"

"我将继续摸索，然后……也许有一些关于回到年轻的我……我是如此的早熟。早熟了会走向何方？也许我不得不在某些时候不成熟，因为我年轻的时候太成熟了。"

"我在可怕地重复我自己,就像拉法过去的习惯,他的电影和他的生活一样。他会一遍又一遍地播放同样的歌曲,有时甚至到了疯狂的地步。他也会讲同样的故事。重复,这是困扰我的部分原因,但同时也在某种程度上劫持了我。我以为我已经处理好这一切了。我不知道为什么我再次感到如此失落。说起这些事,我都觉得自己年龄不一样了。就好像我又回到了过去,回到了自己内心某个非常幼稚的地方。"

"再说一次,我不知道你内心是否渴望自己不那么成熟,想回到更年轻的时候。你刚刚说你觉得自己老得可悲。当你想起和拉法在一起时的爱丽丝,你是什么感觉?"

"那么年轻漂亮。现在,我低头看着我下垂的乳房,看着我的身体,我看到了一个不同的故事。我都认不出自己了。这是什么时候发生的?和拉法在一起的那段时间,对我而言,承载了太多东西。"

"告诉我,承载了什么东西?"我说。

"我觉得自己无所不能,即使我不是全能的。我觉得自己有无限的潜力。我对生活充满希望,即使事情很糟糕。可能性无处不在,可以做出一个又一个的选择,而我很多时候都做出了糟糕的选择。至少我还有机会。"

"现在呢?你觉得你没有选择吗?"

"不一样的选择。我做过很多有意义的事,虽然都是好事。现在我要选择从奥卡多买什么类型的酸奶。这就是我这些天的处境——如此停滞、尽职、沉闷。我在20多岁的时候很强大,即使那只是一种稍纵即逝的性感魅力。我很无助,真的,但我仍然对那时的我感到敬畏。或者,让这种感觉陪伴着我。我想象自己的身材和脸蛋。天啊,我终于意识到自己有多漂亮啦!"

"我不明白,你把知道的都告诉我吧。"

"我知道,有时候我很吸引人。当我走进某些房间时,我感到世界停止了。我对一些人产生了影响。但我也很难承认自己是多么不可思议。我很漂亮、聪明、有趣,但我不能说我知道这些事情是真的,尤其是不能一下子全部知道。我记得有时我假装自己比实际情况更挑剔、更怀疑自己。当人们发现我受到伤害和虐待时——我告诉他们的，要么是关于拉法的，要么是关于我父亲的——更容易告诉我，我是多么可爱和美丽。这就是人们称赞我的时候。一个被打败的女人看不起自己，这很容易让人感到由衷的遗憾。那时候你才想告诉她，她很漂亮、她很重要。当她准备自杀的时候，你就得告诉她这些。但是，当一个年轻的女人仅仅因为自己漂亮、享受自己的外表就心满意足时，她就会莫名其妙地让人难以忍受。支持受害者要比支持喜欢做自己的女人容易得多。我们很容易受到威胁。"

"你的头脑真有趣，"我说，"这说明了你对烦恼和悲伤的追求，以及你对自己是否可以真正喜欢自己的矛盾心理。"

"是的，烦恼和悲伤总比让自己满足和正常感觉更好。我的生活很混乱，但是现在回想起来还是很迷人的。我曾经在我那乱七八糟的一居室公寓里请拉法吃饭，我们不得不把卫生纸当餐巾纸用。那里有一股死老鼠的味道。现在感觉那一切都很浪漫。就像你说的，我是我人生故事的主角，所以不管它是糟糕的、悲惨的还是美好的，我都是主角。"

"那么，现在呢？"

"我不再是主角了。我不断地服务他人。我没有自己的空间。当我伸手拿剃须刀刮腿毛时，我发现西蒙刮脸时残留在剃须刀里的毛发。当我拿起我的牙刷，我感觉到它的湿度，并意识到有人使用过它。当我一口气喝下之前打开的半空水瓶时，我尝到了苏菲的漱口水。我的隐私意识、逃避意识、潜在的自发意识，已经变得越来越小。没有地方堆放秘密抽屉或藏物架。我已经没有空间藏秘密了。我想我怀念的是拥有属于我的、只属于我的东西，即使那是我的创伤也无妨。"

在疗程中途休息时间，我会犹豫一会儿，到底是该穿过繁忙的马路，还是等着信号灯改变。我走到路上几英尺。停止、启动、停止。一辆车差点撞到我。如果我承诺提前几秒钟快速过马路，或者在人行道上等着信号灯改变，这两种决定都没问题。但是犹豫不决，优柔寡断，才是不安全的。虽然"事后诸葛亮"的姿态是谨慎的，但不做任何是非性的承诺，即使是在这些日常小事中，也会让我们处于危险和脆弱的境地。

接下来的一周，爱丽丝说，她仍然被她和拉法的婚外情困扰着。我想起了一句我一直喜欢的台词，那就是治疗的目的是"化鬼为祖"。我想知道我们是否能做到这一点——爱丽丝是否最终能接受她和拉法在一起的时光是她历史的一部分，而不会像她说的那样感到恐慌、堕落和焦虑。

"我仍然不断地被年轻时幻想中的自己的生动形象所吞噬。我凌晨3点醒来，感到一阵心悸，脑海中清晰地浮现出早些时候的自己。我不知道我现在是在幻想还是在回忆，或者两者兼而有之。"

我说："告诉我，在这些时刻你是怎么看待自己的？"

"我完全掌控自己，我很有吸引力。我毫无理智可言。我正在狼吞虎咽。生活就是充满了欲望、冲动和迷恋。为什么这么多年过去了，我的脑海中还在一遍遍地播放这些场景？这太疯狂了。已经过去12年了，但感觉还是那么真切。"她说。

"也许你们中间也有一部分人希望这些记忆不是12年前的。"我说。

"我想念拉法。"她说。

"也许你也想念自己的某些部分。某种程度上的自我悲伤——你挥手告别青春的画面。你试图重新定位自己，从这些时刻中找回线索，所以你在挖掘，让自己沉浸在过去。"

"是的。我走来走去，感觉这些事情正在我身上发生。我在想象中和拉法聊天，我可以想象我的日常生活。他从当地面包店带给我的面包的味道，他夹克的味道，等等。我只是有点怀旧。痛苦且难以忍受，这些都是我体验过的丧心病狂。现在，我只是在梦游。基本上就是无聊。这是我的本性，我想感受更多。"

这给了我们一条入口，也是我们可以连接到她现在生活的线索之一。她想感受更多。

我们回顾了爱丽丝和她父亲之间的虐待经历。我们考虑的是，和拉法一起玩暴力游戏可能助长了她的幻想，即她可以撤销和征服与父亲的过去。而她和拉法在一起的幻境，让她下定决心要修复破碎的东西，让事情变得更好。

我们花了很长时间在一起讨论她的性冒险和不幸经历，她与痛苦和折磨的关系，以及她希望在床上被贬低和被伤害的一些愿望，如何将童年的创伤转变为成年的胜利。她不想成为过去那个被打败的、无力的、受害的、脆弱的孩子，她想成为一个能掌控自己的成年人，一个能掌控自己处境的人，有意识地选择受伤和堕落。当她被物化、被支配时，她感觉在幻想和角色扮演中掌控着拉法。随着时间的推移，她的认识和洞察力开始抑制她堕落的欲望。在某一时刻，她试图让西蒙演出某些暴力场景，但他不想对她有性暴力或霸道的行为，她对此的渴望也随之消退。但这种渴望又回到了她的心房。

让我印象深刻的是，她很了解自己，也愿意面对自己的内心世界。我是这么告诉她的。

她说："我又对心理治疗生气了，还包括你帮我为自己培养的一切安全感觉。我怀念生病的日子。我不再那么变态或自我毁灭了。保持健康就没那么好玩了。也许心理治疗也扼杀了一些自我毁灭的乐趣，因为我太清醒了，自我意识太强了，因此无法付诸行动。我可以谈谈，但我知道，最好不要把事情搞砸。"

我明白。即使我们很清楚，谁不会偶尔渴望一些阴暗、刺激、可能危险的东西呢？

"我怀念被物化的感觉。尽管这是错误的，尽管我赞同真正的女性赋权，但我非常怀念那种只被自己的身体所需要的感觉。我的美丽。现在我整个人都被需要。"

"你怀念自己的身体被人需要的感觉,而且你最近说你现在有多么讨厌自己的身体。我觉得这些事情是有联系的。"

"可能有联系吧。我根本不受自己的诱惑。"

"就是这样,就是这样!不受自己的诱惑。这真的是关于你自己的故事,与拉法无关。"我说。

"我怀念拥有一个值得物化的身体。拉法对我的迷恋让我既生气又着迷。他对我的身体很敬畏。关于他的一切,还有我们在一起的一切,都是错的。大错特错,荒谬绝伦。我知道这一点,也理解这是多么可怕和痛苦。所以我来了。所有人都成长了。我有孩子,有爱我的丈夫。我再说一万遍,我应该更理性一点。但我怀念被那些家伙物化、追逐、猎杀、吞噬的日子。"

用她的话说,对她最强烈的渴望是"无拘无束的冲动"。

"事实上拉法无法控制自己——我喜欢这一点。这一切都是大错特错的。"

"'错'在你心中唤起了什么?"我问。

"说实话吗?它让我欲火焚身。"她说,"我喜欢他无法抗拒我。和拉法在一起,所有的边界感都被打破了。虽然错得离谱,但还是很性感。"

我们谈论她的性幻想如何与生活的其他领域相冲突——我们将她不合时宜的性欲正常化。她可以允许自己在意识形态上想要某些东西,但仍然伴有相互矛盾的性欲冲动。

"我想我假装不再想要粗暴的性爱了,但我做不到。我也想拥有平等的权利,我对暴力感到震惊。我永远不会希望我的女儿拥有这些东西。"爱丽丝说。

"我真的理解。"我告诉她。

我发现自己经常说这句话。太多了,我确定,尤其是和爱丽丝在一起。有时我能给她的就是深刻而真实的理解，并承认复杂性和灰色地带。

在接下来的几个星期里，我们的工作转向了其他话题，在某种程度上与主题相关，主要是因为她意识到，现在她已经告别了青春，她美化了她曾经拥有的东西。她已经开始接受幸福和痛苦都不是永恒的状态，满足感对她来说总是异常困难。

一个冬天的下午，她又回到了拉法的话题上。"我从来没有告诉过他我的真实感受。完全没有！我甚至不了解自己的感受，所有矛盾的感受，所以我无法解释。我被搞糊涂了。我现在明白了。所以我给他写了一封信。在我发给他之前，你能读一读吗？"

"当然，爱丽丝，我很乐意读一读。你确定要把信寄给拉法吗？你和他重新交往的话，让我很担心。"

"我想这么做。我甚至都不纠结该不该寄给他。我正在发送。我得告诉他，他对我来说有多重要。请您读一读。"

"好吧。"

亲爱的拉法：

我对你爱恨纠缠这么久。我可能永远不会完全忘记你。即使我已经向前看，即使我离开了你，也会一直记得你。当一个共同的朋友提到她曾经撞见过你的时候，除了让我觉得恶心之外，我现在对你一无所知，但我想你也一样，只是更老一些。你有过多少风流韵事？你还和你可怜的妻子在一起吗？我希望你偶尔痛苦一下，也愿你在慷慨的时刻感到幸福。你把我搞得一团糟，但我也不后悔我们在一起的日子。谢谢你让生活变得更好也变得更糟。

你曾经带我去卢浮宫看洛可可画派的代表作《舟发西苔岛》（The Embarkation for Cythera）。我不知道你是否还记得这一刻，也许你和你所有的女朋友都这么做过……也许你因为长期吸烟而早衰，或者你是精神病患者……你的记忆不可能那么清晰……总之，我们凝视着那幅画，你说不可能知道画中多情的情侣是"来自"爱情之岛还是"来到"爱情之岛。我们甚至不知道现在是黄昏还是黎明，现在是什么季节，而该作品的画家华托从未回答过这些问题。这种**令人着迷的暧昧**是如此强大，我已经接受了我对你的感情永远是复杂的。你既糟糕又出色。你是我心中神圣的怪物。我已经尽我所能解决了往事。请不要回信。我希望故事就此收官。

爱你又恨你的爱丽丝

当我读完这封信时，我的心怦怦直跳。从我十几岁住在巴黎的时候开始，我父亲就带我看过这幅画很多次。这是一件令我着迷的艺术作品，当我们看着这幅图画时，我喜欢父亲剖析其中的多种潜在意义，他会说："接受无知吧。"

我的父亲从来没有虐待过我，他是一个非常忠诚和慈爱的父亲。我觉得有必要这么说，因为我很震惊，爱丽丝的神圣怪物带她去看了这件艺术作品，并说了类似的话。我被拉法温柔慷慨的一面打动了。怪物也可以是可爱的。

此时此刻，我真的需要努力，把我对这件艺术作品的强烈的个人联想与爱丽丝的人生故事分开。当我们处理不熟悉的事物时，心理治疗师有时会做得更好。当我听到一些与我无关的事情时，我会调整心态，保持谦虚和好奇，并且尽我最大的努力去学习。我知道我不知道什么。对于爱丽丝，我有点太熟悉她所描述的一些东西了。不仅仅是这幅画，还有她生活经历的许多其他细节。

我一直强调我们的不同——主要是她的童年和她的父母，和我的截然不同。我明白什么是神圣的怪物。她的一些挣扎对我来说很熟悉，我必须保持警惕。不管意图有多好，"过度关联"可能会导致最小化、不耐烦、不协调，以及强迫感和低效工作。当我们认为自己知道别人正在经历什么时，我们就停止了学习和发现。在友谊中，在家庭中，有时在心理治疗中，这种情况经常发生。我们认为我们知道那里有什么，我们不能以新的方式看待事物。

爱丽丝看到了这幅画，这让我摆脱了"过度关联"。这里有一个生动的小提示：这是她的故事，不是我的故事。我不能假设我知道什么对她最好。她想要也需要面对拉法，这就是她的方式。

"爱丽丝，这封信写得真漂亮，"我说，"我被你说的话感动了，而且你说得很给力。"

"我选择写这封信并寄给拉法，我很喜欢。谢谢你。我觉得我已经处理了一些事情。也许给他寄封信有点危险，但我愿意冒这个险。"

然后她说了一些相当惊人的话："改变很难。人们之所以说'成长的烦恼'，是有原因的。成长是痛苦的。那么，一旦疼痛停止，我们如何继续成长呢？"

自相矛盾的人

我们在某些方面都是矛盾的。承认我们的悖论，认识到我们复杂的感受，可以帮助我们理解我们如何与自己和他人相处。我们有时甚至可以幽默地承认我们可能是伪善的。对我们自己，也许还有一些可信之人，不加删节地倾诉自己的秘密，是一种巨大的解脱。

有时候，成功也会带来矛盾：我们很多人认为自己渴望成功，但当成功触手可及时，自己也会挣扎。这种矛盾心理在心理治疗中经常出现。亚伯拉罕·马斯洛称之为"约拿情结"。他在《人性能达到的境界》（*The Farther Reaches of Human Nature*）一书中写道："我们害怕自己最大的可能性。"在这样的巅峰时刻，我们在自己身上看到了"神一般的可能性，这让我们感到兴奋。然而，在这些同样的可能性面前，我们同时又因软弱、敬畏和恐惧而颤抖。很多时候，我们逃避命中注定的责任，或者更确切地说,逃避天性、逃避命运,甚至有时候是出于偶然,就像约拿试图逃避他的命运却徒劳无功一样"。

最后,这一部分尤其令人鼓舞:"有意识的意识、洞察力和'自我修复'是这里的答案。这是我所知道的接受我们最高权力的最佳途径,无论我们隐藏或回避了什么伟大、善良、智慧或天赋的要素。"

我们可能在和自己玩一个折磨人的游戏,我们试图得到我们想要的,但是我们也会自我毁灭。我们中的大多数人在某些时候会这样做,在我们的爱情生活或职业生涯中,我们会追求对我们来说重要的东西,也会阻碍我们自己。在心理治疗中,我经常把这种情况称为"踩着刹车驾驶"。

对成功的矛盾心理是一个很大的问题,因为它深刻地触及了自尊和自我价值的问题。对我们许多人来说,熟悉的奋斗故事比相信成功更让我们感到舒服。我们需要考虑如何才能取得成功,包括允许失败和一路上的伤害。

考虑一下"化鬼为祖"。"鬼"会分散你的注意力,让你无法获得成功。想象一下,当你做了一个表面上健康的决定(从行为上看),但在内心,你有一种心理治疗师所说的"创伤性联结",你感到一种强大的冲动,想回到伤害的源头,回到阻碍你的关系。你受伤的那部分可能会一边向前推进,一边让你带着深深的怀旧和对施暴者的矛盾心理回顾过去,就像爱丽丝的故事中那样。说出这些黑暗的欲望和信仰,并考虑一下你会对"鬼"说些什么,这对你很有帮助。

不要把一次旅行变成一次摔倒。说到"约拿情结",对我们很多人来说,部分原因是,当我们感到迷失了方向,我们很快就放弃了。即使事情并不如我们所愿,仍能保持一种成功感,这是韧性的一部分,也是被大肆宣传的概念。

约拿的故事结局很好。他在鲸鱼肚子里待了一段时间,当鲸鱼把他吐出来时,他发现了一条更加开明的新道路。

第十二章 控 制

控制的欲望贯穿着我们人类的一生，无论是关于食物、金钱、我们的身体、规则、其他人，还是我们被如何看待、我们与时间的关系，总有一些我们希望自己可以控制的东西，或者我们想要更有效的控制。比如，婴儿会对最奇怪的物体产生依恋。在牙牙学语的阶段，他们会通过接受事物来学习，这是事实。他们会把任何东西放进嘴里，不管它多么荒谬、危险或不合逻辑。然后，当我们介入孩子和他们所控制的东西之间时，他们就会因为失去控制权而愤怒。失去和控制是紧密相连的。这是贯穿一生的真理。幼儿、儿童、青少年和成年人都有不同的控制欲。虽然我们偶尔会倒退，表现得像个婴儿，但我们终其一生都在努力不让自己像婴儿一样无助。

孩子对时间的发现就是对结局的发现。每天结束了，生日来了又去，学年结束了，聚会结束了，该睡觉了。我们希望事情能尽快结束，或者我们乞求延期。"还要多久？我们到了吗？"焦躁不安的孩子问。又过了一会儿，孩子恳求道："求你了，我能再熬一会儿吗？"而且孩子们总是有更多的愿望，拖延是不可避免的："再来一次，再讲一个故事？"与此同时，他们学会了享受期待下一件事,比如一个有趣的场合、一个假期、一个期待的计划。耐心等待是探索"迟来的满足感"的使命之一。但这在生命的各个阶段都是一个挑战。

控制欲与安全感和掌控感有关。我们喜欢认为我们可以监督发生的事情,我们想要一种确定性的安全感。当我们感到无助或被他人控制时,我们可能会有强烈的反应。"我回我的房间是因为我想回去,而不是因为你叫我回去!"叛逆的孩子喊道,她最终以自己的方式接受了惩罚。"你的控制欲太强了!"当父母提前宵禁时,这个愤怒的青少年喊道。工作场所的微观管理者会让办公室感到不舒服。控制方可以使每一次谈判都令人窒息。在生活的某些方面,我们可能很乐意放弃控制权,尤其是当我们选择了值得信赖的向导和伴侣时。放手是多么快乐的一件事,这句话的意思是:"完全由你决定。"但我们想决定何时、以何种方式放弃控制权。

我们努力控制时间。有些人喜欢计划,有些人则避免计划。这些计划可以是下周和朋友共进午餐的预约,也可以是一起白头偕老的婚姻计划。计划让我们知道接下来会发生什么,我们觉得我们可以塑造和影响我们的环境。我们可能期待一个计划,也可能怨恨并抵制它。知道前方是什么,会让人感到精神振奋,或者说,未来可以预测。我们对安全的渴望和对兴奋的渴望之间的紧张关系一直围绕着控制问题。我们是坚持做一份稳定的工作,感觉靠谱,经济上有保障,但很枯燥,还是冒险自己创业呢?我们能否容忍狂暴而撩人的调情——这种调情在性方面令人兴奋,但在情感上却没有安全感?

当我们掌控自己的日程、制订计划、掌控所有细节时,我们会有一定的控制力。偶尔,我们会幻想自己是永恒不朽的。但是,日程安排的局限性以无数种方式威胁着这种错觉。我们不能同时出现在两个地方。我们不能什么都做。

我们可能会避免制订计划,因为我们决心守护我们的时间或等待机会。当我们陷入困境、矛盾、恐惧、社交焦虑时，做出任何时间承诺都会让人感到畏缩，但是，对计划犹豫不决也会让人非常沮丧。一个计划解放了一个人，却制约了另一个人。当我们的祈祷似乎得到了回应，我们知道我们前方道路的每一步时，我们可能很快就会发现，太多的控制力和可预测性让人感觉完全受到了制约。意外事件会打乱我们的计划。生活中总有一定程度的不确定性。

我们与年龄作斗争，与时间的流逝作斗争，不仅为了我们自己，也为了我们周围的一切人和事。无论我们认为自己多有掌控力，我们都在不断地应对围绕着我们的有关失去的威胁。我们失去亲人，我们失去青春，我们失去物品，我们失去时间。我们必须放下太多，这让我们难以忍受。用玛丽·波拿巴（Marie Bonaparte）的话说："在所有人的心中，都有一种对时间的恐惧。"我们知道自己会死，但接受这个事实又是另一回事，时间提醒着我们。生命的短暂威胁着我们的控制感。找到一种适应这种不适的方法，就是一个伟大而有价值的挑战。时间最终会把我们都带走。

我们可以选择暂停，但在实践中很难做到。我们知道自己疲惫不堪、焦虑不安、睡眠不足。每个人都告诉我们要活在当下，保持专注和冷静，但我们生活在一个疯狂的世界，充满了喋喋不休和心烦意乱。我们总是盯着屏幕，忘记了自己活在当下。

心理治疗可以是一个我们渴望的空间，有时也能找到艾略特（T. S. Eliot）所说的"旋转世界中的静止点"。我们停下来思考我们在哪里，我们如何到达这里，我们想去哪里。重塑过去可以帮助我们活得更充实。在治疗过程中，以生动和强烈的感受去回忆和重新体验多年前的时刻，是完全正常的，也是有益的。我们经常回到更早的时代，以新的方式看待事物。然后，这些记忆就成为当下探索的丰富源泉。

弗洛伊德认为，时间的流逝是使生命华美的原因之一。他写道："限制享受的潜力会提高享受的价值。"想想假日、派对、白鲸鱼子酱、短暂而甜蜜的爱情、特殊场合、限量版商品、等待时间长达数年的法国手袋——我们可能会珍惜那些稀有和稀缺的东西，如果我们拥有的太多，可能会感觉回报越来越少。但对我们中的许多人来说，对于局限性的焦虑会让我们几乎不可能享受这一刻。

我敏锐地意识到，在我给乔治进行心理治疗的时候，他是一个惊慌失措、痛苦不堪的年轻人。佩内洛普是他心爱的 35 岁的妻子，也是他们两个年幼孩子的母亲，患有一种罕见的心力衰竭。虽然她很年轻，但她的生命即将结束。他计划好的未来被偷走了。他对这可怕的损失感到恐惧，并努力做好心理准备。心理治疗师称之为"**预期性悲伤**"。时间不多了。时间在掠夺他。时间的劫难是逃脱不了的。

在我们的治疗互动中，我们开始与时间赛跑，但这是焦虑的、幻想的、不可能实现的。时间以最无情的方式攫取一切。即使这不是针对个人的，也会让人感到受迫害。我们也尝试过拒绝时间，但没有成功。当我们理解并接受了时间的限制后，乔治放弃了一些幻想，探索了丰富多彩的创造性，这可以帮他应对痛苦。他发现了自己内心的信任和安逸。他开始接受那些无法接受的失去。

乔治的时间

这是伦敦一个灰蒙蒙的冬日清晨，天空貌似近在咫尺且无情无义。在我步行去上班的路上，寒冷、沉重的空气频频来袭，好像要来抓我似的。我脾气暴躁，睡眠不足。我的宝宝让我几乎整晚都睡不着觉，尽管我根本没睡着。我的待办事项清单如此之多，让我心烦意乱。但在我的咨询室里，坐在乔治对面，我们之间有光芒和活力。这是我们的第三次会面，从我们见面的那一刻起，他就让我感受到了一种温柔而强烈的熟悉感。

乔治说："这太折磨人了，夏洛特。"他的声音悦耳动听。我总是很关注他,不管他是在讨论三明治还是哲学概念。他有一点儿希腊口音,但他从十几岁起就住在英国,他的英语比大多数以英语为母语的人都流利。他又高又瘦,有一张有力而生动的脸,就像埃尔·格列柯(El Greco)的肖像画。

我歪着头看着他。我之所以这么做,是因为他回应的时候歪了一下头,我注意到了他的目光。我不需要问他为什么痛苦,我知道他会告诉我的。他使用词语的技巧灵活,但在我们的沟通中掺杂了一半的肢体语言。他是一个钢琴家,他的音乐性体现在他的手势中,在他说话的时候,他会有一些动作,比如折叠和展开双手、敲击手指、轻拍、向上击打、画个大圈圈。现在,他的双手紧紧地握在一起。他抓住自己的指甲不放。

针对佩内洛普,医生们开始采用"姑息疗法"。

哦,天哪。他一直在担心和预测这一刻。我想知道他听到这个词是什么感觉。他告诉我"姑息"来自拉丁语,意思是"掩饰"。"姑息"这个词很有趣。他对此感觉如何?

他说:"我必须充分利用和佩内洛普在一起的每一刻。我浪费了太多时间。我们在二十几岁的时候就开始约会了,我推迟求婚太久了。我总是逃避全身心的投入。我们把生孩子的事推迟了好几年。要我说,急什么?但她早在我之前就准备好了。现在这一切都发生了。我的天啊,怎么会这样?"他屏住呼吸,"今天来到这里对我来说很困难。"

在乔治现在的生活中,一切都很匆忙,包括心理治疗。他挣扎着来到这里,挣扎着离开。

"我很高兴你给自己这个空间。"

"只有在那里我才能做我自己。你允许我这么做。在外面,我到处都有麻烦。我充满了我不能表现出来的感情。"

看到他的内心世界,我感到很荣幸。我问他,在其他任何地方是否有所保留。

他说:"我不想让我的悲伤给佩内洛普带来负担。这样对她不公平。"但这是有代价的。隐藏自己的感情,使他们疏远了彼此,也让他们之间的鸿沟越来越大。"我在某些方面正在远离她,但我也在向她靠近,却无法抓住她。"

他的呼吸听起来微弱而急促。他描述了这种困境:"我看着她,知道她很快就会离开。我无法忍受,我不想让她看到我的绝望。我只是尽力接受我能接受的事实。"

他说,心理治疗是他的支柱。"谢天谢地,我永远都拥有心理治疗的机会。"在最初的治疗中,我们一致认为我们的治疗将是开放式的。这是我试图给他一些永恒的东西的方式吗?例外主义已经成为我们动态的一个特征。我本来打算拒绝任何新的治疗业务。但乔治和我说好了,我会给他做评估,然后给他参考。不知怎么的,给他治疗的感觉很重要。给他治疗在临床上是合理的,和他合作在临床上也是合理的。我做出了选择,我认为这仅仅是因为我们合作得很好。在我生活的其他方面,我讨厌心事重重和日程安排过多的感觉,但我能够在内心找到完全可用的空间预留给乔治。

"我经常隐藏自己的感情,不仅对佩内洛普,在其他任何地方也是如此。我对女儿们隐藏了我的悲痛。我们的亲戚太脆弱了。我需要在工作中保持冷静。佩内洛普的医生是给她看病的,不是我。我的一些朋友问我过得怎么样,但我无法进入状态,所以我一遍遍地说着同样的一句话:我会充分利用我们的时间。但我不能敞开心扉,你懂的。"

"你认为会发生什么?"

"一场巨大的洪水。这就是会发生的事情。如果我开始发泄,我会崩溃——不,我会淹没在我的泪水中。我必须漂浮起来。"

"那是一个怎样的场面啊!"尽管他说他对我开诚布公,但我还是认真对待他的情感洪流警告。

"我的朋友们总是在错误的时间问我，这个时候周围的人会不断地干扰。太匆忙了。你知道小孩子是怎么回事，对话被打断了，时间不够了，干什么都没时间。我的工作也不尽如人意。我们有很多账单，女儿们参加了很多在时间上有冲突的活动小组，瞧那密密麻麻的育儿时间表！我跟不上这一切。"节奏加快了，我看到他额头上的汗珠闪闪发光。

"你承载了这么多东西，乔治。这是巨大的压力。请允许自己暂停一下。至少在这里，可以停顿一会儿。"这是我试图让他放慢速度的方式，不让他火急火燎地说话。

"停顿？嗯，这对我来说很难。"

"我明白了。"我说。这对我来说也很难。"在音乐中，你对停顿有什么感觉？"

"在音乐方面，哇，这很有趣。在音乐中，休止符帮助我听到我在演奏的东西。沉默充满意义。当你停顿的时候，人们会听。我很擅长把握沉默和停顿的时机。但以我目前的情况，我做不到。我在来的路上瞥了一眼天空，云朵让我头晕目眩。我突然不敢去想，佩内洛普和我再也不能一起欣赏天空了。我几乎要转过身来，告诉她抬头看看云。"

"还有呢？"

"我给她打了电话。我已经急着赶过来了。但不管怎样，她还是半睡半醒的，我觉得那个电话让她很烦，我还指示她去窗边看云。她告诉我，她只能看到灰色的天空。我大错特错。也许我不该丢下她来这里。我们没时间了，我应该一直陪着她，趁她还活着。"

同样的天空，我觉得压抑，他觉得头晕。角度不同！我今天对天空的感觉是抱怨和不领情。他的声音听起来压抑而悲伤，他沉浸在内疚之中。

"我完全走调了。我无处不在，却无处可去。我感觉自己失控了，我不能放手。"他说。他带着一种绝望的神情看着我。"我怎么才能熬过去呢？如果我熬不过去呢？我别无选择。女儿们需要我。但如果我活不下去怎么办？"

"正如你在治疗开始时说的那样，这非常痛苦。当然，你可能会觉得自己熬不过去。你处于如此具有挑战性的境地，你已经在渡劫了，即使这感觉难以忍受也无妨。干得漂亮！"我说。

我用尽可能轻柔温和的声音告诉他，我们治疗结束的时间到了。

"什么？这么快？不！"他不相信。

"下周同一时间见。"我说。

"快点，你能不能再告诉我一遍你刚才说的关于我的焦虑的事情，并解释一下我应该如何处理我的情况？"他问道。

我不可能很快回答这些问题，我们需要停下来想一想！这不仅仅是所谓的"门把手时刻"，即患者在离开时抛出一个重磅炸弹。这只是一个要求更多的请求。我不想让他闭嘴，也不想用简短的总结或油嘴滑舌的即兴小窍门来撤销我们之前有意义的讨论。他让我很为难，他在拖延时间，让我越界。我该怎么办？我不能继续，而我想要继续。

"我们下周继续。我不想在我们没有时间的时候匆匆忙忙地告诉你一些事情，这对你不利。"

"再多一分钟都不行吗？"

"我很抱歉，乔治，我知道要谈的事情太多了，但我们真的必须停下来。"我说。

乔治之后，我还有个疗程安排，我知道这位患者会准时到达。当时我渴得要命，碰巧水杯空了。

"好吧。拜托您了，夏洛特，您能发邮件告诉我，在治疗间隙我能做些什么吗？我很抱歉。我知道我们已经超时了。我很抱歉。非常感谢您。"

我现在都快把他赶出门了。在下一个疗程之前，我可能没有时间跑到厨房去拿水。"我会给你发邮件的。"我边说边送他到门口。他打开手机查看我们下次治疗的日程表，我们已经确认过了。他又问了一个问题。我只好用一连串的"是的,是的,好的,好的"敷衍他,听起来怪紧张的。又过了几分钟,他才真的离开了。我的下一个患者来了。我又忍了50分钟的口渴。

那天晚上,我花了大量的时间给乔治写了一封深思熟虑的电子邮件,提出了治疗间隙自我护理的想法。他非常感谢我。他留在我的脑海里,也许,他争取额外的谈话时间和帮助就是他抓着我不放的方式。虽然我把我的一切都给了他,但这还不够。

他的个人魅力和举止让我感到精力充沛,同时也感到深深的悲伤。我想起了他对佩内洛普以前的描述:一个大提琴手,热情奔放,引人注目,表面大胆,内心害羞。还有他们的两个女儿,一个3岁、一个5岁。这个3岁的孩子还会有关于她母亲的记忆吗?那个5岁的孩子对发生的事有什么感觉?我一想到佩内洛普就心痛。她的病提醒我们,生命是多么脆弱。药物不能救她,简直太荒谬了!这种折磨人的情况毫无缘由地发生了!我能感受到乔治的痛苦。这是令人沮丧的、不可接受的、绝对不公平的,但他的生活充满了活力。为什么死亡的提醒可以令生活更添滋味呢?真是奇妙!

很快,我们的关系似乎已定型,还开发出了一些活泼的、有活力的、充实的东西。与我多年来与其他患者的一些合作相比,我们在几次治疗中似乎相处得更深远。

我不知道乔治是否一直都是这样,或者我从他身上感受到的活力是他对即将痛失爱妻的反应,这就是他涌动的生命力。他的悲伤中有一种亢奋,他对佩内洛普的深爱使她的病情更加惊心动魄。我觉得他要尊重她,这是我们心理治疗的重要组成部分。他告诉我她有趣的笑声、她的滑稽轶事、她对鲈鱼的爱,以及她对摩城歌手马文·盖伊(Marvin Gaye)的古怪喜爱。他鼓动我去看到生活的美丽和痛苦,去注意那些我太容易忽略的小细节。当母亲或婚姻的要求让我烦恼时,我就会想到乔治,然后就会阻止自己把事情视为理所当然，不再做一个被宠坏的孩子，即使埋藏在内心也不可以。我对他的心理治疗促使我珍惜我所拥有的，并对日常生活中的平凡时刻怀有更高的意识。

面对生活中的种种不确定性，我希望心理治疗能成为他每周都可以依靠的、靠谱的、可信赖的空间，在那里他可以完全遇见真实的自己。我给他一种安全的、关怀的关系，他就可以自由地表达自己。我鼓励乔治去挖掘他在其他地方努力避免或否认的那个自己。乔治开始修正他的一些世界观。他觉得时间已经流逝，他的力量和自由已经褪色。他几乎无法忍受怀旧，但也遗憾地描述了以前的自己，以及他想象中的他和佩内洛普将会过的生活。乔治因为失去了他所爱的健康妻子而处于悲痛之中。在哀悼妻子病情恶化的同时，他也在哀悼过去的自己。随着病情的恶化，妻子对他充满活力和男子气概的保护意识正在消退。

他所处的环境使他处处受到折磨。他的家庭需要他，经济上的事情，需要他处理，在内心深处，他的自我意识有点支离破碎。他是一个完美主义者，他希望自己能做对。

他能够和我一起表达他对别人隐藏的感受，让他探索做他自己意味着什么，并理解他是如何剥离那个令人不安的自己。当他们第一次坠入爱河时，他觉得自己拯救了佩内洛普。乔治把她从不正常的家庭中救了出来，他也挽救了自己拯救她的意识。他仍然认为他能救她！他不知道是怎么做到的，但他就是放不下自己的决心。我们探索了他作为强壮男性身份的起源，以及他能够奉养、保护和拯救的幻想。他的父亲是一名学者，他鼓励他勤奋学习，做个博学的人。他的母亲在他8岁的时候就去世了，而他的父亲看起来很冷漠，总是沉浸在工作中。乔治因为他不够关心自己而怨恨他。他把母亲的死归咎于自己，这种情感创伤深深地伤害了他。佩内洛普的病重新打开了这个伤口。

在成年人的哀悼中，我们会重温早年失去亲人的经历。我们回到他失去母亲的事情上。乔治4岁的时候就是大家公认的天才钢琴家,当时他的母亲为他安排了钢琴课,他们家客厅里有一架大钢琴,他每天都在那里练习。他回忆说:"我当时有点像宝宝之王。我妈妈唯一的儿子。她喜欢古典音乐,喜欢听音乐会。我记得她盛装打扮的样子,戴着优雅的珠宝,身上散发着皮草和香水的味道。当我为她弹钢琴时,她让我觉得我可以掌控一切。几年后,她生病了。"他相信,如果他钢琴弹得好,就可以帮助她活下去。

他继续上钢琴课,刻苦练习,他的母亲病情持续恶化。他和母亲的病魔商讨、谈判,他努力发挥更好、学习更多。他拼命学习舒曼的《梦幻曲》(*Traumerei*),这是一首钢琴独奏作品,当他终于学会时,他为她演奏了这首曲子,而她似乎对他的表演无动于衷。然后,她就离世了。

乔治记得他当时想,如果他弹奏得更加神采飞扬,他就会让他的母亲倍感欣慰。他的表演很呆板,他的节奏很混乱。就像他现在告诉我的那样,他似乎相信一场生动的表演会让他的母亲活得更久。当他听到《梦幻曲》时,他仍然会颤抖。

"回想起来,只有在遇到佩内洛普的时候,我才觉得自己又完全有能力了。"他说,"我终于成为我一直想成为的那个人——强壮、有力、高尚、能干。她喜欢我的一切。她爱上了我的钢琴演奏。《渴望》(**Sehnsucht**)是她最喜欢的怀旧、浪漫的古典音乐。她也喜欢我做的曲子。她会仰起头,闭上眼睛,把一切都吸收进去。那些时刻就像性爱一样美好。"

他也怀念这些。"我们是那么性感,那么有形。贪恋亲吻,如此付出。她一直想要我。我觉得自己很强大,原来如此强大。这就是我的感觉——我就是个大块头。然后看着她成为母亲,带着我们的孩子长大,孩子越大,我就越爱孩子的母亲。她怀孕的时候我并不觉得她性感,但我很敬畏她。"当她的生命即将结束时,他惊讶地想起她是多么年轻。

他说:"我们可能再也不会做爱了。"

她已经很虚弱了,他俩都不奢望了。他们的关系已经转变为一种更接近父母和孩子的动态关系,这让事情进一步"去性别化"。

"我渴望的是只有我们俩疯狂地相爱,那是还没有孩子的时候。我想念她看我的样子,以及我看她的样子。我们是如何感受自己,以及在一起的过程中发现了自己的?现在,她依赖我,但她对我很疏远,尽管我努力为她做所有的事情,但我也让她失望了。"

我问他是否也对她感到失望。当他预见到失去的时候,这是一件很难承认的事情,我邀请他去表达他被她"抛弃"的感觉,这让他感到宽慰。"她要离开我了。她要丢下我,让我独自抚养我们的女儿。独自一人抚育孩子,也独自一人哀悼妻子。我不知道以后我一个人能不能做到这些。我能保留这份美好吗,还是会随她的死而消亡?"

我们思考着她的情感遗产,一阵恐惧袭来。"她还在这里!我怎么能这样放弃她呢?但我也不能指望她。我不知道自己该何去何从。"

他哭了起来,用袖子擦了擦脸。"我想不出怎么去想佩内洛普。她是在这里还是已经走了?我救不了她。我所能做的就是尽情享受有她的日子。"他反复告诉我。

此时此刻,我意识到他已经下定决心不像他那冷漠、无情、孤僻的父亲那样。他不是他的父亲,但他也不可能准确地把握这种情况。我告诉他,这是他无法控制的。

他的生活充满了痛苦,还有更多的痛苦等着他。给他治疗的过程让我很满足,几乎可以说是如此。心理治疗师可能会陷入"完美患者"的陷阱。乔治给我们的治疗带来了某种音乐感。我感觉到音乐在我的脖子后面微微颤抖。我迷失在节奏中,沉醉其中。他很聪明,很有成就,还乐意研究自己的言论,寻找隐藏的含义。在情感上,他描述悲伤,但他也会笑,不是以一种防御的方式,而是以一种对生活的肯定方式,这是对他的痛苦和绝望的平衡。乔治的幽默闯入了他的思想，使他的评论具有宽宏大量的内涵。

仅仅是观察他、倾听他，我就知道我们一起合作的感觉很重要，就好像我在和他一起做一些了不起的事情，同时也改变了他的人生。我们的联系显然是一种相互的理想化。他告诉我，他被我的话"拥抱"了。我们之间的亲密让人感到兴奋和焦虑。我感到的焦虑是因为匮乏感，我在模仿他的焦虑。在我们的治疗时间里，我给了他一些重要的东西，当然，这远远不够。

每次治疗结束的时候，我就会打断自己的痴迷。"我们必须到此为止了。"每周的治疗都会拖延几分钟，我便会这样说。

"不！"他发出嘘声，戏剧性地挥拳打向空中，"我们怎么到最后了？"感觉就像是他把太阳和星星移到这里，而我在他刚刚开始的时候就把他弹了出来。我把他送走只是个小小的拒绝。对他来说，每个星期都很难找到属于自己的时间，但我们每个疗程 50 分钟的时间感觉不够。这是他和佩内洛普在一起时感觉到的可怕而真实的时间缺失的一个缩影。

我的主管帮助我理解我们的关系是如何贴上"紧张"标签的。乔治需要参与和控制疗程来抓住我。他那充满魅力的怪癖，他那充满诱惑的语言运用，他对卓越的需求，都暗示着一种潜在的恐惧，那就是如果他不付出一切，我就不再为他服务了。和他在一起，我也是最棒的。在我们的关系中，我们都是完美主义者，这是基于一种荣耀感和对匮乏感的恐惧。乔治在这里过着一种熟悉的生活模式，践行着他父亲灌输给他的工作精神，即他必须全力以赴才能拥有一切。而他的努力并没有拯救他的母亲，也没有拯救佩内洛普，但他仍然在重新演绎这个信念。在某些方面，他也是为他母亲扮演舒曼的小男孩。在我对他的回应中，我有点太着迷了，渴望支持他、培养他。我想消除他母亲对他无动于衷的经历。我深受感动！

我们都害怕浪费时间。几个月来，这种紧迫感贯穿在我们的疗程中。

第十二章 控 制

有一种恐惧，认为时间不多了，或者已经消失了。生命的飞逝让我产生了一种急切的、近乎恐慌的愿望，想要记住和乔治在一起的每一刻。

我写的关于我们治疗过程的笔记都是高强度的。我记下了他对佩内洛普吃烤鱿鱼的描述，他们两个女儿的出生，他们一起跳舞的歌曲，他们对柠檬和所有海鲜的共同喜爱。我想保存和纪念他关于佩内洛普的故事，我们在一起的时光，我们的治疗历程，让人觉得有意义，甚至以一种不寻常的方式不朽地存在着。我的笔记充满了细节，就好像一切都是例外。我认为所有这些时刻都具有至高无上的重要性，因此我必须将它们精确地记录下来。

乔治告诉我，当他在等候区时，他通过我鞋子的声音认出了我。"我听见你在走廊里走来。滴答，滴答。"我想知道他是否把我的脚步和时间流逝的声音联系在一起。这是他对流逝的时间的感知吗？他会不会觉得走到我们的治疗室占用了我们治疗的时间？此外，时间还会以明显甚至可笑的方式影响我们的工作，他受不了治疗室中原来的数字时钟换成了滴答声十分洪亮的时钟，这让他很烦恼。

他说："我不介意有节拍器，只要是我在作曲或上课，但那个时钟，滴答的声音，就像一个士兵在喊我前进。走吧！走吧！走吧！"

他问我能否让它消失，我同意了，为了给这一刻增添一些戏剧性，我把时钟的电池拿了出来，就在那里，在治疗期间！这提供了暂时的缓解。但即使没有了时间流逝的噪声，我们仍然被约束着，我必须做一个负责任的成年人，随时掌控时间。我瞥了一眼手表，当他发现我在看表时，我感到一阵内疚。为什么掌控时间对我来说很不礼貌，就像对着别人的脸打哈欠，而这是我角色的一部分，是我维护治疗领域权威的方式？

"很抱歉，我们的治疗必须告一段落了。"我对乔治说。我觉得我好像总是做"停止"和"结束"的事儿。我总是为时间的流逝而道歉。

在接下来的一周里，当那个普通的数字时钟回到治疗室时，他为那个洪亮的时钟不见了而感到欣慰。我问他要不要我把钟摆好,这样我们俩都能看见。他表示不要:"我只想忘掉这件事。在这里的好处之一就是我可以像个孩子一样,我不需要知道时间。"

在某种程度上他是对的。我问他是否想在治疗期间看时间,可能是我试图分担在治疗结束时提醒他的负担。他不想承担这个责任是可以理解的。随着我们的治疗继续,乔治对他是否希望时间流逝感到矛盾,这是他的**时间恐惧症**的表现。佩内洛普恢复的希望依然渺茫,他发现自己快速穿梭到了她的死亡日期,甚至更远的未来,然后他为希望时间流逝而感到难过。但如果他没有珍惜一个稍纵即逝的时刻,他也会感到内疚。他被困在了一个有限的空间里,就像候诊室一样的区域。他在候诊室里待了很长时间,无论是身体还是心理,都在生与死之间徘徊。

随着时间的流逝,等待越来越多。他等待着她的检查结果、治疗结果、电话、文件、档案和处方单,这让人感觉无休无止、乏味、失控,然而和妻子在一起的时间实在是太短暂了,因为她的疾病,这段时间被毁灭性地缩短了。等待心爱的人死去是很残忍的。当没有康复的希望时,人们一边期待死亡,一边害怕死亡,这是完全自然的。

乔治感到孤立,部分原因是佩内洛普仍然没有表现出绝望,所以他觉得自己也不能。他说:"也许她不愿承认,但她似乎很乐观,认为自己可能活得更久。我觉得她还没有放弃希望。我觉得我不能让她知道我已经放弃希望。所以,我必须假装还有希望。"

"她没有希望治好病或者活得更久了吗?"我问。

"没有希望了,那并不是因为我闷闷不乐,而是因为没有治愈方法,而且她的病情越来越严重,这就是现实。但知道这些我很难过,因为我不相信有神奇的治愈方法,因为我只是等着她死去。当我不耐烦,想她快点死的时候,我感觉特别糟糕。我不想她死,但我有时也会想她死,不是因为我希望她死,而是因为我知道她会死,所以我只是在等待结局。那不是很可怕吗？我不敢相信自己会这么说，怎么会有这种感觉。"

他等待她死亡的矛盾情绪完全可以理解，我可以这么说。他觉得自己有责任，尽管他相信自己的态度会决定时间是向前冲、静止不动还是倒退，这是一种魔幻思维。

我们谈到了让他相信弹钢琴可以决定他母亲命运的魔幻思维。"不管你钢琴弹得多好，你母亲还是会死的。顺便说一句，你可能已经把《梦幻曲》演奏得很出色了。"我说，"你为她学习舒曼的《梦幻曲》，这太感人了。"

我问他关于他的完美主义，以及他母亲对他演奏的反应。"你有没有想过，她可能病得太厉害了，以至于无法欣赏音乐？也许是因为听得太多了？又或者，她听着你演奏舒曼的那首曲子，已经深深地知道她要失去你了。舒曼的钢琴独奏作品唤起了全部的感情。这是一个充满强烈渴望的场景。听到她的孩子弹奏这首曲子，知道自己快死了，也许她无法告诉你，这对她来说是什么感觉。你以为她的反应只是关于你弹得有多好，其实可能还有很多其他的原因。"

我想起了我认识的一位古典音乐家，他曾说舒曼的曲子听起来令人愉悦，"演奏起来让人头疼"。我突然意识到，乔治在只有八岁的时候，为了母亲学习这首具有挑战性的曲子，给自己施加了很大的压力。现在他承受着巨大的压力，要掌控一个不可能的局面。

乔治对母亲的记忆有限，但他对母亲最后的记忆是在他去医院看望她的时候。他不知道他再也见不到她了。"好好享受每一刻。"她对他说。他记得这些话的力量。他记得自己还没准备好就离开了她的病床。一个亲戚告诉他，该吃午饭了，他们得走了。

"我还是不喜欢那个阿姨，"他说，"她把我从我妈妈身边带走了。我不得不去吃午饭，而不能花更多的时间和我妈妈在一起。"

"噢，乔治，"我说，"我很抱歉她在那个时候把你带走了。我希望你能多待一会儿，但你和你母亲在一起的时间还是太短了。不可避免的是，这一切都太短暂了，不是因为你如何度过那些时光，而是因为她那么年轻就去世了。"

"没错。她那么年轻就去世了，而我那么年轻，这种悲剧又发生了，只是换了个主角。"他发出一声充满激情的呜咽，但很快就恢复了镇定。"好好享受每一刻。多么珍贵的遗言啊！"

"还有，你现在对这句遗言有什么感觉？"我问。

"你是什么意思？我认为这太棒了。她说得太对了。珍惜生命！她帮了我很多。"

我觉得我需要小心行事。如果临终遗言被当作如何生活的指导，那么它就会变得棘手而有压力。我们如此专注地俯身去汲取垂死之人的嘱咐，以为其中蕴含着深刻的智慧，我们别无选择，只能遵从并铭记在心。

垂死的人会有令人难以置信的、水晶般的洞察力。但无论目的是什么（有时我们不知道，一个将死之人可能会感到痛苦、愤怒、恐惧、绝望，还会迷糊、神志不清，无法得到安慰），临终前的话语会让我们陷入困境，特别是我们希望结束和解决时，我们可以让这些临终时刻得到升华。我们希望结局有着美丽和永恒的意义。但是，我们需要一些距离来重新考虑如何利用这些最后的遗言。

"好好享受每一刻"是个美好的愿望。但如果从字面上理解，这是一个不可能完成的任务。有些时刻比其他时刻更重要。我们可以选择和优先考虑，但我们无法抓住一切。

我认为，乔治的亲戚们既没有也不会去谈论他母亲的死，这让他独自面对回忆，独自消化母亲临终前对他说的话，独自悲伤。是的，他说，他在遇到佩内洛普之前感到孤独，现在他又感到孤独了，只有和我在一起的时候还挺温馨。

他开始考虑告诉她，他觉得自己在20多岁的时候浪费了时间，现在这

第十二章 控 制

是他内疚的一部分。作为幸存者的他,对佩内洛普的生病和对不听从母亲的教诲——"好好享受每一刻"感到内疚。

"我已经浪费了太多的时间。我做了太多错事。我让我妈妈失望了。我让佩内洛普失望了。我想现在就弥补。我想抓住每一刻。我不能睡觉。我只是盯着佩内洛普,试图记住她的脸。如果我忘了她的眼睛、她的鼻梁、她皮肤的感觉和气味,怎么办?我会记得她的声音吗?我已经错过太多了。这么多年来,我戏弄人生,到处胡闹,有时喝醉,把她当成理所当然,忘记了生命稍纵即逝。我会后悔没有珍惜她的每一分、每一秒。我知道,当我回首往事时,我会恨自己没有好好享受每一刻。"

他非常专注于回忆和捕捉过去的经历和现在的每一刻,就好像佩内洛普的故事和他的自我意识将在没有生动记忆的连贯线索的情况下瓦解。他描述了精梳羊绒、苹果、柴火、干燥的秋天空气的气味。在所有的感官中,嗅觉是最能引起共鸣的。联想的气味使我们成为时间旅行者。我喜欢听这些故事,和他一起珍惜这些细节,但我觉得我们必须解决的是痛苦的指责和内疚。

"你在努力的过程中很浪漫。从某种程度上说,你的努力很美好,也是发自内心的,但你的压力太大了。你固执地想要珍惜你所拥有的一切,但无论如何,你无法储存每一分钟的感觉。"我说,"在你20多岁的时候,你经常会认为没有必要急着结婚和做父母。你根本不知道事情就在眼前。但是现在你不能试图控制时间来弥补失去的时间。"

我意识到我和他的幻想串通好了,他幻想我们能捕捉每一个瞬间,爱抚每一个细节,就好像我们能记住这一切。他认为,庆祝这些记忆可以阻止时间的流逝。当然,没有人能享受生活的每一刻。我们永远没有办法让时间停止。不管多珍贵,我们都会错过一些东西。我们忘了集中注意力。我们分心了。或者,我们注意到了,但我们还是错过了。乔治把佩内洛普的过去视为理所并不是她将要死去的原因。在他预期失去的状态下,欣赏的压力是如此的极端,他挣扎着接受过去,责备自己想象未来的生活。他很难相信自己可以简单地拥有普通的经历。

他带给我的细节,我很珍惜,并试图自动保存,就好像我是他生活的保管人、档案保管人、历史学家。而我是相当迟钝的人。用英国精神分析学家和散文家查尔斯·莱克罗夫特(Charles Rycroft)的话来说,心理治疗充当了"自传作者助理"的角色。但这本自传从来都不完整。

我喜欢他和我分享的回忆,我可能会永远记住这些回忆——他和佩内洛普在希腊一条朴素的小船上度过的时光,包括他们被太阳晒伤皮肤、防晒霜、盐、木船。但我也需要放下乔治生活中的一些时刻,让自己去辨别和选择那些突出的细节,而不是试图捕捉和保留所有的细节。

"囤积记忆并不能阻止她的死亡。你无法战胜死亡。"我说这话的时候感觉很刺耳,就好像我在往他头上泼冰水一样。

他用手抱着头。"我失去了她。虽然我放不下,但她还是要走。我必须接受这个事实。"他无法通过冻结时间来控制正在发生的事情。他不能通过反思浪费的时刻来改变过去。他开始指望他与时间的斗争。他开始让自己接受某些东西悄悄溜走的恐怖。

"在音乐中,有一种东西叫作**自由节拍**。你可以加快或减慢速度——有节奏和表达的自由。我爱它。在音乐中,时机就是一切。你控制时间,但你也要服从时间。这是一种艺术运动。"当乔治谈起他毕生的事业——音乐时,他就会神采飞扬。"我想这是矛盾的,但我错过了这个教训。我曾幻想过时空旅行。要是我能做到就好了。我又回到了和佩内洛普相爱时的那种快乐,那时的我们健康、年轻,如此相爱。也许我可以追溯到更久远的童年,那时我母亲的爱似乎源源不断,在她生病之前,在我开始演奏舒曼的作品之前,我对时间没有概念。"

恋爱的感觉扭曲了我们的时间感。玛丽·波拿巴写道:"每一个情人,无论他的处境多么悲惨,都发现自己进入了仙境。"她还说,"这就是为什

第十二章 控 制

么每个情人都发誓爱到永远。"

乔治和佩内洛普相爱的时候忘记了时间。这就是青春爱情的快感。他没有浪费他们的二十几岁。他爱她，她也爱他，他迟迟不肯改变，直到他幡然醒悟。这就是人类的弱点。

有些时候，乔治不谈他妻子的病情，而是谈论其他事情，想到什么就说什么。他回忆起大学时代、童年的暑假，所有的一切都是为了寻找自己的归宿。也许他在提醒自己他来自其他时代的身份，在他的自我意识中寻找一条连贯的线索。在回忆过去的时候，似乎时间让我们独处，至少是暂时的。我和他很合拍，我们在一个有趣的空间里互动。所有的"大事记"都由我们决定，我们可以一起去任何我们想去的地方，回到过去，回到他的童年，回到他的青春期，回到我们选择的任何人生阶段。

我沉浸在与他的共鸣中，我们的关系让我们远离了时间，远离了他生活中发生的事情，也许我们可以想象我们可以重新装饰他的童年经历或消除他的痛苦。在某些治疗中，我们感觉像是共生的母子。

他说："你懂我。你比任何人都了解我。我觉得自己像个孩子。啊！"他发出一声满意和满足的叹息，脸上露出了乐观的表情。

我们欣喜若狂，将我们带回了他早年的生活，并探讨了历史上的情感问题。但我们也必须解决目前的情况，他妻子的疾病多么严重，以及这对他的人生意味着什么样的遭遇。我们承认并讨论他渴望变成一个孩子，让我照顾他，并控制和驾驭时钟，让他逃避成年人的责任。于是，时间变成了丰富创造力的源泉。

"当一个人濒临死亡的时候，总会出现一段难以逾越的鸿沟。我从来没有考虑过我的母亲，"他反思道，"她是我的终极权威，我开始意识到她如何变得越来越遥远，她的疾病带走了她，就像带走佩内洛普一样。我一直想联系她们，但联系不上。我就是做不到。"

这感觉像是一个清算的时刻。"我越想控制时间，就越觉得失控。我对死亡不负责,"他说,"或者说,我掌控不了飞逝的时光。你知道,在希腊神话的一个版本中,时间之神柯罗诺斯吞噬了他的孩子们。"

"真有意思,"我说,"柯罗诺斯吞噬了他的孩子们,但他也是孩子们最初存在的原因。所以,时间可以创造和吞噬东西。正是时机让你和佩内洛普走到了一起。你描述了你们邂逅的经历。这对你们俩来说都是幸运时刻。你们都觉得自己被这段感情拯救了。时间让很多事情成为可能,即使它也会吞噬我们。"

"是的!时间会创造,即使它也会破坏。它让我们相遇,让我们的女儿成为现在的样子。现在佩内洛普快死了,我却不能保护她,也不能救她。但在某种程度上,我也在拯救她——她的女儿们将继承她的遗产,也将继承我的一些记忆。她的内心和我在一起。但我不能把握一切。她在悄悄溜走。这就是现实。"

这再次提醒了我,当婴儿与他们依恋的人或物体分离时,他们会变得多么不安。他们哭泣,他们恳求。随着时间的推移,他们了解到所爱的人会回来,分离并不意味着永远失去,尽管出现了分离和挫折,感情纽带仍然存在。但有时候,失去的事实是存在的。丢失的毛绒玩具可能是不可替代的。会有新的,但会有所不同。分离可能是永久的。失去是爱和生活中痛苦而不可否认的一部分。

"我是个荒诞主义者,"他告诉我,"我不喜欢混乱,但我也不认为生活中有某种固有的秩序和意义。我相信我们创造了意义,就像学习音乐和作曲一样。我们找到的不仅仅是一首决定性的歌曲,还有无穷无尽的变奏曲。我们听到无数的节奏和旋律,还有听不到的旋律,那可能更甜美。我觉得佩内洛普不是因为什么原因生病的。但事情已经发生了,我认为我们坚持要创造意义。我所创造的意义——我正在创造的意义——感到被人关注、被人倾听,真是美好的感觉,非常美好!心理治疗是一个存放记忆和混合音符的仓库。谢谢你的倾听,并且帮助我找到旋律。我听我自己说的。这里有很多音符，不只是悲伤的，还有充满活力的。我可以告诉你关于和女孩们跳舞的事情，美好的时光夹杂着悲伤。我很担心别人对我的看法。如果我看起来很开心，那我是怎么了，难道我不应该永远地悲痛欲绝吗？'发生了这么多事，乔治怎么会开心呢？他不是爱他的妻子吗？'但我也担心人们听了我的故事会觉得我是一首悲伤的挽歌。'那个可怜的男人失去了妻子，独自养育两个年幼的女儿。'"他停止了自言自语，沉思了一会儿。

"自从来到这里，我不担心别人对我的处境的叙述。我了解我自己。我不需要怜悯，我的生活也不是一成不变的，但如果别人不了解我，我也无法控制他们对我的看法。我知道你为我感到难过，但你不认为我是悲剧，即使你觉得这个故事有悲剧元素。你倾听我的经历。我不能让我的女儿们因为失去母亲而心碎，我讨厌这样。但一系列的经历让我感到欣慰。我浪费过时间，珍惜过别人。我在这里观察我的过去，听听我们是如何将所有内容串联起来的，而你在听我说。这让我坚持下去。我知道你不是我的母亲，也不是我的妻子，或者其他什么替代品，但我现在就是在这里感觉自己还活着。"

我没有做过多的解读和回复，只是听他说话、看着他、帮助他倾听和正视自己，如此帮助他坚持下去。有时候我的角色很简单。我们的交流不能弥补他的失去。我们治疗的时间约束是我们的界限和限制的现实原则，是一个彻夜随叫随到的母亲和一个只在约定时间进行的预约治疗之间的区别。我想让他过得更充实，而不是全身心地投入到治疗中，或者三心二意地活着。但现在，心理治疗提醒他，他还活着，并且神韵十足。

最终，我无法保护乔治免受失去亲人的痛苦。佩内洛普在她36岁生日之前去世了。乔治的心灵是强大的，尽管他继续以新的方式强烈地想念着她。我帮助他在自己的斗争中感觉不那么孤独，或者，我们的心理治疗关系允许我加入他的孤独体验，真是自相矛盾。他不知怎么活了下来。他穿越了一场悲剧和极度痛苦的历程，同时赋予自己对生活和经验保持开放的天赋。他让时间流动，带着他随波逐流。

时间不可控，生活可以选

我的一个朋友在他妻子的生日聚会上讲了这样一个笑话："对于心理治疗师来说，如果你迟到了，你就充满敌意；如果你来早了，说明你很焦虑；如果你准时，那你就是强迫症患者。"他的妻子劳拉·桑德尔森（Laura Sandelson）是他的同事兼挚友。她是非常守时的人。让这个笑话有趣的是，她对时间的态度是多么泰然自若、意识清醒和明智合理。她很靠谱，也很有眼光，知道如何度过她的每一天和每一年。无论是小事还是大事，她都能处理好时间问题。与时间保持健康的关系会带来一种掌控感和舒适感。她对别人很体贴，她的可靠性是一种可爱和值得信赖的品质，但她知道如何区分轻重缓急。她不会为了取悦别人而牺牲自己的满足感。时间是凡人的界限。学会在既定事物中做出坚定的选择，有助于我们更接近我们想要的生活。但这永远需要不断地校准和微调。

没有人能幸免于时间的流逝和失去。即使我们停下来闻闻玫瑰花香，也没有什么是永恒不变的。最终，我们都会为此挣扎。控制和时间之间总是有联系的。当我们失去一个爱人，甚至当我们失去一张照片或一件心爱的物品，或者当我们失去一份工作和我们的自我意识时，这种情况会以各种方式发生。我们不断地处理那些有关失去和控制的问题。我们可能会强迫自己努力去超越，希望用成就来纪念时间的流逝。我们急切地、雄心勃勃地做计划。我们逃避，我们拖延。我们很难放手。在小范围内，我们每天都在经受挫折的耐受力考验，比如我们排队等候时、与客服打交道时、告诉某人抓紧时。甚至和另一个人走路的速度也与时间有关。你是要赶上别人的速度，要跟上快步走的人，还是要放慢速度，等一等穿着高跟鞋走

第十二章 控 制

路的人、蹒跚行走的孩子、行动缓慢的亲戚，这些都是挑战。

围绕时间的控制问题会潜入人际关系的争吵中。一个总是匆匆忙忙，另一个总是磨磨蹭蹭；一个习惯性迟到，另一个则焦急地及时行动；一个看太多电视，而另一个人却挣扎着停下来。夫妻和朋友也会为谁的时间更宝贵而争吵，这是劳动分工中的一个痛处。当我们被配偶激怒，哀叹自己在感情中付出的时间时，我们会在更大的方面感受到时间和控制之间的紧张关系。他夺走了我多年的生命！我已经向他承诺了未来的所有岁月！我们选择花时间在情感上的方式也会影响人际关系。

在那些平凡的、短暂的绝望时刻，我们对时间的失控是无法抗拒的。当我们需要在最后期限之前完成某事时，当我们的孩子因为需要我们而大喊大叫时，当家里一片混乱时，当我们急着要把晚饭摆上桌时，我们会感到受限和挫败。当我们想要帮助一个朋友，但我们在工作上有压力，时间对我们不利时，我们会感觉被困住了。当我们想花时间做我们喜欢的事情，而我们又有没完没了的行政任务时，我们会感到无助。此时此刻，无论大小目标都不会让人觉得触手可及。对另一些人来说，我们的日常工作是如此的残酷和压力重重，以至于我们没有足够的精神空间来适当地思考我们的梦想和欲望。对于很多人来说，想要专注于绘画或者参与慈善项目，这样的秘密抱负永远无法实现，因为他们"没有时间"去做这些事情。

时间从四面八方夺走我们。当镜子给我们看的东西与我们内心的脸庞不匹配时，我们就会明白"岁月不饶人"。滴答作响的时钟也剥夺了年轻人的权利，他们幻想着不可战胜，幻想着未来的时间无限延伸。生物钟在生育压力下折磨着人与人之间的关系。虽然男人有更多的时间来繁衍后代，但是，"不必赶急"的意识可能是一种有害的错觉。对无限时间的幻想会让人们不去承诺、不去选择、不去充实地生活、不去珍惜正在发生的一切，因为他们相信，总有一天，生活会变成另一种样子。生活就发生在当下。生命终将结束。

当然，时间也能治愈伤痛。它既可以是我们的朋友，也可以是我们的敌人。它可以缓和可怕的恩怨。它能带来智慧、洞察力、宽恕和理解。在医学上，很多治疗方法都依赖于"滴定时间"。

智慧来自生活经验。我决定成为一名心理治疗师的原因之一，是我希望有一个终身的职业。我有幸见到过八九十岁的著名传奇人物：奥托·科恩伯格（Otto Kernberg）、阿尔伯特·埃利斯（Albert Ellis）、杰罗姆·布鲁纳（Jerome Bruner）、欧文·亚隆（Irvin Yalom）。有一次，贝蒂·约瑟夫（Betty Joseph）来到精神分析研究所做演讲时，我为她开了门。那时她已经80多岁了，穿着高跟鞋。她走得很慢，但是精力充沛。她说："其实，我可以自己开门，但还是谢谢你。"她的话让我很尴尬，但我现在很喜欢。她勇敢而坚定。她在漫长的一生中积累了大量的智慧，但她的思想仍然开放。她谈到了暴食症和社交媒体。如果我也有幸这么长寿的话，这就是我变老的方式。在心理治疗中，年龄是受尊重的。我记得当我开始接受培训的时候，我为自己这么年轻而感到难为情。年轻并不是一种优势。有时候，时间的流逝也会带来好处。我们从来没有完全的控制权，但不管有多少时间，我们都有选择。

后　记

　　了解我们想要什么、不想要什么，让我们清楚地知道自己的选择。我们可以从各种各样的欲望中进行选择和排序。我们可以更轻松和快乐地生活。

　　我们要不断地问自己想要什么，这是困难的，也是必要的。请随时提问。

　　我们经常被自己的内心世界吓到。我们害怕自己会被淹没在情绪的深处。我们害怕冲突的渴望所带来的巨大压力。我们为自己的秘密感到羞耻，我们为自己幻想的生活和自己感到骄傲。深陷"又卑又亢"情绪之中，我们可以避免去谈论那些对我们来说至关重要的事情。我们可能是不可思议的，生活可能只是发生在我们身上，或者我们可能是灾难性的和绝望的。当我们进入苦难地带，我们就会被困在死气沉沉的生活中……

　　我们想要的秘密并不像守门那么危险。当我们面对自己，诚实而亲密地关注自己时，我们就会满血复活。我们自己做选择。我们放下尘封的怨恨，为新的体验和发现腾出空间。这个世界充满了获取、消费和浪费。如果我们脱离了真实的内心世界，我们就可以梦游一生。请允许你自己充分参与你的人生。看看你现在的生活。请不要期待你幻想的死气沉沉的生活。请坚持努力去过好当下的充实生活。

我们到底想要什么

直面内心深处的12种欲望

　　我们毫无理由地害怕对自己的生活负责，但这正是我们拥有力量、效力和权威的地方。在那里我们拥有自由，即使这种自由让人感到压抑。过自己的生活是由我们自己决定的。我们都是一个个惊人且宝贵的生命。指出障碍、指责他人，只会让我们灰飞烟灭。生活不是我们想要的，但我们总能做些什么，即使是仰望天空、注意细节、表达爱意，也是美好的。

　　骄傲和羞耻是一对惹事的双胞胎，我们无法完全摆脱。但请注意他们恐吓我们的方式。想想我们隐藏和表现欲望的方式。无论我们选择看多远，我们都有巨大的深度。不管别人是否了解他们的内心世界，你都能感受到作为人类的沧桑。在这些方面，相信你自己关于自己经历的权威。请保持好奇心。如果你能承认困难的感觉，你就已经能够克服它们了。注意做自己是什么感觉，同时也看看你自己之外的世界。如果你发现自己沉迷于你想要的东西，请退后一步，提炼出更大的欲望。你仍然可以想要某样东西。不过，当你渴望某样东西的时候，想想它到底是什么。看看下面埋了什么伏笔。

　　有很多事情没有按照我们的意愿进行，而且不在我们的控制范围内，但当我们意识到自己在改变方法和注意力时，我们可以做出自己的选择，这是一个令人难以置信的发现。当我们真正为我们想要的东西而努力时，这通常是充满挑战和惊喜的。这需要毅力。我们内心深处想要的往往是刺激和恐怖的东西，还常常期待更多。有更多的东西需要理解，有更多的东西需要学习，还有那么多的期待和渴望。疗程结束了，书也收尾了，回顾我们所拥有的一切，我们所熬过的一切，我们所体验的一切，都是值得的。可能多年以后，心理治疗中的某个时刻变得有意义，或者以一种新的方式让人感到意义重大。心理治疗最好的办法就是给予鼓励。请对人类的体验保持强烈的好奇心。

　　艺术家乔治·鲁奥（Georges Rouault）写道："艺术家就像船上的奴

后记

隶，划着船驶向他永远无法到达的遥远彼岸。"我们都有一个遥不可及的彼岸。但是，我们可以从生活中获得如此多的财富，同时接受我们总是在"划船"的事实。伸展你自己，去思考关于欲望的故事。学习永无止境，生活经验的细节是非凡的。不断问自己想要什么，当你看到远方的海岸时，注意并欣赏你的处境、你的初衷，以及做你自己的一切意义。

术　语

　　本术语表集中解释了一些重要的术语、定义、概念、表达。我借鉴了艺术、哲学、文学以及我创造的新词中汲取的灵感。在治疗关系中出现的语言和隐喻可能是深刻的、有趣的，有时是令人愉快的。当普通的语言不够用、熟悉的词汇不足以表达最深刻的感受和体验时，心理治疗术语就会派上用场。还有一些时候，某些患者在接受治疗的过程中说了一些"私房话"，我也收录了进来，编码成"术语"，这是一种很有趣的方言，它让心理治疗历程得到了不可估量的升华。

　　欲望： 想要或希望某事发生的渴望。欲望和命运在词源上几乎是同一个词，它来源于拉丁语，自身带有"来自星星"之意。艺术家、哲学家和诗人常常生动地解释欲望的力量。他们描绘得如此充满感情、如此热情。这种追求欲望的方法为我们思考如何才能活得更充实提供了一个很好的策略。我们对生活的巨大欲望是我们可以仰望的星星，而不必完全够到。我们想要这些绝对化吗？有些幻想作为幻想更好，我们可以在这个过程中找到尘世的快乐、满足和意义。

　　死气沉沉的生活： 这就是你的生活。你在此储存了所有的幻想，想象着你曾经是什么样子、还有可能是什么样子。你永远都不可能实现生命中所有的愿望，但死气沉沉的生活拥有成堆迷人的选择：失败的节点，不发达的天赋，不成熟的冒险，差点走完的路。过去和未来在死气沉沉的生活中扭曲了时间规则。你不用举证就能演绎出完美的场景，还充满了幻想和渲染的景象。亚当·菲利普斯（Adam Phillips）抓住了这一点："在我们死气沉沉的生活中，我们总是对自己更加满意，远没有那么沮丧。"但是，相信死气沉沉的生活更美好，会让你憎恨现在的生活。想一想你以牺牲生活为代价，储存在死气沉沉的生活中的那些欲望吧！

"只要"和"总有一天"幻景："只要"幻景是逆向的，并且充满了对生活其他幻想版本的渴望。"只要"幻景可能是关于过去的，但会困扰我们对现在和未来的看法。"总有一天"幻景会凝视未来模糊的地平线，充满了动机，有时也会出现奇迹。

"只要"的故事和"总有一天"的故事都是关于把责任抛到了九霄云外，而不是呈现现在的自己的故事。事实上，从现在开始，你要为自己的人生负责。看看有哪些可能性，是非常值得的。

被拒绝的阴影：被拒绝的风险使我们许多人无法接近我们想要的生活。犯错、被羞辱、被拒绝的威胁太痛苦了，我们不能冒险。心理治疗可以是一个测试的场所，让我们从内到外窥探并理解这种困境。

陌生化：陌生化是一种视角转换。当我们陷入困境时，我们通常会缩小自己的视野。狭隘使我们看不见正在看的东西，听不见正在听的东西。我们已经无数次感受了隔阂感和疏离感，但没有真正地细品过。作为一种可以增加戏剧悬念的文学手法，它有助于唤醒我们的惊奇能力。当我们与过于熟悉的人在情感上陷入僵局时，这对调整我们的视角特别有帮助。我们自以为很了解的东西却让我们很难理解。陌生化将空气和分离注入我们的视角，邀请我们重新介入。和你的朋友、搭档或镜子一起练习。留出十分钟，故意装作不知道，假装在当下。你正在遭遇一些新鲜和惊人的事情。集中精力，发现你的好奇心带你去的地方。

必须强迫症：阿尔伯特·埃利斯（Albert Ellis）自创的思维术语。必须强迫症是指我们要求某件事必须以某种方式进行，但实际上根本不是这样。2005 年，我参加了埃利斯在纽约举办的每周现场演讲。他已经 80 多岁了，他那暴躁、对抗的风格值得一看。勇敢的志愿者们会走上讲台，说出自己的问题，他会大声对他们进行干预。我记得有个年轻的女人看起来很脆弱。"你在否认现实，你在自吹自擂！"他朝她吼道。在另一个场合，他说："自慰是一种拖延症，你只是在欺骗自己！"他让所有的观众都跟着他一起唱出了这些话。他觉得必须强迫症就像自慰一样，把人锁在自己的世界里，远离经验、现实和人际关系。

洞察即防守：我想到这个术语是因为我终于让自己看到我在做的事情。我们中的一些人喜欢思考和感受，并建立联系，这可以是一个拒绝改变的绝佳借口。我们可以从心理上考虑，接受反馈和解释，并表达出来。我们有各种各样的想法。我们意识到了某些模式、习惯和问题，但没有什么变化。洞察之后立即防守。我们可能认为，了解自己就足够了。

有时候，如果我们不断犯错，我们需要做的不仅仅是理解。

在心理治疗中，你是那个谈论你自己的人生故事的人，你的治疗师在治疗中看清了你，但不能指望知道或者弄清楚你是如何被束缚并且隐藏在你的洞察力之后的。思考和解决这个问题是很有趣的。

深恋感：执着、迷恋、依恋的状态。这个术语是由心理学家多萝西·坦诺夫（Dorothy Tennov）创造的。这种状态的特征包括沉思、眩晕、专注、兴奋、幻想、产生对某人的强烈兴趣。这通常发生在恋爱的早期阶段。"空气清新，鸟儿歌唱，哦，生命真奇妙！"这就是前一分钟的感觉，但也存在不安全感。它是如此令人陶醉，对一些人来说，它具有高度上瘾的成分。任何正在经历"深恋感"的人都应该收到一份备忘录，上面写着:"享受吧,但警告:不要因为你此刻的感受而做出任何改变人生的重大决定。"我很遗憾地说,这种情况不会永远持续下去。你可能会抗议,很多人也会抗议,但不要坚持认为这是一个永久的状态。它可能会变成爱,也可能会失败。无论发生什么,"深恋感"要么是不完整的,要么是暂时的,或者两者兼而有之。唯一能让这种迷恋持续下去的方式是让它常常停留在幻想层面,而现实生活中的亲密感很少或根本不存在,也就是不完整的。

性机能丧失恐怖:性欲的丧失。这个术语来源于恒星的消失。它会给人一种惩罚和排斥的感觉。它的发生有很多原因。欲望的丧失也是一种失败,这是某种形式的死亡,但这是可以熬过去的。

孕乳期:母性身份的挑战。这个术语是人类学家们的杰作。产后抑郁和焦虑症,说明了为人母的适应过程是多么艰难。

晋升母亲的过程意味着生下一个婴儿,添加一个新身份。你是这么想的,但你也想保留一点做母亲前的自己爱玩和爱冒险的一面。而做母亲也是你的专业,现在很重要,将来依然很重要,所以你也必须保留这个部分。你想全身心地做好母亲,如此等等。你都忘了提自己的搭档了!哦,这么多的自我,还有个哭闹的孩子。对于所有不同的自我,你可能会觉得没有一个版本完全适合你。你可能正在经历这一切,发现自己正在蒸蒸日上或极其强大。无论这是最好的时代,还是最坏的时代,两者兼而有之或两者皆非,这些都是大事记。往大了说,这是像经历青春期一样产生的巨大而震撼的变化。"青春期"是一个日常用语,代表的是一个显而易见、众所周知的事情。为什么"孕乳期"不是呢?

又卑又亢:优越感和自卑感的结合,两个"又"字道出了这种意识造成的痛苦。这个词描述了一种自豪感和例外论,其中夹杂着羞愧感和不满足。它的灵感来自我在工作中看到的无数案例,比如我自己的经历,以及我与记者阿里尔·奇普劳特（Arielle Tchiprout）的一次讨论。我们分享并强调，我们感同身受。我需要用一个简洁的词语或术语来捕捉这种心态。我们中的许多人都在寻找荣耀，当生活不满足时（或者我们不满足，哦，这是最糟糕的），我们会感到可怕和沮丧。我们对我们想要的生活有着隐秘的渴望和幻想，而"又卑又亢"情绪会干扰我们。通常情况下，它就像一个视角，排斥了另一个视角。要么你比其他人强，要么你一点都不好。鉴于你可能在某些方面有优势，也可能在某些方面有严重缺陷，这是很难两全的。阿德勒的优越感和自卑感为思考这些问题提供了有价值的基础，但有一个显著的核心区别："又卑又亢"情绪往往是秘密的。伟大的信念常常被卑微的义务所取代或扼杀。部分的僵局和冲突来自于从不承认，甚至不考虑什么是可能的、什么是想要的。因此，对高估的恐惧通常是没有根据的。新鲜的体验和真实的可能性是前进的方向，请探索做你自己意味着什么、你想从你的生活中得到什么。你不需要决定你是极好的还是可怕的。你可能两者皆有，也可能介于两者之间。你需要问问自己到底想要什么。

"又卑又亢"可能是拖延和逃避责任的一种形式。你不能放弃对荣耀的幻想和对生活的承诺，但你还没有好好利用它们。你责备和后悔，执着和困扰，并寻找过去的原因。只要这一刻有所改观，现在的生活就会辉煌灿烂。它也可以是一种没有达到别人期望的感觉，尤其是所爱的人给我们灌输了巨大梦想的时候。在这种"又卑又亢"的恶性循环中，自我参与（而不是自我意识）是不愉快的：你觉得自己什么都不是，但你能想到的只有你。这可能是对自我的极端贬低，而自我的警示故事可以让你保持沉默和冷淡。当你没有想象别人对你的冷落和攻击时，你可能会评判别人。这是一种折磨人的完美主义，它阻碍了你发现自己的欲望和看到未来的潜能。认真领会你的"又卑又亢"情绪吧。

自我力量：我用这个术语（从弗洛伊德那里借来的）来指培养我们自

我意识中的韧性和耐力。自我力量是我们情感能力的一部分，也是我们在挑战中成长和学习的能力。我们的自我力量使我们的生活富有意义，并帮助我们在文化上、社会上和情感上理解自我与他人的关系。自我力量是我们直面"又卑又亢"情绪的一种方式，可以通过吸收宏大的部分，接受限制和缺陷，整合和调整，并找到灰色地带来解决问题。一个足够强大的自我意识会面对矛盾的信息，从错误中学习，清晰地沟通。

选择自尊有助于建立自我力量。自尊通常涉及判断，并且反复无常，是在原则之外发展起来的。它不是建立在别人的认可之上的。正如琼·迪迪安（Joan Didion）所描述的："把我们从别人的期望中解放出来，让我们回归自我。"

当我们拥有自尊和自我力量时，我们就有能力给予他人，但不会达到取悦他人的地步。在坚定的自我中存在着尊严和理性。这不是对优越的浮夸幻想，也不是否定和无私。

否认自我的存在（并把世界上的任何问题都归咎于自我——"太自我"或"不好的自我"）对脆弱的人起作用，因为他们想自己太多，认为自己很重要，感觉自己受到了羞辱。否认自我的压力建立了一个错误的旋转机制，以阴险的方式助长了权力动力。如果你曾经听到过一场自我羞辱的演讲（讨论中的自我可能不是你的自我，而是一个关于高贵自我的普通演讲），请注意为什么这个人会有这种感觉。与自恋和自大不同，自我是关于准确性和安全性的术语。不讨好别人已经足够有自尊了。人云亦云者从更高的地方传递信息，并且可能相信没有自负的生活和没有香气的美德。但为什么要如此自我否定呢？自我就是我自己的意思。

心不在焉地聊天： 这是一个术语，指的是当你和其他人在一起时，你的大脑会走神。你可能看起来很专注，但你在做白日梦或想别的事情，即使你点头，好像同意别人说的话。你休息的时候都去哪了？你是通过退房来抗议吗？反抗？心不在焉地聊天似乎是一种有趣的防御机制，让情况变得更容易忍受，也许是一种为"应该"和"想要"之间的冲突创造妥协空间的方式。如果你感觉你的治疗师正在心不在焉地聊天，说点什么，解决正在发生的事情。你的治疗师可能会否认这一点，但会更专注。你的治疗师有可能会承认在你说话的时候去了某个地方，这也可以用来反思，因为这说明治疗师在你们关系中的反移情中发生了什么。

角色引力：在群体中扮演社会角色。这个角色可以基于需求和幻想，有时由团队确立形象，可以被个人感知到。而自我力量则有助于我们保持与群体之外的自我的联系。角色引力经常发生，它有助于我们意识到在人际交往中我们是多么容易被扭曲和被改造。你可以重塑你自己。

身份认同危机和身份认同障碍：埃里克·埃里克森（Erik Erikson）的发展概念强调了伴随身份认同危机而来的延伸危险，尤其是在青春期。虽然身份认同危机常常令人痛苦和不安，但它为成长和改变提供了空间。我们在青春期后乃至老年都会经历身份认同危机。虽然身份认同危机可能会让人感到不舒服，但它可以推动我们的整个人生，让我们获取新发现、学习新知识。当我们没有这种自觉意识的时候，就会陷入身份丧失的境地，于是，我们走过场，扮演狭隘的角色，没有积极的参与感或目标感。身份认同障碍可能会导致一种平静的绝望生活。与我们内心最深处的自我分离后，我们可以视而不见，继续飞速前进。形同拔河的身份危机向我们发出警报，让我们面对错误的路线。我们可以拥抱身份认同故事中对变化和不确定性的恐惧，也可以坚持陈旧的、静态的脚本。请允许自己更新身份！

谦虚型炫耀：这个熟悉的术语在心理上具有启发性，说明我们在自我问题上的尴尬。我们希望炫耀，但又羞于承认。谦虚型炫耀通常是以一种虚假抱怨的形式出现的，这种抱怨会导致自夸倾向。坦率地炫耀或坦诚地承认错误，是很难的。谦虚型炫耀是我们在社会上被灌输混杂信息的一种症状。我们大多数人都渴望得到认可或肯定，我们认为自己不可以吹嘘，甚至不可以让别人注意到我们想让别人知道的事情。因此，我们没有炫耀，而是偷偷地进行自我赞扬，希望以此提醒人们注意我们的奇妙之处。谦虚型炫耀并不那么隐蔽，而且通常会适得其反。谦虚型炫耀也不安全，而且表达欠佳。

决定性的时刻：这是摄影师亨利·卡蒂埃-布列松（Henri Cartier-Bresson）提出的绝妙概念。决定性的时刻充满了自主性和权威性。

决定性的时刻是有意识的、刻意的选择。它们不是一切都变得神奇和美好，并且事情得到立马改善的时刻。它们的标志是我们为自己出人头地而做的决定，并帮助形成我们生活故事的情节。

我们不能积攒每一个细节。我们失去、放手，错过了太多发生的事情，但重要的是我们如何对待发生在我们身上的事情。当你选择接受治疗、戒酒、确认一段关系、确认一段友谊、做出一个人生抉择时，一个决定性的时刻就会到来。当你停下来，记下一项成就、一种感觉、一种想法时，这些时刻也会到来。它们为什么重要？只是因为我们坚持要这么做。当我们为自己做决定时，即便是内部的和私人的，我们都有一种欣喜若狂的代理感和授权感。就像照片捕捉了一种特殊的、短暂的视角和生活中的蛛丝马迹一样，决定性的时刻使原本可能是平凡和微不足道的场合变得不同。它们生动而具体。它们保存了一些很容易被忽视或遗忘的时间点。有时它们就在我们面前出现，有时我们会去寻找它们。

存在的个体性：它的意思是"**本我性**"。我还记得在大学时，一位哲学讲师向我解释它的精彩之处："这就是本质所在！"他喊道，"正是它使你们每个人都成为自己，而不是别人。不要忘记这一点。拜托！我们每个人都是独一无二的，这是不寻常的。这是一个闪亮的词语！"他的热情足以唤醒任何一个昏昏欲睡的学生。**本我性**是中世纪的哲学概念，是从亚里士多德的希腊语翻译过来的。我只是传递这样一个信息：每一个生命都是独一无二的。

俯拾之物：从艺术中借用的术语。俯拾之物通常是公认的不能成为艺术的普通材料的东西。在治疗关系中，我们把这些发现的东西以不太可能的方式组合在一起，这可以是修复性的和创造性的。它允许同化和接受，而感觉完全是垃圾的经历可以变成财富。这个过程涉及一种叙事拼贴，治疗师和患者将碎片拼贴在一起。这就是心理拼贴，还包括脱胶和切割。我们不需要拘泥于每个细节。我们可以一种有价值的方式破坏、废弃和清理空间。"去拼贴"尤其有助于为创伤留出空间，让我们选择我们想要的细节，而不是觉得我们必须每时每刻都要囤积素材。随着时间的推移，治疗师和患者可以连接不同的时刻，连接、调整和拼凑不同的碎片。有时，俯拾之物是痛苦的事件，随着时间的推移，它们会成为幽默的来源；也可能是你追溯痛苦的源头，发现你过去的一个看起来既平庸又有威胁的角色。现在，这个人可以成为你的故事的一部分，你有权对某些细节的理解进行重新定义和界定。

创伤性联结：这描述了我们对深受伤害的关系的特殊依恋。这是我们对侵蚀我们的自我意识的"神圣的怪物"的奇怪忠诚。即使我们在某种程度上知道自己处于一种不健康的状态，也会被对自己不利的事物所吸引。执着于扭转局面的潜力是一厢情愿的想法。创伤性联结让我们等待奇迹。我们可以打开我们的视野，把自己从束缚中解放出来。

未被赋予力量：潜能、力量、承诺，都不曾增加。童年时代，我们想象了太多的选择和无限的潜能。当我们做出一个选择时，我们放弃了其他的选择。但如果我们逃避选择，我们就错过了生命的精髓，却在等待生命真谛的登场。

间歇性强化：我们与拿不定的事和匮乏感作斗争，但我们也会沉迷于孤注一掷，偶尔还会赢得小额头奖。这让我们陷入了不健康的恋爱纠葛。

我们对某个怪人的持续兴趣让我们感到痛苦。无论是冷是热，在这些动态中，我们从未体验过百分之百的安全感。这是一个熟悉而棘手的阶段，请你寻找出口路标和恰当的支持！

友敌关系：一种充满矛盾的关系，经常是双向的，通常在不同的时间上演不为人知的竞争。友敌关系中可以有真正的爱和温柔，但通常有一种潜在的、荣耀的幻想，充满了启迪性的条条框框。只要对方找到了一条路，或者，总有一天这个人会意识到并欣赏某些事情，那么判断主义和正义就可以取代同理心。

充足感：一种对"足够好"的主观感觉，一种充足和充分的状态。这个概念适用于我们的自我意识，我们对他人的期望，我们给予和接受的限制和边缘。那些被"又卑又亢"情绪折磨的人努力去获取足够的信任。受害者甚至可以扮演一个不顾一切的侦探角色，疯狂地寻求证明和确认足够的证据。"充足感侦探"找错了地方，把不可靠的材料堆成一堆，称之为证据。反馈和消费文化不断推动着"更多"的概念，即我们可以源源不断地用数据和信息、食物和物质、社交媒体及强迫性地寻求安慰来过度充实自己。"充足感侦探"追踪每一条假线索，浪费时间找不可靠的证人。这个案子永远不会被解决，因为心理上的充足感不能用这些方法来编纂和衡量。在某种程度上，成就和成绩会影响我们对自己表现的衡量。但是，如果我们为他人服务、取悦他人以证明自己足够强大，我们就会发现自己在情绪的流沙中拼命挣扎。当我们试图将自己是否充足的验证外包给他人时，我们就陷害了自己。我们对正强化的渴望变得绝望，我们吃得越多，感受到的营养就越少。收益递减让我们下定决心去证明自己。我们对拒绝的敏感会导致一种威胁和不安全的偏执状态，以及我们对充足感的旧印象，还有对我们的角色和价值的固有态度。对我们所拥有的和我们是谁的满足感和幸福感来自于自尊，来自于相信自己的权威，来自于接受错误和约束。

一致性：你的价值观和你优先考虑的事情之间的一致性。当然，并不是你拥有的每一个愿望都与你的价值观和谐一致，也不是你做出的每一个选择都与你的背景和目标和谐一致，但一致性是一种平衡状态，是一种持续的微调，以校准在你生活的不同时期对你重要的东西。

私藏的欲望：一种象征性的概念，它反映了我们推开的底层欲望所发生的事情：一种隐藏的渴望，它在我们的视线之外，但在我们的脑海中。私藏的欲望在暗中运作。我们把它们列为非法，因为它们与我们大多数的人生选择不一致。其中一些非法的欲望最终被列入了禁止名单，因为我们当时有其他迫切的需求。重新发现旧的追求，拥有新鲜的体验，拓宽参数，建立一种开放的心态来面对欲望的迂回曲折，比如，什么是可以实现的欲望，什么是遥不可及的奢望，什么是可以接受的社会文化信息，什么是必须禁止的社会文化传言。我们某些被放逐的欲望会转入地下，开始秘密运作。

如果欲望是禁忌，我们很难表达出来，这也是我们储存欲望的部分原因。我们也可能害怕说出自己的渴望，因为我们不想发现它们是无法实现的。当我们觉得自由是不可能的时候，为什么还要承认我们想要自由呢？所以，取而代之的是一种躁动、一种不满，并呈现了出来。

人云亦云者：随波逐流的人，心里糊里糊涂，说话就像梦游一样，不经思考，也没有内容。

莱斯比亚尺：这是亚里士多德《伦理学》（*Ethics*）中的一个概念。这是一种来自莱斯博斯岛的测量仪，柔韧而易弯曲，石匠们曾经用它来测量或复制不规则的曲线。亚里士多德认为，我们不能简单地应用规则和理论，而不关注情况的偶然性和细节。莱斯比亚尺本质上具有灵活性，可以适应细节。我认为这也适用于心理治疗。我们不能只坚持直线思维。每一种治疗关系都有它的特质，虽然思维界限和框架可以包含并指导治疗的过程，但我试图以一种开放的、谦逊的方式与每个患者见面，拥抱对话的不确定性，为发现新体验创造空间。我在大学学习哲学的时候就知道"莱斯比亚尺"了，对我来说，把它引入我的治疗方法是必要的，因为它抓住了创造力在我对待患者的方式中的重要性。我很重视心理治疗的指导方针、原则和结构基础。但心理治疗的过程应该是一个我们可以漫步、玩耍和共同创造一些私人东西的空间。它不能被手册化或脚本化。我们必须考虑惊喜和曲折。这也是心理治疗富有创造力的表现。

测量或复制曲线是一种美丽而实用的生活方式。莱斯比亚尺对于思考我们的需求也很有用。莱斯比亚尺不是要求绝对，而是指导我们在各种情况下进行调整、妥协和灵活思考。

阴道痉挛：阴道痉挛是由于阴茎插入阴道的压力导致身体突然紧张。

情感型阴道痉挛是一个强大的隐喻，用来思考我们如何与内心深处的自我和他人联系的特质。有时候我们会把自己封闭起来；还有些时候，我们会意外地感到被拒之门外。打个比方，我们都有过情感型阴道痉挛的时候，不让别人进入我们的内心世界，或者被别人拒之门外。

无女子气：剥夺妇女的权利。与"阉割"（剥夺男人的权利）相对应的术语竟然没有出现，真是令人吃惊，索性就用"无女子气"这个词吧！

明褒暗讽地恭维：我们经常给出混杂的信息。我们用各种奇特的方式相互交流。我们在看似友好的同时也在挖掘深意。我们提供的批评有令人惊讶的奉承的一面。抱怨需要拆开包装，因为我们常常在收到抱怨的那一刻猝不及防。同盟者的意图可能是模棱两可的，有时甚至在说话的时候也会被情感所否定。与挖苦式的恭维不同，抱怨往往是表扬和批评的真正结合。这取决于我们如何理解它。

得不偿失的胜利：得不偿失的胜利是指任何代价高昂的胜利都太昂贵了。打了一场胜仗，却输掉了整个战争。或者，输掉了一场战役，也输掉了整个战争。参与某些战斗对各方来说都在削弱力量。得不偿失的胜利可能是强制性的、消极的、繁重的。我们在没有完全清楚自己想要什么的情况下就被卷入其中，也不知道进步会是什么样子。承认自己内心存在着相互冲突的渴望，有助于明确和改变前进的方向。

如果你发现自己陷入了一场得不偿失的决斗，请考虑一下高昂的代价……然后……转身……切换……进入新的奋斗节奏。

侏儒怪：在寓言中，侏儒怪被深深误解了。他对自己想要什么没有界限，说不清道不明。他是一个取悦他人者，也是一个拯救者，他把自己的技能和服务奉献给了无能的王后，把稻草纺成了金子。但他对自己未被满足的需求感到极度沮丧。这是一个关于职场倦怠和模糊议程的悲剧故事，侏儒怪只有在情绪泛滥、怨恨高涨的绝望时刻才会与王后谈判，而且是在他为她提供服务之后。他的脾气对他不利。他的努力工作得不到赞扬，反而遭遇了诋毁。最后，当他承认自己想要什么的时候，他就崩溃了。被人推开的感觉让他心碎，仿佛他的心被劈成了两半。

侏儒怪的故事给我们的警示是，在你还不知道自己想要什么时，别指望别人给你想要的东西。即使你把稻草纺成了金子，也别指望受益者对你感激涕零。

多元之爱：与幸灾乐祸或口蜜腹剑相反，多元之爱是一种对他人所拥有的东西充满喜悦的感觉，是看到他人茁壮成长的快乐。当我们享受见证别人成功的时候，我们会散发出玫瑰色的光芒。多元之爱是一种相当于感恩的关系，是对美好生活的一种振奋人心的意识，尤其是和我们在乎的人分享的时候。

幸灾乐祸：对别人遭遇的灾祸感到高兴。当我们了解到某人的挣扎或失败，或者了解到某人的悲伤时，我们偶尔会幸灾乐祸。诚实是有益身心的，你至少要对自己诚实。

> 术 语

移情：患者给治疗师带来的感受。

欢乐恐惧症：对快乐的一种厌恶感。我们会对生活的乐趣产生怀疑。奇怪的是，要相信一切都是快乐的、进展顺利的，可能是一种挑战。当你感到快乐时，你可能会有一种罪恶感，也可能会有一种怀疑，仿佛痛苦一定会随之而来，或者在某种程度上更接近真相。一位患者在讨论这个术语时描述了小天使向任何看似积极的事物射箭的形象。

爱问鬼：请求帮助，却忽视或拒绝提供帮助的人。我们有时候都是爱问鬼，不知谁赠送的这个头衔，希望它能压得住我们。你可能会说："我要成为一个爱问鬼，告诉你我的困境，我说我想听听你的意见，但不要指望我真的会听从你的建议。"对于猝不及防的参与者来说，这种讨厌的谈话可能会让人筋疲力尽，也不能让人满足。而"爱问鬼"的天敌"爱答鬼"总是提供不必要的建议，告诉我们该做什么，即使我们从未征求过他们的意见。

这些问题以有益的方式进入心理治疗，使人们能够通过认识到什么时候需要建议，以及什么时候最好自己做出选择来处理自己或他人的过分行为。心理治疗是解决困境和发现真知灼见的测试场所，而不是咨询服务。这个概念说明了我们在寻求帮助和信任权威方面的不情愿和矛盾心理。

坦率如面具：诚实是美好的，但这并不意味着它可以囊括整个故事。在大胆、朴素的陈述中，开放和真实可能会误导人。坦率就藏在我们眼皮底下，也许是真的，但它会让人们忽略隐藏的斗争。

"对鄙俗之物的膜拜"：对堕落和退化的渴望心理。这是诗人埃米尔·奥吉尔（Emile Augier）创造的术语。放一只鸭子在湖上，和一群天鹅混在一起，鸭子渴望回到自己的池塘，最终它如愿以偿。我们很多人都以不同的方式怀念泥巴似的鄙俗之物，比如黑暗的恐怖时光，又如朴实自然的泥点。

强烈痛苦：痛苦的束缚。我们有时会从情感上和身体上享受苦难和挣扎。疼痛可以带来愉悦。

悍妇本妇：我的一位患者给一种特定的内心声音取了个名字——悍妇本妇，结果我们很多人都适用。取名可以帮助我们定位和管理那些恼人且固执的自言自语方式。"悍妇本妇"不请自来，评判一切，不帮忙，永远骂街。你有点沮丧、阴沉，怀疑热情或乐观，对任何快乐的暗示都会翻白眼。"悍妇本妇"需要帮你排忧解难。悍妇本妇的登场，表面上是要让你远离麻烦，还确保你不会忘乎所以和以为你自己了不起。悍妇本妇不但能阻止你犯错，还能让你享受做自己的乐趣。在这一点上，你可能会认为这是你内心的批评家。当然，悍妇本妇和内心的批评家是相关的，但前者的标志是对喜悦和快乐的明确反对，以及对想法和感受的监管审查。悍妇本妇没有给出任何可能真正有效的建议或指导，只是鼓励你自己头脑中的、麻痹人的羞愧感，就连要不要做自己，都让你犹豫不决。

悍妇本妇的灵感来自卡伦·霍妮（Karen Horney）在20世纪40年代提出的"暴君本君"这个绝妙的概念。自我否认是一个真正的问题。我们应该完美和杰出，但我们也应该避免享受我们所做的事情，或承认任何可能暴露自我的事情。我认为，健康的自我对于理解和得到我们想要的东西是有意义且必要的，自我力量是值得培养的。这意味着你对自己的价值有一个健康的认识，了解自己的优势和发展领域。此外，你可以为自己发声。

令人着迷的暧昧：我们又爱又恨某个人、某件事或我们自己，这是我们能想到的一切。我们又爱又恨，因为我们一直执着于此。我们的大脑试图搜寻和归类某些事。当我们矛盾的感觉不能整齐地待在一个思维盒里时，我们可能会一直念念不忘。念念不忘可能是一种拖延战术，很耽误事儿。念念不忘也是逃避参与现实生活的一种自我惩罚。容忍混杂的信息也能让人感到回报和满足。其特征可能与间歇性强化重叠，但这种模棱两可的感觉更多的是审美上的，很少让人上瘾。

预期性悲伤：在某人死亡前哀悼。在这种状态下，我们焦虑地试图为我们预见到的不可避免的失去做好准备，这是心智试图超越悲伤和控制无法控制的东西的方式。当死亡发生时，我们仍然经常对它感到震惊和惊讶。预期性悲伤着眼于未来，但并没有超前于即将发生的事情。

预期性悲伤可能是一些人的一种心态：在周日之前为周末的结束而伤感和悲伤，准备怀旧和分离。为生活的悲伤做好准备，会阻碍新的经历，正如前面提到的，向前看可能不会让我们前进。然而，对于限制、失去和遗憾的挑衅性提醒，它是极有帮助的。对死亡的意识可以帮助我们生存，而对失去的预知会提醒我们珍惜所拥有的一切。

Sehnsucht：这是一个流行的德语单词，大致意思是"一生的期望"。渴望是强烈的、热情的、期待的，它通常是为了一些难以企及的、非常浪漫的东西。它也是一种浪漫的古典音乐。C. S. 刘易斯喜欢这个概念，并将其定义为"伤心欲绝的奢望"。他颠覆了通常的"一厢情愿"，认为渴望是"深思熟虑的愿望"。而弗洛伊德则这样描述渴望："我现在相信，我对我家附近那片美丽的树林一直怀有一种渴望，我几乎在还没学会走路的时候，就常常跑到那片树林里躲避父亲。"在66岁的时候，弗洛伊德认为他的"奇怪的、隐秘的期望"也许是"对另一种生活的渴望"。

渴望是一个很有用的概念，可以用来思考某些人在人生不同阶段所经历的强烈怀旧情绪。这种苦苦思念针对的是那些无法挽回的、往往无可指责的东西，对童年时期被浪漫化的事物的期盼，有着不可思议的影响力，可以左右你的行为。渴望的意义涉及理想生活的概念，我们中的许多人，即使我们不特别怀念童年的某些时刻，都有实现梦想的时刻，也有渴望另一种乌托邦生活的时刻。

时间恐惧症：对时间的恐惧。我们中的一些人希望时间加快或放慢速度，或者我们发现自己停留在死气沉沉的生活中，挣扎着从一个关键时刻中恢复过来，或者幻想某一天会发生的情况。心理治疗帮助我们收集关于年龄和身份的想法，回顾我们每天是如何度过的，这样我们就可以优先考虑对我们每个人来说重要的事情。

魔幻思维：相信我们的想法和感受可以决定外部事件。孩子们经常觉得是他们导致了事情的发生，而残存的信仰和迷信很容易渗透到成年人的思维中。彻底地接受环境，有助于我们处理发生在我们身上的任何事情，并看到我们应该对什么负责，以及什么是我们无法控制的。作为成年人，领会我们内在的神奇信念，有助于我们重新定位自己的期望。我们可以重新审视那些我们责备过自己的情况，而在卸下自己的负担时感到头晕目眩。让人欣慰的是，我们的内心世界实际上并没有发号施令。挖掘权力的幻象，可以帮助我们对自己内心深处的想法感到舒适。

自由节拍：就像劫持了时间。这是我们灵活运用时间去表达和演奏音乐的艺术。

鸣 谢

在本书的整个创作过程中，我得到了很多人的支持和鼓励。亚当·冈特利特（Adam Gauntlett）：你很聪明，你改变了我的生活。艾拉·戈登（Ella Gordon）、亚历克斯·克拉克（Alex Clarke）、崔西·托德（Trish Todd）：你们是很棒的编辑和了不起的人。谢谢瑟琳娜·亚瑟（Serena Arthur）、伊莉斯·杰克逊（Elise Jackson）、杰西卡·法鲁吉亚（Jessica Farrugia）及Wildfire出版社和Atria出版社的所有人。你们用神奇的方式让这一切变得鲜活起来。

我的好丈夫罗比·史密斯（Robbie Smith）：你一直都很有耐心，支持我，给我空间写作，让我兴奋，让我抓狂。谢谢你在我缺席的这段时间里悉心照料我们的孩子，真是个尽职的好父亲。没有你，我不可能写出这本书，也不可能成为一个母亲。你鼓励我，接受我的一切。怀尔德（Wilder）：你对自己的洞察力很敏锐。博（Beau）：你很深情、大胆，而且很滑稽。我对你俩的爱是无法估量的。这段时间你们一直容忍我不完整的存在。我的父母教我如何爱文字和爱他人。谢谢我杰出的母亲，凯瑟琳·韦伯（Katharine Weber）：你的爽快和明艳令人惊叹。也感谢我敬爱的父亲尼古拉斯·福克斯·韦伯（Nicholas Fox Weber）：我珍惜我们之间的亲密无间，您对生活的热情和活力激励着我。父亲和母亲，你俩都继续让我偶尔如孩童一般撒娇，这是一种奢侈，你们也帮助我感觉独立和成长（尚需努力）。谢谢你们的鼓励：露西·斯威夫特·韦伯（Lucy Swift Weber）和合伙人查尔斯·莱蒙德斯（Charles Lemonides）、南希·韦伯（Nancy Weber）、达芙妮·阿斯特（Daphne Astor）、安·史密斯（Ann Smith）、戴夫·史密斯（Dave Smith）、贝丝－安·史密斯（Beth-Ann Smith），以及我的整个大家庭。

莱斯利·贝内特（Leslie Bennetts），我的仙女教母：在无数的时刻，你给了我支持、空间、深度的默契感、同情、幽默和智慧。你帮助我成长。世界需要你这样的女人。你希望女性成功。弗林托夫（JP Flintoff）：非常感谢你帮助我思考无数的问题，以及你坚定不移的鼓励。菲利普·伍德（Philip Wood）：你是如此的聪明、善良和敏锐。感谢你的临床指导和深刻的思考。劳拉·桑德尔森（Laura Sandelson）：在很多方面，你都是我最重要的、真正的好朋友，给了我见解、乐趣、熏陶、高度忠诚和爱。丹尼尔·桑德尔森（Daniel Sandelson）：你在关键时刻救了我，你理性、聪明、深谙事理。亲爱的朋友们，你们给我的生活带来了非凡的体验。

埃米特·德·蒙特雷（Emmett de Monterey）：感谢你把某人生日和星期二变成了我的庆祝日。我还要感谢你们：维奥莱塔（Violetta）和考斯塔斯（Kostas）、艾玛（Emma）和保罗·欧文（Paul Irwin）、乔安娜·格林（Joanna Green）、杰克·吉尼斯（Jack Guinness）、劳伦·埃文斯（Lauren Evans）、阿里尔·奇普劳特（Arielle Tchiprout）、娜塔莎·伦恩（Natasha Lunn）、凯特·塞维利亚（Cate Sevilla）、夏洛特·辛克莱（Charlotte Sinclair）、安娜·莫茨（Anna Motz）、葆拉·菲洛提克（Paola Filotico）、弗朗西斯科·迪米特里（Francesco Dimitri）、摩格文·瑞美尔（Morgwn Rimmel）、卡利布·克林（Caleb Crain）、弗兰克·塔利斯（Frank Tallis）、尼克·波利特（Nick Pollitt）、维姬·万娜（Vicki Uwannah）、凯特·德赖柏格（Kate Dryburgh）、安尼尔·考萨尔（Anil Kosar）、卡莉·莫撒（Carly Moosah）、凯蒂·布洛克（Katie Brock）、弗罗拉·金（Flora King）、

鸣 谢

玛蒂尔德·兰塞斯·休斯（Mathilde Langseth Hughes）、德娅·刘易斯·张伯伦（Deja Lewis Chamberlain）、乔治·吉布森（George Gibson）、希瑟·桑顿（Heather Thornton）、克里斯蒂娜·麦克莱恩（Kristina McLean）、汤娅·梅丽（Tonya Meli）、约翰·麦克唐纳德（John Macdonald）、杰迈玛·莫里（Jemima Murray）、丽齐·道林（Lizzie Dolin）和凯瑟琳·安吉尔（Katherine Angel）。

凯莉·赫恩（Kelly Hearn），"审视生活"（Examined Life）的联合创始人兼朋友，你是一位充满力量的女性。感谢生活和心理治疗学院（The School of Life Psychotherapy）的每一个人，阿兰·德波顿（Alain de Botton），以及我的好老师们，玛丽亚·卢卡（Maria Luca）、德萨·马尔科维奇（Desa Markovic）、凯伦·罗（Karen Rowe）：你们都对我产生了影响。

约瑟夫和安妮·阿尔伯斯基金会（Josef and Anni Albers Foundation）和勒·科尔萨（Le Korsa）的所有人，我很珍惜和你们的情谊。谢谢你们，玛雅·雅各布斯（Maya Jacobs）、克里斯汀（Kristine），所有帮助和支持我的人，以及我一路走来遇到的向我传授经验的人，还有那些来找我治疗的人，我为自己的工作感到荣幸。

作者简介

夏洛特·福克斯·韦伯（Charlotte Fox Weber）在康涅狄格州和巴黎长大，后来到英国布里斯托尔大学（University of Bristol）学习英语和哲学。她在伦敦市塔维斯托克与波特曼信托基金会（Tavistock & Portman Trust）、精神分析研究所（Institute of Psychoanalysis）、WPF 和摄政大学（Regent's University）接受过心理治疗训练。她是英国心理治疗协会（UKCP）的注册会员，也是英国心理咨询与治疗协会（MBACP）的注册会员。

夏洛特于 2015 年创立了生活和心理治疗学院，现在在私人诊所工作，是"审视生活"的联合创始人。她也是约瑟夫和安妮·阿尔伯斯基金会的董事会成员。